2012—2013

基础农学

学科发展报告

REPORT ON ADVANCES IN
BASIC AGRONOMY

中国科学技术协会 主编
中国农学会 编著

中国科学技术出版社
· 北 京 ·

图书在版编目（CIP）数据

2012—2013 基础农学学科发展报告 / 中国科学技术协会主编；中国农学会编著 . —北京：中国科学技术出版社，2014.2
（中国科协学科发展研究系列报告）
ISBN 978－7－5046－6537－9

Ⅰ. ①2… Ⅱ. ①中… ②中… Ⅲ. ①农业科学－学科发展－研究报告－中国－ 2012—2013 Ⅳ. ①S

中国版本图书馆 CIP 数据核字（2014）第 006344 号

策划编辑	吕建华　赵　晖
责任编辑	韩　颖　吕秀齐
责任校对	王勤杰
责任印制	王　沛
装帧设计	中文天地

出　　版	中国科学技术出版社
发　　行	科学普及出版社发行部
地　　址	北京市海淀区中关村南大街 16 号
邮　　编	100081
发行电话	010-62103354
传　　真	010-62179148
网　　址	http://www.cspbooks.com.cn

开　　本	787mm × 1092mm　1/16
字　　数	390 千字
印　　张	17.75
版　　次	2014 年 4 月第 1 版
印　　次	2014 年 4 月第 1 次印刷
印　　刷	北京市凯鑫彩色印刷有限公司
书　　号	ISBN 978－7－5046－6537－9/S · 572
定　　价	61.00 元

2012—2013
基础农学学科发展报告

REPORT ON ADVANCES IN
BASIC AGRONOMY

首席科学家 刘　旭　吴孔明　喻树迅　信乃诠

专　家　组

组　长　许世卫　邹瑞苍

成　员　（按姓氏笔画排序）

万建民　马　玮　马忠华　王　敏　王　康
王　强　王一丁　王天宇　王全辉　王修贵
王盛威　王道龙　王景雷　王源超　孔繁涛
叶志华　申建波　吕谋超　伍靖伟　朱昌雄
许　娟　许世卫　刘世洪　刘录祥　安　岩
齐学斌　孙君明　孙宝国　孙建光　孙景生
毕于运　杜克明　杨　鹏　杨金忠　杨俊诚
杨晓光　李　争　李久生　李少昆　李从锋
李玉娥　李光永　李茂松　李益农　汪　洪
沈金雄　邹　超　陈　阜　陈天金　陈仲新
陈范骏　张　晶　张卫建　张卫峰　张会民
张庆忠　张俊伶　张海林　张淑香　张福锁
余强毅　范术丽　罗良国　罗其友　郑火国
郑床木　周　卫　周光宏　周雪平　周雪松
胡小松　胡铁松　赵　明　赵开军　段爱旺
姚艳敏　贺鹏举　袁力行　栗岩峰　徐明岗

序

科技自主创新不仅是我国经济社会发展的核心支撑，也是实现中国梦的动力源泉。要在科技自主创新中赢得先机，科学选择科技发展的重点领域和方向、夯实科学发展的学科基础至关重要。

中国科协立足科学共同体自身优势，动员组织所属全国学会持续开展学科发展研究，自2006年至2012年，共有104个全国学会开展了188次学科发展研究，编辑出版系列学科发展报告155卷，力图集成全国科技界的智慧，通过把握我国相关学科在研究规模、发展态势、学术影响、代表性成果、国际合作等方面的最新进展和发展趋势，为有关决策部门正确安排科技创新战略布局、制定科技创新路线图提供参考。同时因涉及学科众多、内容丰富、信息权威，系列学科发展报告不仅得到我国科技界的关注，得到有关政府部门的重视，也逐步被世界科学界和主要研究机构所关注，显现出持久的学术影响力。

2012年，中国科协组织30个全国学会，分别就本学科或研究领域的发展状况进行系统研究，编写了30卷系列学科发展报告（2012—2013）以及1卷学科发展报告综合卷。从本次出版的学科发展报告可以看出，当前的学科发展更加重视基础理论研究进展和高新技术、创新技术在产业中的应用，更加关注科研体制创新、管理方式创新以及学科人才队伍建设、基础条件建设。学科发展对于提升自主创新能力、营造科技创新环境、激发科技创新活力正在发挥出越来越重要的作用。

此次学科发展研究顺利完成，得益于有关全国学会的高度重视和精心组织，得益于首席科学家的潜心谋划、亲力亲为，得益于各学科研究团队的认真研究、群策群力。在此次学科发展报告付梓之际，我谨向所有参与工作的专家学者表示衷心感谢，对他们严谨的科学态度和甘于奉献的敬业精神致以崇高的敬意！

是为序。

2014年2月5日

前 言

基础农学是基础研究在农业科学领域中的应用和体现，在农业科学中具有基础性、前瞻性和主导性作用。基础农学及相关学科的新概念、新理论、新方法是推动农业科技进步和创新的动力，是衡量农业科研水平的重要标志。随着现代科学技术的迅猛发展，特别是数、理、化、天、地、生等基础科学对农业科学的渗透日趋明显，不断产生新的边缘学科、交叉学科和综合学科，基础农学与农业科技与生产结合越来越密切，逐步走向一体化、集成化和综合化。持续开展基础农学学科发展研究，总结、发布基础农学领域最新研究进展，是一项推动农业科学技术进步的基础性工作，能够为国家农业科技和农村经济社会发展提供重要依据，对农业科研工作者和管理工作者跟踪基础农学学科发展动态、指导农业科学研究具有非常重要的意义。

2012 年，中国农学会申请并承担了“2012—2013 年基础农学学科发展研究”课题，这是继 2006 年起第 4 次承担基础农学学科发展研究工作。根据基础农学学科及其分支学科领域进展实际和引领未来发展需要，课题组在专题研究深度和广度上进行了增加和调整，确定了作物遗传育种、农业土壤、植物营养、农田灌溉排水、作物病虫害、作物栽培、耕作学与农作制度、农产品加工与保鲜、农产品质量安全、农业信息、农业环境、农业资源与区划等 12 个分支学科领域的专题研究。其中，作物遗传育种、植物营养、农业信息、农业环境、农业资源与区划等是最为活跃、进展最快的研究领域；而农业土壤、农产品加工与保鲜、农产品质量安全等是农业科技中的热点、难点和焦点问题，也是当今社会和城乡居民最关注的研究领域；农田灌溉排水、作物栽培、作物病虫害防治、耕作学与农作制度等既是传统的研究领域，也是一个持续的科研方向，在新的历史时期被赋予了新的内容、新的使命。

按照中国科协统一部署和要求，我会成立了以刘旭院士、吴孔明院士、喻树迅院士、信乃诠研究员为首席科学家，许世卫、邹瑞苍为专家组组长，98 位专家、教授组成的专家组，针对基础农学 12 个分支学科领域开展专题研究。在此基础上，课题主持人同步组织有关专家深入开展了基础农学综合研究。在研究过程中，课题组得到了中国科协学会学术部以及中国农业科学院、中国农业大学等单位的大力支持，专家、教授们倾注了大量心血，高质量地完成了专题报告和综合报告。在此，一并致以衷心的感谢。

限于时间和水平，本报告对某些问题的研究和探索还有待进一步深化，敬请读者不吝赐教。

中国农学会
2013 年 10 月

目　录

综合报告

专题报告

ABSTRACTS IN ENGLISH

Comprehensive Report

Reports on Special Topics

综合报告

基础农学学科发展

一、引言

农业与粮食安全、生态安全、经济社会发展关系重大，作为战略性产业，农业的快速健康发展是国民经济持续、稳定和协调发展的重要保证。在“四化同步”、创新驱动发展的新时期，农业科技对农业增长的贡献率已超过50%，而基础农学学科发展又是农业科技进步和创新的原动力，在发展现代农业、建设中国特色农业现代化中的重要作用日益凸显，为保障农产品的有效供给和实现农业可持续发展奠定了科学基础。中央“一号文件”连续10年关注“三农问题”，其中，2012年中央“一号文件”指出要“把农业科技摆在更加突出位置”，进一步明确了农业科技发展的战略定位，指出“农业科技的创新重点包括稳定支持基础性、前沿性、公益性科技研究”，明确了农业科技创新的重点任务，包括：“大力加强农业基础研究，突破一批重大理论和方法”，“加快推进前沿技术研究，抢占现代农业科技制高点”。

基础农学学科是认识与农业有关的自然现象、揭示农业客观规律及其原理、研究农业生产体系中的自然现象及其现象本质的学科，其目的是为充分开发利用和保护农业自然资源，协调作物与环境之间的关系、防止有害生物和不良环境对农业的破坏，以期获得农业生产的最佳组合，提高农产品的产量和品质及其生产效率，促进高产、优质、高效、生态、安全农业的发展，有效保障国家食物安全、生态安全，持续增加农民收入，提高农产品的国际竞争力。

基础农学学科概念是一个综合、动态、发展的概念，随着经济和科学技术的发展，在不同历史时期有着不同的内涵。人类生产、生活实践催生了基础农学的形成、发展。进入19世纪，受物理学、化学、生物学等基础科学发展的影响，特别是受现代生物技术、信息技术的影响，基础农学及其相关分支领域开始形成并得到了迅速发展，从此跨入了现代科学的行列。20世纪90年代以后，随着现代科学技术的迅猛发展，特别是数、理、化、天、地、生等基础科学对农业科学的渗透以及物联网、云计算技术等信息技术手段的应用，基础农学学科出现了新特点、新趋势。进入21世纪，随着新一轮科技革命和产业变革的孕育兴起，一些重要科学问题和关键核心技术呈现出革命性突破的先兆，带动了关键科学技术交叉融合、群体跃进，变革突破的能量正在不断积累，成为推动基础农学发展的强大潜力。一方面，基础科学对农业基础研究的推动日趋明显，不断产生新的边缘学科、交叉学科和综合学科，带动了基础农学学科的高速发展；另一方面，农业基础研究与农业科技和生产结合越来越密切，正在走向一体化、集成化和综合化，加速了新兴产业升级。农业基础研究向微观和宏观两个方向发展，既结合又促进，加快了科研进展与突破；农业基础研究借助现代实验工具和理论方法，实现了试验研究手段的现代化；农业基础研究国际竞争与合作、交流与限制并存，形成了十分复杂的态势。随着基础农学研究及其成果转化与推广，必将在新一轮的科技革命浪潮中为解决全球人口高峰期的食物安全问题做出重大贡献。

近年来，基础农学学科研究得到了加强。在国家层面，基础农学研究的地位日益提升，在“国家重大专项”、“973”计划、国家自然科学基金项目等国家基础研究计划的大力支持下，取得了重要进展。农业基础研究队伍健康发展，在“国家特支计划”、“百千万人才工程”、“中青年科技创新领军人才”、“中青年科技创新团队”等计划的支持下，培养和造就了一批高层次领军人才。基础农学研究的投入稳步增长，“十一五”期间，科技部投入相关科技计划农业农村领域 187 亿元人民币，其中基础研究约占 5% ~ 8%。2012 年“中央一号”文件明确提出“要持续加大农业科技投入，确保增量和比例均有提高”，近两年基础研究又有新的较大幅度增长。国际合作日益深化，我国与美国、欧盟、日本、澳大利亚等 140 多个国家和地区的农业部门、科研院所以及主要国际农业机构建立了稳定的双边、多边农业合作关系，不断提升我国在国际上的影响力。中国科技部和盖茨基金会在 2011 年还签署战略合作备忘录，2013 年双方已确定了主要作物育种、农村信息化等 7 个优先合作领域，并启动了绿色超级稻等首批合作试点项目。所有这些，为我国基础农学学科建设和发展奠定了坚实的物质基础和智力支撑。

《2012—2013 年基础农学学科发展报告》是在 2006—2007 年、2008—2009 年和 2010—2011 年三轮基础农学学科发展研究的基础上进行的，是近年基础农学学科发展研究进展与成果的体现。持续开展三轮基础农学学科发展研究，一方面表明了基础农学在我国农业科技中具有基础性、前瞻性的重要作用，反映了基础农学学科发展研究备受重视、学术活跃和快速发展的状况；另一方面，也表明了基础农学学科发展研究的内涵丰富与博大精深，需要我们不断地去研究、去探索、去创新。

在《2006—2007 年基础农学学科发展报告》中，选择了农业植物学、植物营养学、昆虫病理学、农业微生物学、农业分子生物学与生物技术、农业数学、农业生物物理学、农业气象学、农业生态学、农业信息科学 10 大分支领域开展专题研究。在《2008—2009 年基础农学学科发展报告》中，选择了作物种质资源学、作物遗传学、作物生物信息学、作物生理学、作物生态学、农业资源学、农业环境学 7 大分支领域开展专题研究。在《2010—2011 年基础农学学科发展报告》中，选择了农业生物技术、植物营养学、灌溉排水技术、耕作学与农作制度、农业环境学、农业信息学、农产品贮藏与加工技术、农产品质量安全技术、农业资源与区划学 9 大分支领域开展专题研究。《2012—2013 年基础农学学科发展报告》根据基础农学学科及其分支学科（领域）的进展以及未来发展的引领作用，确定了作物遗传育种、农业土壤、植物营养、农田灌溉与排水、作物病虫害、作物栽培、耕作学与农作制度、农产品加工与保鲜、农产品质量安全、农业信息、农业环境、农业资源与区划 12 个分支学科（领域）进行专题研究，基本覆盖了基础农学主要分支学科（领域），强化了研究广度和深度。

从这四轮基础农学学科发展研究来看，随着农业科技和基础农学分支学科（领域）的发展变化，选择的专题在深度和广度上也随之有所调整，其中三轮选择了农业生物技术、作物遗传、植物营养、昆虫病理、农业信息、农业资源、农业环境等最为活跃、进展最快、最为急需的分支（学科）领域作为研究专题；而农产品贮藏与加工、农产品质量安全、农业土壤等是农业科技中的热点、难点和焦点问题，直接影响到城乡居民生活和生命安全，引起了社会的普遍关注；作物栽培、病虫害防治、灌溉排水技术、耕作学与农作制度等既是传统的研究领域，也是一个持续的科研方向，在新的历史时期被赋予了新的内容、新的使命。

目前，我国基础农学学科及分支学科（领域）的快速发展，初步形成了门类比较齐全的学科体系，并产生了新理论、新方法、新技术，涌现出一些新思路、新观点、新亮点，在一些领域已接近或达到世界先进水平。然而，从基础农学学科研究整体水平来看，同发达国家比较还有较大差距和不足，我们要以科学发展观为指导，在“自主创新，重点跨越，支撑发展，引领未来”方针指引下，通过深化科研体制改革，培养精干、高效的创新队伍，加快重点实验室和基地平台建设，积极推进国际间双边和多边的交流与合作，创造有利于基础农学研究持续稳定发展的社会环境等政策措施，实现跨越式发展，为我国现代农业和社会主义新农村建设奠定坚实的技术基础。

二、我国基础农学学科最新研究进展

（一）作物遗传育种

作物遗传育种是当代农业科学发展的前沿学科之一，是基础农学研究的核心和重要组成部分。作物遗传育种是研究运用遗传变异规律，能动地进行作物遗传改进，促进生产稳定增长，提高劳动生产率的重要理论和技术基础，加强作物遗传育种研究可推动农业向高产、高效、优质、低耗的方向发展。

1. 研究进展

近五年，我国在作物高产和品质育种、亲本创新及生物技术应用等方面取得显著进展，产量潜力进一步提高。虽然常规育种在品种选育中仍然占主导地位，但基于基因组学的基因资源发掘、抗病及品质分子育种研究与应用进展迅速，为作物生产持续发展提供了强有力的技术支撑。

（1）遗传育种理论和方法创新

随着分子生物学技术的迅猛发展，常规技术与生物技术正在越来越紧密地结合，现代分子生物学为农作物育种提供了更有效的方法与技术。特别是分子标记辅助选择、植物基因工程、分子设计育种等高新技术的应用，将在提高选择准确性、加速育种进程并最终提高育种效率等方面发挥越来越重要的作用。目前，我国在抗病、抗虫等主基因控制的性状改良上，分子标记辅助选择的育种技术和方法已基本成熟，但对于产量、适应性等 QTLs 控制的复杂性状及其对应的分子育种的理论和方法，还有待完善和创新。

（2）种质材料的创新

充分利用我国较好的水稻和小麦种质创新基础，利用远缘杂交和野栽杂交等方式，开展新株型和强优势材料的新种质创新与优异基因的挖掘，创制骨干亲本材料，选育新品种。进一步加强了国内外玉米种质资源收集引进，强化种质资源的精准鉴定工作，从中挖掘新基因和有益等位基因，创制出适合未来育种目标的新材料。完成了白菜型、甘蓝型油菜等全基因组测序分析，开发了大量 SNP、SSR 标记；创造了芸薹属 – 诸葛菜的附加和代换材料、芸薹属亚倍体等新材料；通过 EMS 诱变等多种手段获得了一大批优异新种质。建成“棉花规模化转基因技术体系平台”，实现了基因遗传转化的流水线操作，做到了棉花转基因规模化和工厂化；转基因优质纤维品种培育及材料创制方面获得重大突破，获得一批产量性状有明显改良的 T4 代转基因棉花植株，单铃重最高增加 49.9%，且棉纤维的长度显著增加、棉纤维强度提高；完成二倍体棉花——雷蒙德氏棉的全基因组测序工作，为棉花新种质创新奠定了基础。

（3）新品种选育

面向小麦主产区育成和推广了一批高产、优质、多抗、广适的新品种，实现了又一次品种更新换代，代表性品种有石 4185 等 26 种。一批高产优质玉米品种如农大 108、郑单 958 等对促进我国玉米生产整体水平的提高发挥了重要作用，抗逆及品质改良的转基因玉米材料创新和新品种培育进展明显，转基因玉米产业化成为新的趋势。结合我国各棉区的产业需求，育成适合于黄河流域棉区的春棉品种、西北内陆棉区的常规棉品种、长江流域广适高产品种等；育成适宜麦棉两熟麦后机械化直播种植的第一个国审早熟转基因抗虫棉品种——中棉所 74；国产转基因抗虫棉的推广应用，迅速提高了我国抗虫棉的市场份额，实现了国产转基因抗虫棉占有面积从 1999 年的 5% 提高到 2012 年的 98%，使美国抗虫棉几乎退出了我国市场。2009—2012 年全国共审定大豆新品种 420 个，每年平均审定新品种 100 个左右；2011 年推广面积超过 100 万亩的大豆品种有 15 个，东北大豆主产区主推品种含油率接近美国、巴西等国家水平；选育出广适、高产、优质大豆品种中黄 13，截至 2012 年累计推广面积 7000 多万亩，社会经济效益 70 多亿元，是迄今为止跨纬度最大、适应种植范围最广的大豆品种；大豆特异优质育种和特用品质育种也均取得进展。

（4）杂种优势利用研究

当前小麦杂种优势利用研究主要基于化学杂交剂（CHA）和两系法，小麦光温敏不育－育性恢复技术体系研究与应用取得重要进展，育成一批两用不育系，培育出一批两系杂交小麦，并进入较大面积试种。

我国玉米杂优模式的创建和优势群的划分不断向明晰、简化和创新方向发展，针对骨干自交系的系谱、表型、重要性状基因和等位基因功能、互作效应等开展了系统研究，创立骨干自交系配合力的早期预测模型和人工创造或改良骨干亲本途径的新理论和新方法正在形成。

全国已育成一大批符合超级稻产量标准的新组合（品种），截至2012年，农业部认定的超级稻品种已达到96个，培育了一批旗舰型水稻品种，单个品种推广面积达到1000万亩以上的有14个品种。

我国大豆在实现三系配套、育成世界第一个杂交品种基础上，近年在杂交大豆制种技术实用化方面进展明显，杂交大豆具有潜在的应用前景。

我国甘蓝型油菜杂种优势利用的隐性核不育材料有2套——S45AB和9012AB。开发出多个油菜化学杀雄剂，探讨了利用欧洲春油菜改良我国半冬性油菜、利用半冬性油菜改良春油菜以提高杂种优势强度潜力，分离了新型细胞质雄性不育型恢复基因与不育基因，开发了大量细胞质及显、隐性细胞核不育与恢复及自交不亲和基因的特异性分子标记。近5年来，我国选育的新品种85%以上为杂交种，个别品种通过多个区域的国家审定，具有广适性和丰产稳产性。

棉花杂种优势利用杂交制种外，利用现有的转抗虫Bt基因材料和细胞质雄性不育系育成三系材料，育成3个转基因三系杂交棉，其产量水平达到目前在生产上大面积推广种植的人工制种杂交种，打破了几十年来三系杂交种性状差、产量低、无法在生产上种植应用的局面。

在小杂粮杂种优势利用方面，随着谷子杂优利用的突破和杂交谷子系列新品种的育成，杂交谷子的种植面积不断增加。张杂谷5号创造了谷子亩产811.9kg的国内外最高产量纪录。在芝麻杂种优势利用方面，中国走在了世界前列，育成世界上第一个二系芝麻杂交种豫芝9号和强优势杂交种郑杂芝H03。

2. 重大成果

小麦遗传育种学科重大进展主要体现在品种品质评价体系和矮败小麦研究方面。中国小麦品种品质评价体系建立与分子改良技术研究，从分子标记—生化标记—籽粒和面粉性状—食品加工品质四个层次首次创立了符合国际标准的中国小麦品种品质评价体系，建立了中国面条的标准化实验室制作与评价方法，提出并验证了面条小麦的选种指标和分子标记选择体系。矮败小麦及其高效育种方法的创建与应用，在国际上首创矮败小麦特异种质资源，创建了基于矮败小麦的轮回选择技术，构建完成了矮败小麦高效育种平台和全国矮败小麦育种协作网。利用矮败小麦高效育种方法，育成国家或省级审定新品种42个，累计推广1.85亿亩，累计增产小麦56亿kg，增收82亿元，应用前景广阔。

大豆遗传育种学科取得的重大进展主要集中在广适应和超高产大豆新品种的培育和推

广应用方面。提出了不同纬度与遗传远缘的亲本杂交培育广适大豆的育种新方法，创建了广适高产大豆育种技术体系，创制广适新种质；培育出广适高产优质大豆新品种中黄13，是迄今国内纬度跨度最大、适应范围最广的大豆品种。在黄淮海地区创亩产312.4kg的大豆高产纪录，蛋白质含量高达45.8%，籽粒大，商品品质好。

我国超级稻育种取得成功，形成了以“理想株型塑造与籼粳亚种间杂种优势利用相结合”的超级稻育种理论和方法。我国科学家发现的水稻光（温）敏核不育基因可使杂交水稻免除保持系，使杂交水稻由“三系法”发展为“二系法”，广亲和基因的研究和利用消除了籼粳亚种间杂交种不育性问题，使我国利用亚种间杂种优势得以异军突起。

在棉花抗病品种选育方面，创新了黄萎病抗性鉴定和选择技术，实现了抗病、丰产、优质同步改良和突破，育成5个棉花新品种，在黄河流域棉区累计种植5867.13万亩，豫杂35和豫杂37在河南、山东、河北、江苏及安徽北部等省累计推广1204万亩。在杂交棉品种选育方面，育成创“千斤棉”的丰产品种中棉所63，目前为黄河流域和长江流域棉区的主栽品种，在棉花生产中发挥着重要作用；优质渐渗系与转基因抗虫的聚合育种方面成效显著，育成优质转基因杂交棉中棉所70，适纺60支、80支等中高支纱。

（二）农业土壤

农业土壤学以农业土壤为研究对象，是土壤学的重要分支学科。凡是与农业生产有关的土壤问题都属于农业土壤学的研究内容，主要包括农业土壤肥力及其演变规律、农业土壤障碍因素的发生过程与防治技术、数字化农业土壤和土壤养分循环及其环境效应等方面。因此，农业土壤学不仅是对一般土壤学理论的补充和完善，而且是一般土壤学创造性的发展。近年来，农业土壤肥力、土壤生物与土壤信息研究有了新的进展，不但创建了新的领域，而且在研究内容上有新的推进。土壤时空变化、土壤性质与过程、土壤的利用与管理、土壤在社会发展与环境中的作用四个方面是当前农业土壤科学领域发展的新方向。

1. 研究进展

（1）土壤肥力演变与培肥

20世纪90年代以来，施肥造成的环境问题日益突出，我国在土壤肥力方面的研究出现了新的变化，主要体现在：①加强了氮肥去向及其环境效应的研究工作，在施肥领域开始注意高产与环境保护的协调问题；②开始重视通过生物学途径提高养分资源利用效率的问题；③随着对全球变化的关注，近年来开始了土壤作为大气CO_2的汇的定量化研究工作。

（2）土壤障碍与中低产田改良

近年来，面临着中低产田改造一些新的科学问题：①从传统有机无机配施技术如何转变为以改善土壤结构、土壤水肥调理、固碳减排为主体的技术；②从大田试验为主体的研究方法如何转变为以流域、区域性研究为主体的研究方法；③水土肥等多学科技术交叉、集成技术如何融合在耕地质量建设中并发挥最大效用；④新材料、生物技术、现代装备、信息技术如何在耕地质量建设中应用。这些新的需求，迫切需要中低产田改造技术的创新研究与突破。

（3）土壤水肥耦合与高效利用

近 20 年来，水肥调控技术研究已经在不同旱农类型区广泛展开，已经从雨养农区水肥管理发展到节水灌溉农田氮肥管理方面，农作物产量、水分（灌水）利用效率一直为研究重点。随着灌区氮肥环境污染日趋严重，灌溉农田水肥关系研究重点逐渐转移到如何通过调节水氮，减少氮肥损失及提高水氮利用率等问题。近些年来，水氮关系研究，特别是运用农田生态系统水氮模型进行农田或区域尺度的作物水氮管理模拟、预测和评估等方面成为国际上研究的热点。

（4）土壤污染与修复

目前，污染土壤修复技术主要包括两个方面：遏制与去除。因此，污染土壤修复技术主要有：稳定化、阻隔化、固定化、降解或移除等。污染土壤修复的理论与技术已成为当前整个环境科学与技术研究的前沿。我国的污染土壤修复研究，目前正经历着由实验室研究向实用规模研究的过渡阶段，即将进入一个快速发展时期。

（5）土壤资源信息化与数字土壤学

我国对精细数字土壤普查的理论和技术及其应用进行了系统地研究，基于土壤图、地质图、土地利用现状图、GIS、模糊聚类等进行了某些区县的数字土壤制图，运用模糊均值算法和地统计学相结合的方法进行了小区域土壤预测制图。

2. 重大成果

我国历来重视农业土壤学研究，近年来取得了许多重要进展。第一，农业土壤学基础理论得到发展和完善。第二，农业土壤学应用技术研究不断更新，重要研究成果推广应用不断扩展。在障碍土壤改良利用方面，一批综合性、实用性、环保型成果促进了区域性农业的持续发展。在农业土壤水资源高效利用研究方面，既重视发展和完善工程技术及其与生物措施相结合，注重区域性水土流失的综合治理，又重视水肥一体化技术研究。第三，新构建的实验研究平台极大促进了农业土壤学科的发展。

（1）土壤有机质提升原理与技术

根据土壤有机质演变规律与有机物投入量之间的关系，确定了土壤有机质的维持与提升技术。不同施肥模式下，我国东北、西北、华北、华南和长江流域五大典型区域农田土壤有机质演变特征差异较人。

（2）保护性耕作原理与新技术

我国进行了长期的免耕、深松、覆盖等技术的试验研究、示范和推广，形成了适合不同地区特点的多种形式的保护性耕作新技术。东北地区的深松机间隔深松，西北、华北地区的高垄作种植、深松耕作、少免耕技术，陕西渭北高原的留茬深松起垄覆膜沟播技术和小麦高留茬少耕全程覆盖技术等，均在旱作农业水分高效利用和水土保持方面取得了显著的经济和生态效益。

（3）水肥一体化技术

目前研究较多且应用较广的是滴灌水肥一体化技术，我国的水肥一体化技术主要在一些经济价值较高的作物上应用。如新疆的棉花膜下滴灌施肥技术已作为棉花生产的标准技术得到大面积推广，技术处于世界领先水平，应用面积近900万亩。除在棉花上大面积应用外，目前已推广到温室蔬果、花卉、果树、烤烟等作物，该技术近几年在农业覆盖面积最大、灌溉水资源需求最大且旱情相对比较严重的华北和东北小麦、玉米种植区也得到了发展和应用。

（4）土壤重金属污染原位钝化修复原理与技术

目前，并没有专门的针对重金属污染土壤的化学固化稳定化技术修复后土壤的评估技术，许多研究采用的都是评判土壤污染或表征土壤重金属生物有效性的方法来评估土壤修复的效果。对于这一方面的研究方法主要集中于：①基于化学方法的评估；②基于生物学模拟的一些体外方法，这类方法主要用于评价重金属污染土壤中重金属对人体的健康风险；③基于生物学的一些方法，主要体现在利用高等植物、动物或微生物进行的一系列针对重金属污染土壤、污染土壤修复后或修复后土壤淋洗液中重金属毒性的相关实验，从被测生物的反应与土壤重金属的剂量建立起来某种关系，从而判定土壤中重金属的毒性。

（三）植物营养

1. 概述

植物营养学是农业生物学的一个重要分支，是一门与多学科相互联系、相互交叉和相互渗透的学科，它是研究土壤物质的形态转化、植物吸收、运输和利用的规律以及植物与外界环境之间物质和能量交换的科学。具体来说，植物营养学是以土壤 – 植物系统为对象，研究植物营养物质在土壤中的形态、转化与生物有效性，植物活化、吸收、转运和利用及养分的生理功能，植物响应营养胁迫的机制与适应途径以及通过合理施用肥料或遗传改良技术，实现资源高效利用、作物高产优质、生态环境安全目标的科学。

近年来，植物营养学科研究快速发展，已经成为以植物 – 土壤互作的根际理论为核心，以作物高产、资源高效和环境保护为目标，充分挖掘植物和微生物等生物资源潜力，综合利用生物调控及养分管理技术来实现作物高产高效的研究体系，并形成了以植物营养生理与遗传、土壤 – 植物互作与调控、养分资源管理、污染物控制和治理等为主要研究领域的系统综合学科。

2. 研究进展及标志性成果

当前，植物营养学的理论研究和应用正处在快速发展阶段。一是现代植物营养理论不断应用于指导传统生产实践体系和多样化的自然生态系统；二是不断吸纳自然科学、技术科学和其他应用科学的理论、方法及技术，形成了以系统观测与定量实验为基础，以多组分、多形态和多尺度物质性质、分异与变化为中心的综合研究体系；三是分子生物学和生物技术促进了植物营养生理学和植物营养遗传学的快速发展，使植物营养的生物学研究进入到分子水平。

植物营养学的研究热点和前沿技术主要包括以下 7 个方面：①植物营养的土壤环境与过程。土壤中物理、化学和生物学过程对养分地球化学循环的影响及其机制是研究热点，土壤中养分生物有效性的土壤水分条件与过程，养分转化过程的实时、原位监测技术，不同土壤条件下水分和养分的耦合机制等是前沿技术。②植物养分高效的分子机理和遗传改良。有关植物吸收和感应养分的分子机制研究已成为研究热点。③植物根际营养与调控机制。研究并揭示作物的根际对话过程及养分活化机制，是植物营养科学的研究前沿。④养分资源管理与新型肥料。当前研究的热点是快速简便的养分定量技术、区域总量控制技术、田块精细调控技术。新型肥料的研究热点包括作物专用的复合（混）肥生产以及价廉、控释性能优良的可降解型聚合物包膜控释肥的研发。⑤养分循环及其生态环境效应。定量生态系统中环境养分数量、氮磷的流失和氮素气态损失，是国际上的研究热点；废弃物的资源化综合利用已成为当前重要的生态环境问题。⑥土壤生产力及其调控。高强度物质循环条件下土壤生产力的演变规律，作物高产的土壤条件及其培育机制，土壤酸化、盐渍化和土壤生态系统退化等土壤质量下降的原因及其修复与调控途径等将成为研究重点。⑦废弃物农业资源化再循环利用。有机废物高效无害化处理工艺与技术，创制有机废物高效快速发酵菌剂和功能性有机废物资源利用将成为研究重点和发展方向。

（四）农田灌溉排水

灌溉排水技术是一门研究农田水分状况和地区水情变化规律，并通过采取人工补充土壤水分或将一个地区内多余的地表水和地下水排除到该地区以外等技术措施，以消除或减少旱、涝（渍）、盐（碱）等自然灾害的影响和损失，提高农田抗御旱、涝灾害的能力，改善农田水分状况，促进农业稳产、高产、高效和水资源可持续利用以及生态、环境等良性循环的学科。其内容涉及土壤、植物、工程、环境及经济等多个学科，主要内容包括：农田灌排基本理论研究、灌排工程规划设计与施工、灌排新技术的研究、灌溉排水系统管理和灌溉排水系统环境影响评价。

1. 研究进展

（1）作物需水与调控技术

在作物需水量与耗水量的估算方面，研究工作更多向区域尺度发展，作物需水的内涵向理想状态下的最优需水量或理想耗水量拓展。在作物需水信息采集与诊断方面，向能够实现原位长时间连续监测或快速大范围监测方向发展；研究尺度向区域尺度发展；重点探索作物需水时空变异与尺度转换问题；侧重利用多源信息融合技术来诊断作物是否缺水及缺水程度。在作物高效用水调控方面，侧重通过改变根系层土壤湿润方式与灌溉制度或者使用外源激素来调节作物气孔运动行为，在不牺牲作物对 CO_2 吸收的前提条件下大大减少作物的水分消耗、提高水分利用效率，已成为当前研究的热点之一；相继提出了调亏灌溉（RDI）、分根区交替灌溉（ARDI）和痕迹灌溉等新的灌溉技术。

（2）灌水技术

在地面灌溉技术方面，研究热点紧密围绕创建现代地面灌溉技术应用平台、提高地面灌溉过程控制能力、开发区域地面灌溉系统管理实用工具等方面展开，在地面灌溉设计理论、土地精细平整和田间工程配套布置方法、水肥同步高效利用新技术等方面取得了一系列突破。在喷灌技术方面，研究重点向大型喷灌机转变，喷灌系统多目标利用和变量喷洒的研究日益受到重视。在设备研发方面，降低能耗、实现灌溉施肥的精量控制是喷灌技术研发的重点，高新技术的大量应用成为喷灌技术发展的一大亮点。在系统设计和管理方面，喷灌管网水力计算和优化设计已趋于成熟，以提高水肥利用率为目标的灌水技术参数优化组合正在成为研究热点。在微灌技术方面，在微灌系统设计理论、微灌土壤水分调控、关键设备设计技术和田间应用管理技术等方面取得了很大进展，形成了具有自主知识产权的理论和技术。

（3）农田排水技术

农田排水面临一些新课题：一是农田排水向综合考虑水资源高效利用和农田面源污染防治的多重目标转变；二是农业排水与生态工程和生物技术结合，有效处理排水水质；三是特殊的种植方式和微气候条件对农田排水的功能提出了新的要求；四是渍害田治理、农田排水和城市排水的协调发展。在技术方面，设施地控制排水、湿地水处理综合调控、生物反应床水质处理系统等成为农田排水的代表性技术。此外，干排水作为从区域尺度上控制耕地盐分平衡和盐渍化的技术，重新引起科研工作者的关注。我国迫切需要研究长期灌溉条件下水盐运动规律和盐渍化演变趋势，建立适合干旱区特点的淋洗技术和排水系统设计理论。

（4）再生水灌溉技术

国外相关研究主要集中在再生水灌溉对植物生长、土壤质量、地下水质量的影响以及安全灌水技术方面；国内学者开始研究再生水灌溉对作物及环境的影响机理、污染物迁移转化规律、再生水适宜的灌溉技术与灌溉制度、再生水灌区规划等问题。再生水安全利用技术标准化、系统化、集成化将是研究重点和难点。

2. 重大成果

（1）作物需水与调控

在植物应答干旱胁迫的气孔调节机制方面，创造性地探讨了植物干旱反应调节的基因表达分子机制，为基因工程技术提高植物的水分利用效率开辟了新途径，获得了 2012 年度国家自然科学二等奖。在都市型现代农业高效用水原理与集成技术研究方面，研制了基于大型高精度杠杆称重式、水位可控式蒸渗仪和信息实时监控的智能化植物需水诊断平台，构建了设施农业水肥一体化高效节水技术集成模式、果园智能化精量灌溉技术集成模式和都市绿地“清水零消耗”生态节水技术集成模式，并获得 2012 年度国家科技进步奖二等奖。在“干旱内陆河流域考虑生态的水资源配置理论与调控技术及其应用”方面，提出了有限水资源的合理配置理论及调控技术，并于2013年获国家科技进步奖二等奖。

（2）地面灌技术

我国精细地面灌溉技术研究初步形成了基于土地精细平整和过程精确控制的现代高效地面灌溉技术应用体系。在应用基础理论方面，建立了模拟田面微地形空间分布状况的方法，提出了根据畦田内水流运动特征采用遗传算法自动优化反演土壤入渗参数和地面糙率系数的模型，初步建立了基于田间部分灌溉数据对整个灌溉过程进行反馈控制的理论方法。在支撑技术方面，建立了以土地精细平整为特征的激光控制平地技术应用体系，提出了基于土地精细平整的地面灌溉田间灌排工程布局模式。在主导技术方面，建立了地面灌溉过程精量控制技术，为实现地面灌溉过程自动化与量配水可控化提供了有效手段。

（3）喷灌技术

喷灌技术的进步主要体现在：一是进一步阐明了喷灌的节水机理，提出喷灌技术参数的优化方法；二是研发了低能耗精量控制喷灌施肥装备，实现了喷灌系统的多目标利用；三是利用高新技术对传统喷灌技术的升级改造，提高了喷灌系统的运行管理水平。

（4）微灌技术

在微灌系统设计理论与方法上，提出了综合考虑水力偏差、制造偏差和田面高差的滴灌系统流量偏差的计算方法；提高了系统灌水均匀度；揭示了灌水器工作水头取值与灌水器水力性能以及灌区田面高差的关系。在地下滴灌技术方面，开发了一批具有自主知识产权的地下滴灌设备。在设备设计技术方面，建立了灌水器内部水流、泥沙多相流流体动力学模型；研发了支管、毛管流量调节器或压力调节器等系统压力均衡调控产品；开发了自动反冲洗叠片过滤器、水力驱动旋转反冲洗网式过滤器和系统流量、压力、土壤墒情等信息监测和控制设备。在田间应用管理技术方面，提出了包括种植模式和水肥一体化技术及农艺的操作管理规程；提出了作物微咸水安全高效滴灌技术体系。

（5）农田排水技术

在设施农业排水方面，提出了设施农业的控制排水技术；提出了大棚合理灌溉制度的设计准则与方法；提出了大棚作物的控制排水暗管间距、埋深和出口控制高程的控制排水措施；提出了南方地区雨季揭棚、合理施肥与控制排水相结合的大棚栽培与水管理技术。在与湿地、生物反应器相结合的减污控排技术方面，引进和发展了以生态工程为基础的控制排水、节水灌溉和湿地系统相结合的农田水循环系统。在灌区排水污染物控制技术方面，形成了排水污染控制标准体系；实现了动态排水条件下水质水量过程场景分析和模拟预测；通过田间调控，实现源头控制；通过“工程－生物－生态”相结合，实现水功能区达标。在农田排水径流计算方面，建立了排水径流计算的概念性与分布式水文模型；初步建立了农田排水区自然－农业复合水循环系统的排水径流形成机理和模型。在排水工程的调度与控制运用方面，提出了排水系统优化调度的建模技术及其相应的求解技术；提出了非凸、非连续排水系统调度问题的寻优技术。在区域水盐均衡调控技术方面，提出了利用内部盐荒地的干排水控盐新方法，构建了干排水系统设计理论；提出了干旱区的井渠结合模式、地下水位控制标准以及井渠灌溉面积比与水量比的确定方法。

（6）**再生水灌溉**

近年来，再生水灌溉方面取得了一系列的重要进展，体现在：再生水灌溉牧草、草坪及林木；再生水在粮食作物和蔬菜作物灌溉上的适用性和安全性；再生水灌溉系统研发与再生水灌溉区划等方面。

（五）作物病虫害

农业昆虫学学科是植物保护学科的最古老且最重要的分支学科，是以农业害虫及其天敌为研究对象的科学。为了应对全球气候变化、产业结构调整和国际贸易全球化对我国农业害虫发生和危害产生的新影响，随着现代生命科学等新兴学科的新理论与新方法对本学科的渗透、交叉与融合，特别是国家对农业昆虫学科研究的加大投入，农业昆虫学学科在害虫成灾机制与防控基础理论以及高效、持久、安全的农业害虫监测预警、应急处理与可持续治理的技术体系建立等方面取得了可喜的成就。

植物病理学是阐述植物病害发生发展规律及其防治的一门应用学科。植物病理学主要研究植物病害发生的各种生物因子（病原物）和非生物因子（如各种环境条件）及其引起病害的机制、病害发生流行规律及其成灾机理，病原物与寄主及其他生物的互作关系，寄主抗病性及其利用以及各种病害控制的理论和技术方法。

1. 研究进展

（1）**农业昆虫**

1）发育生物学。昆虫发育生物学涉及昆虫蜕皮与变态等生命活动现象，近年来，我国有关该领域的研究多已上升至相关功能基因克隆与表达及内分泌调控的研究层面，并取得了明显的进展。另外，昆虫变态发育激素和营养调控分子调控、基因组学、蛋白组学等方面相继取得最新研究进展和成果。

2）种群遗传控制。目前害虫遗传调控技术主要在医学昆虫方面得到很好的应用，而在农业昆虫方面的应用在国内还处于起步阶段，仅中国少数几家单位开展了部分前期基础研究工作，应用方面研究较少。

3）监测预警信息技术。随着农业昆虫学学科发展，我国科学家利用3S技术建立了多种农业害虫的监测预警系统，显著地提高了监测预警水平与能力。开发了农作物虫害疫情地理信息系统，建成全国农作物虫害监控中心信息网络和信息系统、分布式虫害预警预报Web-GIS系统、迁飞性害虫实时迁入峰预警系统、田间昆虫数据采集和计算机网络化的数据传输和管理技术、田间小气候实时监测技术、影响农作物虫害的关键气候因素和预警指标的分析提取技术和中长期预测预报技术等。

4）转基因抗虫作物。我国自1997年开始种植转基因抗虫棉花，到2012年种植面积已经达到380万公顷，占棉花总种植面积的70%。种植Bt棉花已经成为防控棉花害虫的关键措施，对有效控制棉铃虫和红铃虫的为害发挥了重要作用。随着转基因育种高新技术和交叉学科的发展，近年来，转基因抗虫作物也由原来的抗虫或抗病等单性状改良向第二代复合性状改良发展。同时，植物介导的 RNA 干扰技术开始被应用于转基因抗虫作物的改良。

5）生态调控技术。通过作物品种多样性、生态系统多样性和诱集植物的利用，发展了主要农作物重大害虫生物生态调控技术体系，应用效果十分显著。目前，针对烟粉虱、小麦害虫、蚜虫等农业害虫的相关生态调控技术研究取得较好进展。

（2）植物病理

1）植物与病原物互作机理。近年来，在植物与病原物互作机理方面的突出进展表现在以下几方面：①识别的分子机理和抗病信号传导网络解析；②互作的分子共进化（co-evolution）机理解析；③在研究方法和技术方面，蛋白质组学、基因组学和转录组学等各种组学技术越来越普遍地被应用于互作相关基因的鉴定及其功能分析。

2）抗病基因资源的鉴定与分子评价。我国在水稻等主要农作物抗病基因资源的鉴定与利用方面处于国际先进水平，部分内容达到国际领先水平，获得国外同行的高度评价。我国学者对主要农作物抗病基因资源开展了系统的挖掘、鉴定与评价工作，获得了一大批水稻、小麦、大麦、玉米等农作物及其近缘野生种质材料中的抗病基因资源，为克隆鉴定具有应用价值的新抗病基因奠定了基础。

3）病原物遗传结构、寄生适应性变异及致病力分化研究。目前病原物群体遗传学研究总体上存在群体量小、样本来源范围窄、样本采集缺少系统性和科学性等问题，而且大部分工作只局限于对群体的遗传多样性及其地理分布进行简单分析，对群体遗传结构的时空动态及其进化机制的研究不够深入；很多研究关注单一病原物群体遗传变异，对不同病原物群体之间的互作关系的研究很少；这些研究内容将成为未来一段时期群体遗传学的发展趋势。

4）植物病害流行学研究与防治策略。近年来，信息和生物技术向病害流行学和病害防治领域的渗透，极大地推动了病害流行和防控技术的发展，宏观与微观方法的有机结合使得人们的研究思路更加清晰，许多传统方法得到改进和更新，不少疑难问题已经或有望得到解决。

2. 重大成果

（1）农业昆虫

1）蝗虫迁飞与居留型转化的调控机理。我国的科研团队利用代谢组技术和基因干涉技术，结合行为学测定，发现了飞蝗两型转变调控机制，为控制蝗灾提供了理论依据，也为人类代谢疾病的研究提供了很好的动物模型；发现放牧活动会降低植物的含氮量，蝗虫取食这样的植物有利于蝗虫种群的生长和发育，从而导致草原蝗灾的形成；如果未来能证明植物营养状态可通过调控脂肪代谢，进而影响蝗虫群居型的形成，将成为该领域的又一项重要发现。

2）Bt 棉花生态系统昆虫种群的演化机制。我国的科研团队系统研究阐明了种植 Bt 作物对农业生态系统的显著生防功能，这是国际上首次从景观生态学尺度对 Bt 作物生态服务功能和机制进行的系统研究，对发展利用 Bt 植物、持续控制重大害虫区域性灾变的理论与方法有重要科学意义。

3）小菜蛾基因组学。成功破译重大农业害虫小菜蛾基因组，形成了我国拥有自主知识产权的研究成果——小菜蛾基因组研究成果。该工作宣告世界上首个鳞翅目昆虫原始类型基因组的完成，同时也是第一个世界性鳞翅目害虫的基因组。

4）棉铃虫对 Bt 棉花的抗性机制与治理。通过 10 多年的攻关研究，在国际上创造性地提出了利用小农模式下玉米、小麦、大豆和花生等棉铃虫寄主作物所提供的天然庇护所治理棉铃虫对 Bt 棉花抗性的策略；首次揭示了棉铃虫对 Bt 棉花产生抗性的分子机制，建立了棉铃虫抗性早期预警与监测技术体系，可分别进行抗性基因、抗性个体和抗性种群三个水平的抗性检测和监测；揭示了棉铃虫田间种群对 Bt 棉花的抗性基因存在遗传多样性，首次发现并证实非隐性抗性基因在 Bt 作物抗性演化中具有关键性作用，对于合理设计靶标害虫对 Bt 作物抗性的治理策略和措施具有重要指导意义，标志着 Bt 抗性研究已由实验室品系抗性规律的研究转入田间种群抗性分子遗传机理的研究，并为该方向的研究提供了一套示范性的解决方案。

5）烟粉虱入侵机制和防控技术。研究发现烟粉虱“非对称交配互作”的行为机制，揭示了害虫的普遍入侵并取代土著烟粉虱的征象和规律，对其进一步入侵和地域扩张的预警提供了重要的理论基础。

6）害虫抗药性机制与治理技术。我国经过 20 年的潜心研究，明确了棉铃虫、小菜蛾、稻飞虱等重大害虫抗药性主导机制和抗性早期预警技术体系及其抗药性种群遗传特性，研制的杀虫剂新品种共毒系数超过 200，甚至高达 500 以上，增效显著，减少了药剂用量，在棉铃虫、斑潜蝇、水稻螟虫、稻飞虱等抗药性严重的害虫相继暴发过程中，表现出突出防治效果，取得了巨大的经济和社会效益。

7）捕食螨的规模化生产技术。该技术为我国害螨的综合治理提供了一个优良天敌品种的有效途径；建成我国第一个年生产能力达到 8000 亿只的捕食螨商品化生产基地；建成“以螨治螨”为核心的绿色防控体系；研制成功捕食螨田间慢速释放器，提高了天敌田间控害效能。

8）农业害虫灯光诱杀技术。由企业和推广中心等单位联合完成的农业害虫监测系统，解决了测报工作者劳动强度大、工作效率低、有毒物质对测报人员及环境存有危害、识别率低和病虫信息传递与远程实时监控等问题。采集气象参数比国内外同类系统多 3 项；对病虫可实施远程实时监控，实现了全国各病虫测报站信息共享。建立了企业、科研院所、大专院校、推广部门、用户相结合的集研究、生产、示范、推广、应用于一体的技术体系，加速了科研技术的物化利用。

（2）植物病理

1）小麦条锈病菌源基地综合治理技术体系的构建与应用。我国从 1991 年起开展全国大协作，对中国小麦条锈病菌源基地综合治理技术体系进行了连续科技攻关，取得了重大创新与突破，研究成果在生产上大规模推广应用，防病保产效果极其显著。同时，丰富和发展了植物病害分子流行学和植物生态病理学理论、技术和方法，为国家小麦条锈病的防控决策提供了重要科学依据和技术支撑，作为“公共植保、绿色植保”的典型范例，为研究其他气传病害提供了借鉴和参考。总体研究处于国际领先地位，经济、社会和生态效益巨大。

2）重要作物病原菌抗药性机制及监测与治理关键技术。自 20 世纪 80 年代中期开始，连续 20 多年采集和检测了 10 多万分标本，探明了水稻恶苗病菌、小麦赤霉病菌和油菜菌核病菌抗药性群体发展规律，探明了抗药性发生的机制，依据抗药性病原群体发展规律及抗药性机制，开发了一系列抗药性高效治理新技术，并与企业和技术推广部门合作全部实现了产业化和大面积推广应用。为我国保持 20 年来没有发生重大抗药性病害流行、提高植物病害绿色防控和农药创制的科技水平做出了重要贡献。

3）柑橘病毒类和检疫类病害分子检测及无病毒三级繁育体系技术。建立并优化了我国 7 种柑橘病毒类和检疫类病害的分子快速检测技术，创新了柑橘分子检测微量取样制备技术和柑橘茎尖脱毒微量快速评价技术；建立了柑橘无病毒良种三级繁育体系；制定了行业标准和技术规程 4 个，培训技术人员 8780 人次。有机整合了科研院所、农技推广部门、龙头企业和农民等各方优势，实现了基础研究与生产应用的结合，形成了繁育柑橘无病毒容器苗 1730 万株的能力，新建柑橘无病毒良种示范基地 44 万亩，使企业和农民增收 15351 万元，促进了柑橘无病毒良繁技术的产业化，推动了我国柑橘产业的可持续发展。

4）作物多样性在抗病增产中的作用。基于农田生态系统层面，从栽培角度提出了作物多样性优化配置解决难题的新途径，即从时间上和空间上优化配置异质作物群体，增加农田作物多样性丰度，解决单一作物大面积种植病虫害流行的难题。

5）植物天然免疫机制。揭示了 AvrAC 独特的生化功能和分子机制。AvrAC 是目前报道的唯一一个具有尿苷单磷酸转移酶活性的细菌效应蛋白，阐明了病原细菌是如何利用一种独特的生化和分子机制来精确攻击植物免疫系统的。

6）病原真菌致病机理。近几年，我国在稻瘟病菌致病性分子机制研究取得较大进展，发现了一系列调控稻瘟病菌形态发育与侵染致病过程中的重要调控因子，研究结果有助于理解其他作物真菌病害致病分子机理，同时对该病害的控制具有重要的实践指导意义。

7）卵菌致病机理。克隆了一个新的大豆疫霉无毒基因，可以抑制植物的抗病反应，促进病菌侵染；发现疫霉菌抑制植物抗病性的一种共有机制和一种新机制；成功克隆了新无毒基因 PsAvr3b，为其他真核病菌无毒基因的克隆提供了新的思路；发现多数 RxLR 类效应分子可以抑制植物抗病反应，病菌对效应分子的转录进行精确编程，效应分子之间以“团队作战”的方式抑制植物的抗病反应，为认识卵菌的致病机理提供了新的知识。

8）双生病毒致病机理。以伴随有卫星 DNA 的中国番茄黄曲叶病毒（TYLCCNV）为研究对象，解析了病毒克服植物甲基化修饰及 TGS 反应的分子机制，对诠释作物抵御双生病毒侵染及双生病毒逃避作物防御的分子机制具有重要意义，并为植物抗病毒提供了新理论和新策略。采用反向遗传学策略，结合分子生物学和生物化学等方法，发现了病毒与植物寄主在长期协同进化过程中的其中一种博弈场面，也揭示了 SAMDC1 在甲基化介导的基因沉默途径中的重要作用，对诠释 26S 蛋白酶体介导的蛋白降解途径调节、通过调控寄主 de novo 甲基化介导的基因沉默信号过程具有重要意义。

（六）作物栽培

作物栽培学是一门综合性很强的农业应用科学，经过我国作物栽培学家几十年的探索，作物栽培学形成了区别于其他农业基础学科的具有自身规律的理论体系。特别是近年来，作物栽培在我国农业生产向良种良法的结合、农机农艺的融合、生产生态的兼顾、高产与高效同步的现代农业技术发展中起到了关键作用，体现出学科综合性优势。作物栽培学正在向机械规模化、信息精确化、可持续简化、气候变化适应性、抗逆稳产等技术方向发展，为实现现代农业发挥了越来越重要的作用。

1. 研究进展

（1）作物栽培学理论创新

作物栽培技术的发展越来越依赖于理论突破，特别是产量形成、生长发育规律、作物与环境等成为作物重要栽培理论的研究方向，并有效地指导了作物高产、优质、高效、生态、安全的技术创新。主要进展包括：作物生育过程中器官相关与肥水效应理论、作物高产形成定量化理论以及作物营养高效平衡理论等方面的研究。

（2）作物关键技术创新

近年来，密植高产技术、土壤耕层优化技术、作物定向化控技术和资源优化配置技术等作物关键技术研究得到深入发展。此外，配方施肥技术等的推广应用，改变了以往盲目施肥为定量施肥，同时也改变了单一施肥为以有机肥为基础、氮磷钾等多种元素配合施用，特别是对化肥结构调整起着更重要的作用，在农业生产中取得了增产、改善农产品品质、节肥、增收和平衡土壤养分等显著效果。

（3）作物栽培技术集成创新

①作物高产优质高效栽培技术集成。经过多年的研究，我国在不同的作物与不同的区域集成出了不同的技术模式，为各种作物的高产高效、增产增收起到了重要技术支撑作用。②作物精准、简化、高效栽培技术集成。近年来，开展了精确定量栽培、数字化农作技术和作物生产信息化服务技术的研发，在作物生产管理中正在发挥重要作用。③生态安全、环境友好型作物栽培技术集成。在科技支撑计划支持下，开展了主要粮食作物丰产节水节肥技术集成与示范、玉米膜下滴灌节水高产高效技术、主要粮食作物高产栽培与资源高效利用的基础研究等研究工作，此外，还研制出多种技术的“缓控释肥”。④作物机械规模化生产技术集成创新。近年来，在玉米、水稻、小麦等主要粮食作物中相继开展了机械化技术研究，为推进我国作物机械规模化生产提供了技术支撑。

（4）作物栽培技术应用与推广

在国家粮食丰产科技工程项目支持下，紧紧围绕我国三大平原三种作物高产高效目标，开展了技术集成与创新研究，以丰产高效栽培为核心的粮食丰产科技工程应用与推广效果显著。基于关键技术创新与区域生产特点，在万亩创建连片高产，采取“统一整地播种、统一肥水管理、统一技术培训、统一病虫防治、统一机械收获”的五统一的方式，在小麦、水稻等示范片生产中增产效果良好，核心技术集成高产创建在粮食安全中发挥了重要作用。

2. 重大成果

近两年来，继续实施了国家粮食丰产科技工程、作物高产创建、科技入户等一批以作物栽培为核心的重点项目，有力地推动了我国作物栽培学创新与发展，显著提升了作物栽培技术与理论的研究应用水平，为我国粮食实现“十连增”发挥了重要作用。

在玉米高产高效方面，构建了玉米产量差（潜力）模型，明确了我国主要生态区玉米高产潜力突破和大面积高产高效生产的主要制约因素及技术优先序，提出了高产突破途径与关键技术，建立了13套适应不同生态区域的玉米高产高效生产技术体系，发布实施地方标准9部，10项技术模式被遴选为农业部主推技术，创造了一批玉米高产纪录。

围绕作物资源高效利用，以进一步挖掘作物周年高产潜力，在一年两（熟）协调高产高效关键技术上取得了重大突破，建立了进一步挖掘资源内涵两（多）熟制协调高产高效理论与技术体系，有效地提高了资源利用率和作物周年产量。在黄淮区小麦夏玉米一年两熟方面，实现了小麦夏玉米均衡增产，“十一五”期间累计增产粮食674.2万吨，创造社会经济效益95.08亿元，为河南粮食持续增产提供了重要的科技支撑。在海河平原，通过光温资源高效利用、节水节肥、农艺农机配套和丰产高效理论与技术创新，支撑了河北小麦、玉米单产大幅度提升，总产连续7年创历史新高，2008—2010年，在冀、鲁、豫、津应用7261万亩，增产469.1万吨，增加经济效益76.2亿元，年节水8亿～10亿立方米。

随着生育进程、群体动态指标、栽培技术措施的精确定量研究不断深入，推进了栽培方案设计、生育动态诊断与栽培措施实施的定量化和精确化，有效地促进了栽培技术由定性为主向精确定量的跨越，为统筹实现作物“高产、优质、高效、生态、安全”提供了重大技术支撑。水稻丰产精确定量栽培技术及其应用研究取得重大进展，该技术应用后，比对照技术增产10%以上，节工20%以上，节氮10%以上，节水20%以上，增效20%以上。在20多个省（市、区）示范，累计应用9918万亩，增稻谷640.1万吨，增效益163.5亿元，并创造了江苏稻麦两熟制条件下水稻亩产937.2kg、云南亩产1287kg的世界纪录。

近两年来，在作物栽培方案的定量设计、作物生长指标的光谱监测、作物生产力的模拟预测以及相关的软、硬件产品研发等方面取得了显著的进展，推动了我国数字农作的发展。在数字农业测控关键技术产品与系统研究在作物与环境信息传感探测上，研究了农作物个体生命信息无损监测方法，研制了叶片、茎秆、果实等7种生命信息传感器，开发了农作物营养、病害、水分胁迫等监测技术产品和诊断系统；提出了集光学传感、农学模型于一体的作物群体生物量/叶面积指数、氮素/水分营养生理指标的监测方法，研制了小麦/水稻便携式作物综合长势信息测定仪，实现了作物群体长势信息的无损探测及诊断，填补了国内空白。成果在设施农业和大田生产的环境监控、灌溉、施肥、施药等方面大面积应用，节能 20% ~ 30%，节肥水药 20% ~ 50%。在全国 14 个省市累计应用 560 万亩，技术培训 1.3 万人次，增收节支 21.2 亿元。

（七）耕作学与农作制度

耕作学是研究建立合理耕作制度的技术体系及其理论的一门综合性应用科学，注重整体性、综合性，强调技术环节有机衔接与技术组装集成。农作制度也称耕作制度，是农业生产的基本性制度，指一个地区或生产单位作物种植制度以及与之相适应的养地制度的综合技术体系，内容包括熟制、作物布局、种植方式、轮连作等种植制度以及土壤耕作、地力培育、农田保护等养地制度。

作物种植制度与养地制度是耕作制度（耕作学）研究的重要内容。作物种植制度包括一个地区作物组成、配置、熟制与种植方式等内容，决定着区域农作物种植结构与布局、种植模式及生态经济效益等，是促进农业增产增收的根本性措施和重要标志。农田养地制度是与种植制度相适应的以地力培育及保护为中心的技术体系。农田养地制度主要目的是为农作物生长发育提供所需的水、肥、气、热等生产因素，保证地力常新和作物持续高产。

1. 研究进展

（1）气候变化对种植制度的影响研究进展

气候变化与气候波动对种植制度和作物生产的可能影响已经引起了科学家的高度关注。近两年，农业科研人员对我国气候变化背景下的种植制度变化趋势进行了大量研究，具体内容包括气候变暖对我国多熟种植北界和粮食产量的影响、对中国冬小麦种植北界影响、对东北三省玉米种植界限和产量的影响以及对热带作物种植界限和柑橘适宜区的影响。

（2）高产低碳农作技术模式构建

农田生产系统的减排增汇技术对缓解全球气候变化有重要意义。紧密围绕保障粮食安全、资源生态安全和增强农业综合生产能力等国家重大需求和任务，积极探索作物生产系统低碳栽培耕作技术体系构建和推广应用。研究内容包括：作物高产与资源高效农作技术、水稻高产与 CH_4 减排农作技术、旱作农田增产与 N_2O 减排农作技术、作物高产与土壤增碳农作技术。

（3）保护性耕作研究进展

当前，国际上保护性耕作研究已经从单项技术的研究上升为一项系统工程的研究，更加注重技术的集成和综合应用，逐步向保护性农业的研究发展。具体变化趋势如下：一是由以研制少免耕机具为主向农艺农机结合并突出农艺措施的方向发展；二是由单纯的土壤耕作技术向综合性可持续技术方向发展；三是由单一作物、土壤耕作技术研究逐步向轮作、轮耕体系发展；四是由单纯技术效益向长期效应及理论机制研究发展；五是由简单粗放技术逐步向规范化、标准化方向发展；六是保护性耕作的环境效应及其应对气候变化成为研究的热点。

2. 重大成果

我国保护性耕作领域的研究工作取得了突出成果：一是保护性耕作技术概念与内涵在发展中得到规范，对我国进一步开展保护性耕作研究和推广具有重要的指导作用；二是形成了适合我国区域气候资源与种植制度的保护性耕作技术及模式；三是保护性耕作机理研究不断深化，我国保护性耕作的研究内容不断拓宽，其生态环境效应及其相应的机理研究越来越深入。各区域在保护性耕作在土壤的固碳减排、水热效应、地力培育、作物生长与产量效应及机理等方面进行了深入系统研究，并取得了一定的进展。研究表明，秸秆还田能够增加土壤有机碳，具有“碳汇”效应，实施少、免耕等保护性耕作措施，能够减少 CO_2 等温室气体排放，为构建“节能减排”的保护性耕作技术提供了理论依据。

（八）农产品加工与保鲜

农产品加工与保鲜技术主要包括粮油加工、果蔬加工、畜产加工、水产加工及采后保鲜 5 个方面。

粮油加工是指对原粮、油料等基本原料进行处理制成成品粮油及其制品的过程，是研究粮食和油料作物的加工理论和加工工艺的应用科学。果蔬加工是指以新鲜果蔬为原料，依照不同的理化特性，采用不同的方法和机械制成各种制品的过程。畜产品加工是指对畜产品进行加工处理的过程，涉及肉、乳、蛋及其副产品特性和变化、产品加工工艺、贮藏、包装、流通等技术领域，包括从畜产原料生产到成为供人们消费的产品为止的全部环节。水产品加工包括以鱼、虾、贝、藻等可食用部分为原料，制成冷冻品、腌制品、干制品、罐头制品、熟食品等食品，也包括以食用价值较低或不能食用的水产动植物以及加工废弃物为原料，加工成鱼粉、鱼油、鱼肝油、水解蛋白、鱼胶、藻胶、碘、甲壳质等非食品。采后保鲜是随着果蔬采后生理变化的研究进程而发展起来的，除有效的保鲜技术外，先进的贮藏及物流手段也是农产品采后保鲜的重要组成部分。

1. 研究进展

在粮油加工方面，以发展粮油食品为重点的粮油深加工得到快速发展，适应了粮油食品消费趋向膳食方便化、营养化、多样化的需要，粮油主食品工业化进程速度加快，传统主食品的各种生产工艺和设备研究也得到较快发展。在果蔬加工方面，一是产业化经营的水平越来越高；二是加工技术与设备越来越高新化；三是深加工产品越来越多样化；四是产品标准体系和质量控制体系越来越完善。在畜产品加工方面，畜产加工突破了冷却肉加工新技术，研发了大批现代化工艺技术与装备，建立了传统肉制品工业化生产线；乳品加工实现了乳酸菌乳粉生产关键技术的突破，建立了乳制品安全检测技术体系；蛋品加工方面发明了系列禽蛋制品加工、监测设备和技术。在水产加工方面，一是加工水平大幅提高；二是产品种类呈现精深化、高值化、多样化的态势；三是科技创新进一步推动产业升级；四是产品质量安全意识不断加强。在采后保鲜方面，果蔬保鲜技术向复合技术方向发展；冷链物流不断壮大；贮藏保鲜技术得以发展。

2. 重大成果

在粮油加工方面，油脂机械装备水平逐步提高，满足了油脂工业的设备需求；油料资源综合利用获得长足发展，水酶法制备花生蛋白和花生油技术、棉籽饼粕脱酶制取棉籽蛋白粉技术、菜籽饼粕脱毒制取浓缩蛋白技术等已经或正在应用到实际生产中。在果蔬加工方面，大宗水果苹果和柑橘加工中存在的质量安全研究取得了重大进展；果蔬加工装备在耗能低的超高压设备的开发上取得了重大突破，研制出具有自主知识产权的容量大、压力高的超高压设备。在畜产品加工方面，冷却肉生产方面取得了巨大成就；传统肉制品的加工工艺及其理论基础得到了一定的研究；肉制品加工中危害物的控制技术逐渐兴起；涌现出一批高质量的副产物精深加工技术手段；超高温瞬时灭菌乳和发酵乳加工关键技术取得重大进展；国产无菌包装材料及高速无菌灌装机实现了重大技术突破；超高温瞬时灭菌乳和发酵乳加工关键技术取得重大进展；共轭亚油酸牛乳加工技术和牛乳去乳糖技术的研究成果在整体上处于世界领先水平。在水产加工方面，实现了从养殖业到不同品种的水产品选择研究、再到加工业一条龙的发展模式；逐步实现了规模化、集团化和自动化生产，形成了一批在国内外有着较高声誉的知名企业和名牌产品。在采后保鲜方面，我国果蔬产业的科技水平不断提高，新技术、新设施和新材料在果蔬采后保鲜上得到了广泛应用；在鲜活农产品现代物流保鲜、流通包装、全程质量监控物流标准化、信息化等关键技术研究方面获得了许多研究成果；开发了综合保鲜贮运技术和果汁果酒护色澄清关键技术，使水果保鲜期延长 5 ~ 10 倍，并开发出系列加工产品。

（九）农产品质量安全

农产品质量安全技术是研究农产品从田间到餐桌全程质量安全控制、确保消费安全的一门科学，主要采用其他学科的理论和方法，研究从生产到消费全过程及食物链中与质量安全有关的理论、方法和规律，揭示生产过程、环境、原料、消费环节与农产品质量安全的关系。

1. 研究进展

（1）农产品质量安全检测及评价研究

在农药残留监测技术和产品研发方面，已合成了有机磷类、菊酯类、磺酰脲类农药半抗原，合成了磺酰脲类、三嗪类和三唑类特异性人工抗体聚合物，完成了有机磷类、菊酯类、磺酰脲类农药的半抗原与载体蛋白的偶联，构建了完全抗原并免疫小鼠，制备得到了三唑磷农药单克隆抗体，建立了荧光标记与三嗪类农药竞争性检测方法；筛选得到了性能优良的化学发光增敏液，合成了对硫磷及克百威农药半抗原，并与载体蛋白偶联，构建了完全免疫抗原；针对筛选出的常用和残留超标频率较高的农药品种，研究建立了 148 种农药的串联质谱谱库。

在兽药残留监测技术和产品研发方面，合成了 12 种小分子化合物的免疫原，制备了上述药物的特异性单克隆抗体；建立了氟喹诺酮类等化合物的免疫分析技术，研发出了阿维菌素等兽药残留检测的 ELISA 试剂盒和胶体金试纸条 8 种；研究建立了氯霉素、氟苯尼考和氟苯尼考胺残留检测的化学发光免疫分析方法；研究建立了检测动物组织中 30 种非甾体抗炎药残留超 UPLC-MS/MS 法，猪组织中硝基咪唑、苯并咪唑、氯霉素 3 类药物的 UPLC-MS/MS 方法，牛奶中阿莫西林和泼尼松龙的 UPLC-MS/MS 方法。

在违禁及未知添加物综合分析技术方面，以莱克多巴胺和苯乙醇胺 A 为模板分子，形成了分子印迹薄膜和分子印迹聚合物，形成了基于荧光标记的检测卡读卡器，初步建立了基于纳米金粒子均相体系的尿液中克伦特罗的表面增强拉曼光谱速测方法；建立了动物组织、血液、尿液中苯乙醇胺 A 的 UPLC-MS/MS 检测方法和饲料中苯乙醇胺 A 的 UPLC 检测方法；研究建立了克伦特罗在反刍动物组织、血液、尿液及唾液中高精度确证技术 4 个，并配套研发了反刍动物毛发、血液、唾液及组织采集技术；形成克伦特罗可视化检测体，研发了基于纳米增强拉曼光谱检测香兰素、孔雀石绿、苏丹红、三聚氰胺的检测技术。

（2）农产品质量安全风险评估技术研究

在风险监测方面，对食用农产品或初加工产品进行连续动态立体式风险隐患摸底排查和专项评估，共获得第一手风险监测数据 23 万余条。在风险评估共性技术方面，初步确立了我国剂量反应评估中基准剂量评估技术；研究并建立了农产品中化学污染物累积性膳食暴露评估方法和阶梯式暴露评估方法；开展农产品质量安全风险建模技术研究，通过风险监测平台进行表达，形成完整 4 套子系统；研发了概率评估的 U-V 模拟分析方法，在评估准确性和精度上完全能满足现阶段农产品质量安全风险评估的需要。在农药风险评估方面，建立了食物摄入量调整系数、急性风险安全界限和消费者保护水平的计算模型，形成了比较完善的农药残留风险评估和 MRL 值推荐技术方法；提出了 10 项 MRL 标准建议。在重金属风险评估方面，研究提出了《农产品中重金属危害膳食暴露评估指南》；提出重要农产品主要争议性重金属风险评估模型 5 个；设计开发了基于 BASIC 语言的桌面版 SAMDE 评估模型；设计开发了基于网络应用技术的“国家农产品质量安全信息监测平台风险评估系统”。

（3）农产品质量安全溯源技术研究

在牛肉产地溯源与真实性识别研究方面，筛选了 17 对微卫星 DNA（SSR）引物，初步构建了不同种类牛肉的鉴别方法；开展了基于稳定性同位素牛肉溯源方法研究。在有机猪肉溯源与真实性识别研究方面，引进了有机猪肉表征成分筛选与特征表征因子识别鉴定技术、产地溯源与鉴别指纹图谱解析、多变量化学计量学拟合技术以及利用化学计量学构建溯源模型的技术；初步建立基于某些特征因子的有机猪肉溯源识别模型。在鸡肉、茶叶和蜂蜜溯源技术研究方面，建立了鸡肉中稳定同位素、矿物元素的检测方法；分析了茶叶与产地环境间元素指纹特征的相关性以及不同产地和不同品种蜂蜜稳定同位素与矿物元素的指纹特征和分布范围。

（4）农产品质量安全源头治理及种养殖过程控制技术研究

在产地环境质量安全评价与安全性划分方面，建立了包括土地支持系统、作物支持系统、产地环境支持系统三大系统在内的 46 个指标；形成了一套完整的基于空间变异理论的土壤重金属空间分布估计精度的控制技术方法；研究形成了农产品产地土壤重金属污染区边界划分的技术方法。在兽药残留代谢研究方面，建立了喹烯酮和乙酰甲喹毒及其代谢物的检测方法，并制定出最高残留限量标准。

2. 重大成果

（1）农产品质量安全研究专业机构不断健全

近年来，农业部分 5 批规划建设了 323 个部级和国家级农业质检机构，已基本建立了部、省、县相互配套和互相补充的农产品质量安全检验检测体系。2012 年，农业部成立了 65 家农业部农产品质量安全风险评估实验室，进一步建立健全了农产品质量安全研究专业机构。

（2）黄曲霉毒素高灵敏检测技术取得重大突破

创建了黄曲霉毒素杂交瘤细胞株半固体培养基—梯度两步筛选法和阳性噬菌体展示抗体库，发明了黄曲霉毒素高灵敏和高特异性系列抗体细胞株 1C11、2C9、3G1 等；克隆出黄曲霉毒素单克隆抗体重链、轻链可变区基因；研制出基因重组单链抗体 1A7 和 2G7；建立了黄曲霉毒素总量和 M1、B1 分量流动滞后免疫层析，时间分辨荧光及免疫亲和荧光检测技术，并研制出试剂盒、免疫亲和微柱及免疫亲和荧光检测仪、单光谱成像检测仪和免疫时间分辨荧光检测仪。

（3）分子印迹技术的高效识别样品前处理技术取得可喜进展

研制出了具有高度“类”特异性和选择性的分子印迹聚合物，并进一步制备了分子印迹固相萃取（MIP-SPE）柱，实现了三嗪类农药、磺酰脲类农药、氯霉素和三聚氰胺等的特异性分离富集；创新性地研制出表面等离子共振仪（SPR）核心敏感部件——分子印迹敏感芯片，并在此基础上建立了 SPR-MIP 敏感芯片检测技术；研制的三嗪类 MIP-SPE 小柱实现了 17 种三嗪类农药高效分离富集和测定，解决了传统 SPE 柱吸附特异性差、洗脱步骤复杂、再生能力弱等问题；建立了富集技术应用体系，回收率提高 64% ~ 117%；研制的磺酰脲类 MIP-SPE 柱能同时分离富集氯磺隆和单嘧磺隆、噻吩磺隆，填补了国内空白；建立的磺酰脲类 MIP-SPE 富集技术应用体系回收率提高 75% ~ 110%；在合成分子印迹膜的基础上，开展了分子印迹膜 - 芯片 - 表面等离子共振检测氯磺隆的创新性研究，为实现小分子物质检测奠定了基础；研制的氯霉素、三聚氰胺 MIP 及其 MIP-SPE 小柱对氯霉素、三聚氰胺具有高度的特异性和选择性；建立了氯霉素、三聚氰胺 MIP-SPE 富集技术应用体系；开发的分子印迹快速检测技术和产品不仅打破了国外技术垄断的局面，还实现了创新和发展。

（4）奶及奶制品中重要化合物残留快速检测技术取得丰硕成果

构建了最佳半抗原；建立了抗原－抗体的定量构效关系模型；采用了组合抗体和多点设计模式，解决了结构不同多类药物的同时检测技术瓶颈；建立了奶及奶制品等动物性产品快速检测技术，并研制出相应的检测卡和试剂盒。

（十）农业信息

农业信息学是以农业科学的基本理论为基础，以农业生产活动信息为对象，以信息技术为支撑，进行农业信息采集、处理、分析、存储、传输等具有明确时空尺度和定位含义的农业信息管理与决策，研究和解决农业生产活动信息变化规律的科学。简要地说，农业信息学是运用现代高新技术研究和调控农业生产活动中信息流的科学，也可以概括为研究农业信息、认识农业信息和利用农业信息的科学。农业信息学是一门快速发展的新兴学科，其学科体系由理论基础、技术体系、应用系统三个方面组成。

1. 研究进展

1）农业信息学科理论和技术发展呈现出智能化、装备化特征。现阶段，农业信息学的理论体系和技术方法正在走向成熟，农业信息学的研究更加面向实际农业科学问题的解决，并越来越注重研究深度和实用性的结合。随着农业物联网技术的发展，农用无线传感器、RFID 电子标签技术在农业领域得到了广泛应用；云计算技术的发展为农业数据和信息的融合、关联提供了技术支撑；大数据技术则进一步将已有技术进行集成，并提供了更加强大的数据抽取、转换、装载、分析和数据可视化技术。

2）现代农业信息技术体系日益完善。①智慧农业技术体系。开发了小麦、玉米及其连作智能决策系统和用于大田作物、茶树、苹果、梨的 824 种病虫草害的数据库和 9 个诊断知识库系统；构建了小麦、水稻管理知识模型、生长过程模型及决策支持技术；将水质监测无线传感网络运用到河蟹养殖环境监测等。②农业生产机械与装备。在节水灌溉技术领域，先后研制开发并改进了微喷灌设备、微灌带、等流量滴灌、压力补偿式滴头等设备；在田间管理机械领域，管理机械能够依据作物和土壤的特性，利用传感器收集信息；实现了物联网与大型农业机械的融合；研制了智能化数字植物工厂。③农业监测预警。在农产品数量安全预警研究方面，开展了 12 种主要农（畜）产品的生产和市场信息搜集、分析预警技术研究；在农产品市场价格预警技术研究方面，开展了市场价格预警模型及其应用研究；在农产品市场信息分析预测技术方面，开发了第一个在 Linux 操作系统及 Oracle 数据库管理系统环境下，实现基于 XML 和 Java 以及其他 Internet 技术综合集成的农产品市场信息分析预测网络化平台；开发了一种多功能、一体化农产品市场信息采集终端——“农信采”，用于田头、批发、零售等不同类型市场价格数据的采集上报。④农业信息管理与服务。建成了我国农业科技领域第一个大型集成服务系统——中国农业科技文献与信息集成服务平台（NAIS）；开展了农业科学数据共享中心研发，引领多项技术创新；通过“12316”三农热线、农业信息网站、广播电视节目、手机短信彩信服务平台等方式，提升了信息化服务“三农”的水平。

2. 重大成果

（1）作物丰产关键技术应用领域

我国在玉米高产高效生产理论及技术体系研究方面建立了13套适应不同生态区域的玉米高产高效生产技术体系，发布实施地方标准9部，构建了科技推广网络和信息化服务平台；创立了水稻高产共性生育模式与形态生理精确定量指标及其使用诊断方法，构建了水稻丰产精确定量栽培技术体系；作物丰产关键技术应用领域形成丰富的技术积累。

（2）农业生产智能装备

肥水精量实施、农机作业智能指挥调度、精量播种、田间自动导航等方面均取得了重大的突破；传感器网络、决策支持、Web服务、3S、智能控制等精准农业技术在农业智能装备得到广泛应用；变量施肥装备的研发解决了我国缺乏适用的变量施肥装备难题；挤压加工与装备关键技术得以发展，并在农产品高值化挤压加工工艺、挤压装备应用以及挤压机性能提高等方面取得突破；拖拉机GPS自动导航系统的研发在国内产生了良好的影响。

（3）遥感监测

首次建立了农作物信息天（遥感）地（地面）网（无线传感网）一体化获取技术，在国内率先研制了面向农作物遥感监测的光谱响应诊断技术，建成了国内首个唯一稳定运行超过10年的国家农作物遥感监测系统；开展了土地资源评价数据一体化采集和数据自动整合等关键技术研究，自主开发了全数字化多用途土地资源评价业务系统平台，构建了我国全数字化土地资源评价成套技术体系。

（4）物联网

我国在农业传感器、RFID、数据采集与传输、数据决策与管理、物联网应用等各细分领域取得了关键的技术进步。在农业物联网试点示范方面，已在上海、江苏等地建立了近30万亩的“智慧农业综合应用示范区”，自主研发了“田间环境综合感知站”，采用空中移动传感技术、超远距高清视频感知技术，实现了水稻全产业链的智慧生产和管理。天津市以设施农业和水产养殖为重点，集成示范物联网感知、传输、决策及应用相关技术和设备，形成了农业物联网应用技术体系，制定了《天津农业物联网平台实施方案》。在大田生产物联网应用示范方面，安徽省以大宗农作物“四情”（苗情、墒情、病虫情、灾情）监测服务为重点，通过物联网技术的集成应用，实现了大田作物全生育期动态监测预警和生产调度。

（5）农业智能信息服务

在农业信息规范化采集环节，提出了三维模型的农业信息分类标准体系构建方法，制定了基础性标准及规范。在信息智能处理环节，创建了具有自组织能力的小麦、玉米、花生、甘薯协同模拟技术，建立了农业生产时空信息处理与分析技术系统，研发出应用系统27个。在个性化、精准化信息服务环节，创建了数据字典与元数据映射技术方法，开发了农业农村综合信息服务系统，研发了农业新品种、良种电子商务交易平台等系统。

（十一）农业环境

农业环境科学是研究农业生产活动和农业环境之间相互作用、相互影响的一门科学，主要探索人类生产活动条件下，光、温、水、气、土、生等农业环境要素的时空演变规律及其对农业生产的影响，农业生产活动对环境要素的影响，农业环境调控理论、技术与方法，农业生产对环境变化的适应对策等。其科学使命在于通过对农业－农村生态环境问题以及对介于环境科学与农业科学之间有关科学问题的系统研究，保护、改善和调控农业环境，促进农业和农村的可持续发展。

1. 研究进展

2012年，党的十八大报告提出推进生态文明建设，要在资源节约型、环境友好型社会建设方面取得重大进展，走农业现代化道路。在此历史时期，如何依靠科技摆脱资源环境约束，建设新型现代农业和农业生态文明，成为今后农业环境学科发展的机遇和挑战。

（1）全球气候变化及其农业影响

“十二五”以来，国家进一步加强了全球气候变化规律和观测技术研究，开发了多源、多尺度观测数据同化、融合与集成技术，发展全球变化背景下极端天气及气候事件预测技术，建立温室气体排放的监测、统计和核查技术体系。当前研究的热点集中在气候变化对农业的影响评估和农业适应气候变化技术方面，偏重应用和应用基础研究以满足国家实际需求的态势明显。

（2）农业污染控制

“十二五”水污染物总量控制首次把农业源纳入总量控制范围。2012—2013年，在农业面源污染防治方面，国家水体污染治理重大科技专项更加强调水质的改善作用，明确把水质改善作为首要考核指标，突出技术示范的空间尺度要求，重视技术与政策的配套以形成技术体系。与此同时，农业清洁流域的概念开始受到关注，与水土迁移相伴的由土壤侵蚀造成的碳和污染物迁移过程及其环境影响研究逐步开展，放射性核素与稳定性同位素环境示踪技术受到关注。在农业废弃物安全处理与资源化利用方面，发酵床养殖技术日趋成熟。秸秆来源的生物炭施用技术及其环境影响已经成为当前的研究热点之一，近两年科学家研究了不同原料来源生物炭的性质，研究了生物炭对不同作物产量的影响以及施用生物炭对土壤温度、反射率和热传导的影响以及对土壤硝态氮累积的影响。

（3）产地环境保护与修复

从源头控制重金属排放污染是农产品产地重金属污染防治的关键。2011年，我国第一个“十二五”专项规划《重金属污染综合防治“十二五”规划》总量控制的重金属主要有五种，即汞、铬、镉、铅和类金属砷，农业部自2012年起在全国统一部署了农产品产地土壤重金属污染防治普查工作，进一步完善了农产品产地土壤环境质量档案，建立了农产品产地分级管理制度，为今后防止和治理农产品重金属污染提供了可靠的科学依据。

（4）农业环境工程

近两年，设施农业和非耕地农业的智能化技术和装备研究和开发成为热点，设施作物节能工程技术研究和精准量化栽培等技术研究取得重要进展。此外，陆续启动了一系列科研专项，从低碳养殖和节能减排等方面重点开展了生态养殖技术、养殖环境控制和废弃物利用技术研究。2013年10月8日，国务院审议通过了《畜禽规模养殖污染防治条例（草案）》，为今后畜牧业转型升级提出了明确要求。

（5）生物多样性农业利用

当前生物多样性农业利用的趋势，除了传统的轮作、间作、套种技术以外，还关注农业生态系统中田埂、林地等景观要素的作用，特别是从流域乃至区域和全国的大尺度上，关注种养布局及其种养系统间的物质循环利用，以期优化农业生态系统服务功能。

（6）农业环境风险管理

“十二五”国家科技支撑计划项目“农林气象灾害监测预警与防控关键技术研究”于2011年启动，表明国家对农业气象灾害监测预警及防控的高度重视。

2. 重大成果

（1）气候变化农业影响与适应对策

科学家已经关注到气候变化使中国高纬度地区作物生育期延长，喜温作物界限北移，作物种植结构发生了调整，未来中国农业种植制度将可能发生较大变化。气候变化使中国农作物病虫害的危害加重，一般年份因病、虫、草等造成的损失约为农业总产值的20% ~ 25%，未来气候变暖使农业病虫害发生界限北移，发生范围、危害程度呈扩大和加重趋势。气候变化已经对中国粮食产量产生明显的影响，近30年的气候变化使中国小麦和玉米的产量下降，下降幅度在5%左右，使水稻和大豆的产量少许上升；据模拟，如果不采取任何适应性措施，未来气候变化将导致中国水稻、玉米和小麦等主要粮食作物减产，水资源因素将成为粮食总产量提高的最主要限制因子。

（2）农业污染控制

在重点流域的农业面源污染及水土流失研究方面，取得了一系列的集成创新。针对流域坡耕地，通过改变农艺措施和梯级网络化调控体系提高了水资源利用效率，通过调整和构建复合生态农业技术减少了土壤的营养流失，控制了面源污染，保护了农业产地的环境。针对湖泊流域的平地农田，通过减量施肥、缓控释肥、优化栽培、农田养分流失减控、生物农药替代、农药生物降解等技术集成，有效实现了肥药减量及优化施用，控制了农田养分流失。针对河网地区的农田环境，构建了“源头减量—生态拦截—循环利用—生态修复”四级技术体系，实行了“点—面—线”的系统防控与工程示范。针对坡台地露地蔬菜种植模式中存在的农业产地污染问题，集成保护性耕作技术、菜－粮轮作技术、减量施肥技术、植保综合技术、集水补灌技术，实现了水土资源利用率的提高、农田土壤侵蚀量的降低以及氮、磷污染负荷输出的削减。

（3）产地环境保护与修复技术

研究发现，植物对有机农药的吸收量与农药的理化性质密切相关，植物不仅本身能从环境中吸收、积累与降解有机污染物，而且通过促进根际微生物的活动可加速有机污染物的生物降解。微生物除对有机物具有优良的修复效果外，还能降解转化环境中的重金属污染。

（4）动植物环境工程

LED（发光二极管）光源在植物领域应用研究实现重大技术突破，为现代设施农业、植物组培、植物工厂等领域的节能高效生产提供了重要的技术支撑。2013 年，“日光温室主动蓄放热关键技术研究与应用”项目通过农业部科技成果鉴定，显著提高了温室蓄放热量和抗低温冷害的能力，对日光温室墙体结构进行了改进，实现了日光温室结构的轻简化。

畜禽粪便沼气处理清洁发展机制方法学研究取得重大进展，建立了户用沼气 CDM 项目减排量核算的计算公式和户用沼气 CDM 的监测方法。该方法学的建立使得包括我国和广大发展中国家在内的开发量大、分散的户用沼气 CDM 项目成为可能，对定量核算农村沼气减排贡献并获得经济补偿具有重要意义。

（5）农业环境风险管理

目前通过地面观测、数值模拟和 3S 技术相结合，我国基本实现了对农业气象灾害的天基、空基、地基相结合的立体动态监测，初步形成了重大农业气象灾害立体监测体系，研制了我国主要农业气象灾害指标体系。

农业环境风险远程监测形成网络。基于物联网技术，研发了多功能环境远程监控系统，可对野外农田、温室设施环境及农业气象灾害等进行实时动态监测、远程传输、信息网络发布，进一步提高了监测数据的针对性和代表性，为农业灾害远程监控、诊断管理提供了现场数据支撑。在远程监控硬件系统的基础上，初步开发出了 2 项远程监控诊断管理系统，可用于大田农作物灾害和温室环境质量的监测诊断与调控管理。

（十二）农业资源与区划

农业资源与区划是一门分析农业资源的时空分布规律，调查、监测和评价农业资源的利用现状，研究农业资源的高效利用和合理保护，揭示农业生产地域分异规律，指导农业生产力合理配置，实现农业资源可持续利用和区域农业生产可持续发展的农业基础科学，也是一门横跨自然生态、社会经济和多种技术的高度综合性交叉学科。基本研究方向包括农业资源调查与评价、农业资源利用与保育以及农业分区与区域战略 3 个方面。

1. 研究进展

（1）农业土地资源

围绕农业土地资源的保护和高效利用，当前研究主要包括了农业土地利用 / 覆被变化研究、农业土地资源评价研究以及土壤质量研究（土壤肥力质量、土壤健康质量和土壤环境质量的提高）等方面。

（2）农业水资源

在应用基础研究方面，水资源科学研究已由传统实验统计学、多尺度理论、动力学理论和系统工程理论，向与现代信息学、分子生物学、材料工程学和生态环境学等学科交叉融合的方向发展。在实践应用方面，在水肥资源综合管理、保护性土壤水库建设、水肥养分管理的水环境污染物扩容、新型水肥调理、节水节能灌溉、水肥一体化等技术方面开展了大量研究，实现了水资源高效利用、作物高产优质、生态环境安全的目标。

（3）农业气候资源

主要在农业气候资源分析与区划、农业气候资源与主要农作物布局及种植制度关系研究、农业光温生产潜力和气候生产潜力评价、重大农业气象灾害演变规律及应对技术研究等 4 个方面开展了大量研究。

（4）农业微生物资源

重视微生物资源收集、保藏与共享。近年来，菌种资源的信息化整理和网络建设得到了加强，全社会对农业微生物菌种资源的信息和实物共享水平显著提升。腐熟秸秆、固氮溶磷、改土培肥、抗病促生等微生物资源研究日益深入，筛选到了大量高效功能菌株，为微生物肥料产业化提供了技术保障；作物根际微生物和作物内生菌研究取得进展，为微生物资源的利用提供了理论基础。农业环境微生物方面，针对农田持久性有机污染物、残留农药降解微生物资源的研究逐步深入，利用微生物资源和技术处理城乡有机废弃物取得阶段性技术成果。植物病原微生物方面，针对作物、蔬菜病原微生物致病菌株的收集、整理工作取得阶段性进展，为作物抗病、生物防治和生态调节剂研制提供了靶标菌种。

（5）农业肥料资源

开展肥料资源与养分管理的战略研究，建立了全国肥料施用状况数据库与作物肥料利用率数据库与作物体系肥料需求预测系统。建立了化肥生产、销售、储存、运输和生产原料数据库，开展新型肥料产业发展研究。综合考虑与肥料相关的矿产资源、作物生产体系、动物生产体系、人类营养与消费、环境和经济等多方面因素，建立了食物链养分流动模型，研究养分流动规律，寻找养分资源最优管理技术。与联合国粮农组织（FAO）、国际肥料工业协会（IFA）、国际植物营养研究所（IPNI）等组织及美国、欧洲等国家合作，研究国际肥料贸易、产业发展以及肥料养分管理的最新研究资料和数据。

（6）农业废弃物资源

农业废弃物资源综合利用理论取得重要进展，逐步开展了以碳足迹、生命周期评价等理论为基础的农业废弃物资源综合利用技术节能减排效果评价研究。此外，有关农业废弃物资源化综合利用管理的法制研究也开始逐步细化，为进一步促进和规范未来我国农业废弃物资源化综合利用做好准备。在技术领域，纤维素乙醇、沼气高值化利用等取得了新的突破，将进一步改善农民生活用能，促进农村节能。

（7）农业资源遥感监测

农作物遥感监测、农业资源动态遥感监测等方面的基础研究和应用技术研究不断深入，更高分辨率、多源遥感信息及其数据产品、定量遥感等遥感新技术等不断得到应用，在作物生理监测、作物灾害监测以及作物产量检测与预测等领域取得创新成果。定量遥感、物联网以及无人机低空遥感等技术的发展，进一步提高了遥感等空间信息技术在精准农业与数字农业中的应用深度与广度。

（8）农业区划

结合“三农”工作实际和农业多功能性的特点，继续深入开展农业资源监测评价研究，重点开展耕地流转、耕地质量、草地、水资源、转基因作物、知识产权等领域的跟踪调查，研究新形势下农业资源合理利用与保护。加强连片特困地区区划研究、农业区域格局演变研究、区域农业战略规划研究等。

2. 重大成果

（1）农业土地资源

农业土壤肥力培育、中低产田改良及农业面源污染防控机理与技术研究取得重要进展。我国农业土壤质量整体水平呈现提升趋势，局部地区有机质退化速率有所减缓。土壤肥力质量、土壤健康质量和土壤环境质量的协同提高越来越受到关注，相关基础研究取得了较大进展。与此同时，构建了一批土壤质量实验研究平台，如耕地培育技术国家工程实验室、农业部面源污染控制重点开放实验室等，促进了土壤质量相关研究的持续深入开展。

（2）农业水资源

近年来，农业水资源学科发展迅速，尤其是在农业水资源利用与水环境保护、基于水驱动的土壤养分生物有效性、土壤水肥反演、作物抗旱生理、灌溉施肥技术和雨水集蓄痕量灌溉利用等研究领域取得了标志性成果。

（3）农业气候资源

农业气候资源分析应用研究、气候变化对我国种植制度和作物结构布局的影响取得重要进展，作物光能利用潜力理论方面取得重大突破；在农田生态系统物质与能量传输进程及调控理论研究方面，提出了农田水热平衡与作物光能利用模式，温室气体通量测定等相关成果达到国际领先水平；农业气象灾害规律和防控技术研究取得显著进展，提出了“生物避灾、制度救灾、技术减灾”的减灾理念。

（4）农业微生物资源

从全国各地的作物根际土壤和植株样品中，分离获得了自生及联合固氮微生物菌种资源 1500 余株。筛选出一批具有固氮酶活性高等特性的特色微生物资源，在中低产田改良培肥等农业生产实践中发挥了积极的作用。发现了作物根际和农田环境中可培养自生及联合固氮微生物的优势种群类以及水稻、小麦、玉米等作物内生固氮菌的优势种群。

（5）农业肥料资源

在农业肥料资源方面，以肥料养分持续高效利用为核心，围绕无机肥料氮磷养分无效化阻控与增效、有机肥料氮磷生物转化与碳氮互作以及农田养分协同优化原理与方法这三个科学问题开展研究。阐明了通过革新氮肥生产技术、改善农田养分管理技术，每年可以减少温室气体排放量相当于全国温室气体排放总量的6%，推进向低碳农业的转变；氮肥减排增效存在巨大潜力，通过技术革新，优化氮肥工业生产和农业使用，温室气体排放量可减到2005年的49%，国家应将氮肥减排纳入减排重点领域。新型缓控释肥与有机肥的重大共性关键技术研究、新产品开发与产业化示范三个层次均取得重要进展，建成“缓控释肥技术创新平台”。

（6）农业废弃物资源

围绕纤维素乙醇取得的新进展和新突破主要体现在：秸秆乙醇产业化示范关键技术开发、秸秆降解微生物的构建及发酵工艺优化、秸秆乙醇酶解发酵关键技术研发、秸秆乙醇工程放大及关键设备开发等方面。

（7）农业资源遥感监测

农业定量遥感反演技术、遥感数据同化技术、天（遥感）–地（地面）–网（无线传感网）一体化的农作物信息获取理论方法和技术等取得重要进展。在精准施肥的土壤作物信息获取、施肥处方生成、变量作业等技术环节取得创新成果；针对我国复杂地形和复杂种植结构，发展和完善了农作物遥感监测理论方法和技术体系，创建了服务农业主管部门的全国农作物遥感监测业务运行系统，为掌握全国粮食生产状况、指导粮食生产和农产品贸易发挥了重要作用。

（8）农业区划

开展农业区域协调发展研究，在界定农业区域协调发展概念的基础上，探讨了农业区域协调发展的机制及其模型表达，建立了规模报酬递增条件下两地区一般均衡模型，构建了农业区域协调发展的评价指标与方法体系。开展中国农业资源安全保障研究，在分析农业综合生产能力安全的基本理论与资源保障机制的基础上，构建了基于农业综合生产能力安全的资源阈值模型与资源供给保障程度评测标准，测算了2020—2030年农业综合生产能力安全的国家目标及其耕地、农用水、草地和水产四大资源阈值，评估了同期我国农业综合生产能力安全的资源保障程度，结合国情提出了农业综合生产能力安全的资源保障体系。

三、基础农学学科国内外研究进展比较

基础研究是农业科学的重要组成部分，是农业技术进步的源泉，是推动农业可持续发展的动力。近年来，我国基础农学研究取得了长足进步，在与生产相结合、解决生产应用实践上的整体研究实力显著增强，新兴学科和交叉学科不断进步，研究水平大幅提升，在

一些前沿技术取得了高水平成果，正在由“量”的扩张向“质”的提升转变。我国在作物杂种优势育种、作物病虫害综合防控、作物栽培技术、耕作制与农作制度、农业气候区划等方面研究居世界领先水平。然而，我国基础农学研究在整体创新能力和研究水平方面，与发达国家先进水平比较还有较大差距，具体表现在以下四方面。

一是科研领军人物缺乏。从基础农学研究队伍看，我国缺少一批世界级的科研领军人物，在主要分支学科领域还未形成具有前瞻眼光、站在国际科技前沿的学科带头人以及通过他们的交流合作和互动取得具有世界先进水平的研究成果。为此，要继续实施“新世纪百千万人才工程”、“中青年科技创新领军人才”和“新世纪神农计划”，加快培养代表国家最高水平的高层次领军人物；依托国家重大科学工程、国家重点实验室、各类重大科技计划，积聚和培养优秀尖子人才和领军人物，在重点科技领域整合人才资源，形成优秀创新团队。扩大农业科技合作与交流，吸引和引进农业科研急需的高层次创新型人才。

二是基础性、原创性研究匮乏。农业原始性创新研究是一个国家农业科技综合实力和潜力的重要表现，原创性的科研成果不仅能主导和指引该研究方向的一系列后续研究，还可以开辟新学科、新领域，取得具有创新性的科研成果，从而使一个国家在该领域保持领先地位。然而，长期以来，我国基础农学重视应用开发研究，以解决生产应用实践问题为主，而基础农学研究多为跟踪模仿，源头创新极为薄弱。相比之下，发达国家基础农学研究体系较为完善，并形成不同学派进行交流，使科学家之间能够各取所长，科学思想常常碰撞出绚烂的学术火花，从而推动基础农学研究不断向纵深发展。我们要根据国家重大需求，着眼于农业的长远发展，切实组织力量，超前部署发展，加强农业基础和前沿技术研究，在作物基因组学、功能基因组学、生物信息学、农作物杂种优势机理及利用、重大病虫害发生规律及防控机理等方面取得重大进展。在几个学科前沿领域，如光合作用、生物固氮、抗性机理、免疫机理、遗传工程、农业物联网等取得新的突破，为从根本上解决农业问题提供科学依据。

三是科研基础条件平台薄弱。基础农学研究是高度集约、需要采用先进设备和试验手段进行的科研工作。目前，与发达国家先进水平相比，我国在基础农学研究投入不足、实验平台建设整体水平仍有较大差距，缺少世界一流实验室和试验基地。我们要通过科技体制改革，按照“总量控制，统一规划，突出重点，分步实施”的原则，在基础农学的重要分支学科领域、学科前沿领域和交叉科学领域，加大投入力度，加快国家实验室和现代化试验基地平台建设，逐步形成布局合理、装备先进、共建共享、流动开放、高效运行的国家基础农学研究体系。

四是基础农学研究投入不足。长期以来，我国基础农学研究具有基础性、公益性，应以政府为主导，建立长期稳定的投入机制。但是，很长一段时间，三类研究（基础研究、应用研究、开展研究）投入比例失调，基础研究经费投入严重不足。据估计，“十一五”期间农业基础研究仅占 5% ~ 8%，同世界发达国家相比，我国农业基础研究投入偏低。根据有关资料，美国农业基础研究投入约占研发经费的 15% ~ 20%，日本则在 12% ~ 17%，德国和法国稳定在 20% 左右，并有不断上升的势头。这种情况势必影响我国农业创新能力的提升。为逐步扭转我国基础研究投入强度偏低的状况，建议正确处理好农业三类研究的关系，统筹配置科技经费，创新支持方式，稳步加大基础农学的支持力度，实现农业科学的三类研究的协调发展。

总体来讲，在基础农学领域，我们既要看到已经取得的重要进展和成果，也要清醒认识我们存在的差距与不足。现将作物遗传育种、农业土壤、植物营养、农田灌溉排水、作物病虫害、作物栽培、耕作学与农作制度、农产品加工与保鲜、农产品质量安全、农业信息、农业环境、农业资源与区划 12 个分支学科领域的国内外研究比较分别阐述如下。

（一）作物遗传育种

近年来，国际上小麦遗传育种学科发展的突出特点是越来越注重生物技术的研究与应用。我国小麦育种在产量改良方面取得了举世瞩目的成绩，抗旱转基因小麦、细胞工程和诱变育种、轮回选择育种等均居于国际领先水平，但总体上分子育种新技术应用慢，可用的分子标记数量少，有关产量和抗病性的功能标记更少。玉米生产发达国家跨国种业集团已经形成了以企业自身为主体的玉米育种创新体系，创建了种质资源鉴定与评价、基因挖掘与利用、育种材料创制与测试等程序化、规模化平台。我国国内玉米种子企业研发方面相对落后，种质资源创新不足，缺乏高效、规模化应用的种质改良技术，整体种质创新能力不足。我国的水稻育种成就卓著，水稻遗传育种技术长期引领世界。与国外相比，我国的大豆育种方法基本采用传统的选育方法，现代的分子辅助选择技术、机械化大规模选育技术等在育种研究中的实际应用较少。在分子标记实用化和辅助育种方面以及在转基因大豆品种商业化方面与国外存在较大差距。我国在油菜应用及应用基础研究领域具有一定优势，尤其是在杂种优势利用方面居世界领先地位，但在现代生物技术育种实践方面与加拿大等先进国家相比还存在较大差距。我国目前已经克隆若干棉花品种纤维品质改良基因，但与生产应用还有较大差距。

（二）农业土壤

在农业土壤信息系统、数字土壤研究方面，土壤调查与制图等研究越来越系统化，但全球各个国家数字土壤制图技术的发展情况不同。我国在数字土壤制图，如数字土壤制图方法、土壤特性制图、目的性采样方法等方面，开展了具有国际先进水平的研究和应用。在农业土壤化学、土壤微生物学和土壤物理学研究方面，土壤粘土矿物学的传统研究内容在进一步深入；土壤酶学目前的研究已发展到分子水平和生态系统水平的土壤酶，并与农业生产和环境保护密切结合；在景观尺度上研究土壤和水分质量的空间变异，建立区域（或小流域）溶质与水分管理模型已成为现代土壤物理学在实际应用中一个最主要的亮点。在农业土壤污染修复、土壤改良、土壤侵蚀与退化等研究方面，土壤污染修复机理的研究多集中在污染物在不同土壤中的生物、化学有效性及其迁移转化的动力学过程；应用研究主要是采用石灰、有机物料、含铁矿物（矿渣）原位固定土壤中的污染物，通过改变pH值等土壤性质来降低污染物的有效性，从而达到修复的目的。目前很多国外土壤侵蚀研究学者侧重于从更广泛、更综合的角度来评价土壤侵蚀标准，其次就是土壤颗粒组成、尺度，尤其是土表颗粒特性对侵蚀影响的研究；土壤退化研究主要侧重于土壤退化内在机制、退化演变过程、评价指标、土壤退化与生态环境安全等方面。

（三）植物营养

不同国家和地区的植物营养学研究，各具特色。例如，美国在土壤环境与过程、植物营养的生物学过程、根际互作过程与调控、养分资源与养分循环以及土壤－植物系统的环境效应与污染控制等方面具有突出优势；欧盟国家在生物学过程、根际互作过程与调控、养分资源与养分循环以及土壤－植物系统的环境效应与污染控制等方面具有一定优势；澳大利亚在土壤环境与过程、植物营养的生物学过程、根际互作过程与调控等方面具有特色和优势；日本在植物营养的土壤环境与过程、根际互作过程与调控以及土壤－植物系统的环境效应与污染控制等方面具有一定优势。与上述国家相比，我国植物营养学研究具有自身的特色和优势。在养分资源管理方向，研究涵盖了从应用基础研究到应用技术研究各个方面，在多个研究领域处于国际领先水平，是学科的优势方向之一。在根际过程与调控机制方向，我国将根际过程和调控机制与我国农业生产实际实现了紧密结合，形成了特色鲜明的植物根际营养理论体系。在作物养分高效的分子机理与遗传改良方向，分子生物学技术的发展及其向农业资源利用研究领域的渗透极大促进了作物养分高效利用机理研究，包括植物对氮、磷、钾、铁等养分吸收机制及其信号传递途径；利用遗传手段来改良植物的营养性状；通过转基因手段提高作物对主要养分的吸收和利用效率及籽粒的营养品质等。

（四）农田灌溉排水

在灌溉排水技术领域，国内外研究主要集中在以下六个方面：一是作物需水和农田水分调控方面。我国总体水平已与国外相当，在作物水分生理调控及非充分灌溉模式方面具有明显的特色。在区域作物需水调控方面，与国外先进国家相比，我国作物缺水诊断存在一定误差，在多源灌溉信息的挖掘、融合及区域作物需水与调控决策服务系统等新技术、新产品研发方面差距明显。二是地面灌技术方面。我国地面灌溉技术研究在理论、技术应用模式等方面与国外基本处在同一层次，但在先进实用的地面灌溉设备和设施开发方面差距较大。三是喷灌技术方面。与国外发达国家相比，我国喷头研制在理论研究和技术水平上仍存在一定差距。在精准灌溉和灌溉系统的自动控制方面，我国与国际领先水平的差距较大——发达国家重视高新技术的应用，而我国已开始研究遥感、网络等高新技术在喷灌水肥自动化管理方面的应用，但在硬件和软件方面都有较大差距。四是微灌技术方面。我国地下滴灌技术在专门设备和应用管理技术参数等方面连续性研究不够，缺乏长期的示范应用实践。在微灌技术应用管理技术方面的研究基本与发达国家同步。五是农田排水技术方面。在设施农业排水、排水与生态工程及生物工程相结合、渍害田的标定与识别技术等方面，我国仍处于跟踪国际前沿、进行局部研发的阶段。国外农业面源污染控制已经总结出相对完善的制度和技术体系，而我国排水技术和法规的执行效果还非常有限。六是再生水灌溉。与国外相比，我国再生水灌溉研究领域与范围仍有一定差距，国外重视再生水灌溉法规体系建设、再生水灌溉标准制定、再生水灌溉环境评价与监测网络建设等。

（五）作物病虫害

在农业昆虫学研究方面，近年我国农业昆虫学已有很大发展，有的研究领域或分支学科已达到国际先进水平，但总体上与发达国家相比仍存在较大的差距。主要表现为：①高新技术、原创性研究、前沿科研手段与欧美发达国家相比，还存在很大的差距；②科研产品市场意识薄弱，专利意识淡薄，缺乏研究集成单项技术成果和大规模应用的配套技术，缺乏上规模的害虫防治、资源昆虫利用的企业，产学研结合不紧密；③我国科研投入有效机制欠缺，缺乏研究的系统性；④昆虫基因组与功能基因组研究相当滞后。而且，国外非常重视利用模式昆虫学深入开展昆虫的生长发育和调控研究，但我国利用模式昆虫开展的研究仍然偏少。

在植物病理学研究方面，近年来，我国在植物病理学基础和应用方面的研究水平得到迅速提升，但整体水平与欧美等发达国家相比仍存在较大差距。主要表现为：①缺乏国际舞台上有重大影响的领军人才和能够引领植物病理学科研究方向的专家；②研究工作的原创性不强，许多研究工作还处于跟踪效仿国际发展前沿领域、追踪别人研究热点的阶段；③没有真正将新技术与我国农业生产和学科发展需要有机地结合起来，研究工作缺乏我们自己的特色；④主攻研究方向不够稳定持续，不少研究人员的注意力常常随资助项目发生变化，研究领域宽泛，难以形成长期的科研积累和沉淀，因而也难以取得具有特色的创新性成果。

（六）作物栽培

近年来，全球出现了新一轮粮食、能源双重危机，粮食、能源价格持续大幅上扬，世界各国均把提高粮食产量作为农业的重中之重，寻求替代石油等能源作物的研究迅速兴起。近两年来，在应对化解这场粮食危机中，我国农业发展取得举世瞩目的成就，粮食实现八连增，其中作物高产栽培技术的普及应用发挥了不可替代的作用。我国作物栽培学科在作物高产、资源高效的理论与技术创新上，在不同区域、不同作物的高产高效技术模式上取得了重要进展。但在规模化机械化生产上、资源高效利用和生产效率上与先进国家相比差距较大。我国作物生产要兼顾高产、优质和高效，主攻单产的提高将是进一步缓解人地矛盾的必然选择。随着世界和我国粮食等作物产品的持续增长需求，作物栽培以高产、优质、高效、生态、安全的综合目标，形成了超高产技术、优质高产协调技术、精准定量技术、资源高效利用与节能减排技术、全程机械化技术、轻简技术、大面积均衡增产技术等重要研究内容和主攻方向。

（七）耕作学与农作制度

我国耕作学与农作制度的特色和优势主要体现在与生产实际密切结合，具有强烈的中国特色。与国外同类学科比较，我国耕作学与农作制度研究的特色和不足表现在：一是我国耕作学与农作制度研究一直致力于高产潜力开发和资源高效利用，其特色和优势主要体现在与生产实际密切结合。二是国际农作制度研究不断向深度与广度扩展，而我国农作制度研究领域和范围较窄，技术手段比较单一，学科交叉能力较弱。三是在保护性耕作基础上提出的保护性农业是一种新的农业耕作制度和技术体系，一些国际组织或国际公约已经开始在世界各地示范推广保护性农业；我国在该领域起步相对较慢，基础研究积累少，关键技术研发和技术集成配套不足，与国际先进水平有明显差距。四是我国精准农作技术发展相对缓慢，与发达国家差距很大，尤其缺乏从耕作制度系统层次上的整体设计与配套技术模式，这也成为我国未来耕作学科和耕作制度发展需要拓展的重要领域。

（八）农产品加工与保鲜

在粮油加工方面，与发达国家相比，我国在稻米深加工、小麦制粉生产、油脂加工业等方面仍存在较大差距，高新技术没有得到广泛应用，自主创新能力不足。在果蔬加工方面，与发达国家相比，我国果蔬加工科技创新与转化能力薄弱，专用加工品种缺乏和原料基地不足，果蔬加工技术与加工装备制造水平低，标准体系与质量控制体系不完善，新型高附加值产品少，资源综合利用水平低，加工企业规模小、行业集中度不高。在畜产品加工方面，发达国家畜产品加工已实现与现代科技有机结合，并开展基于计算机技术的生物信息学研究。与之相比，我国在畜禽屠宰与加工方面差距巨大。在水产加工方面，我国水产加工科技发展水平与发达国家相比依然存在很大差距，尤其是基础研究起步较晚，应用研究和高技术研究较为薄弱，缺少适应于支撑水产品加工业快速发展的技术支撑和科技储备。在采后保鲜方面，与发达国家相比，我国对采后保鲜与物流的全链条发展的研究起步较晚，差距较大。我国果品采收尚未做到按成熟度分期采收和采用专用机械采收；果蔬采后预冷处理还处于起步阶段；缺乏用于果蔬预冷的专用库；人均冷库占有量和现有冷库自动化程度较低；冷库区域分布不均衡。

（九）农产品质量安全

国内外研究主要集中在四个方面：一是多类别污染物的综合分析技术已经得到快速

发展。在仪器确证检测方面，目前检测污染物或产品的方法标准都还比较单一，效率较低，有待完善和优化。在快速检测技术方面，污染物免疫分析技术在世界范围内被广泛应用，其发展不断趋向简单化和集成化。在未知污染物鉴别技术方面，国内外已开始利用液相色谱－高分辨飞行时间串联质谱的精准分子量测定以及高通量筛查能力对潜在的污染物进行快速的筛查鉴别。二是多种化学污染物的协同或累积性风险评估逐渐得到重视，具体表现为：更注重高精尖前端技术为风险评估提供支撑；更关注农产品中混合污染物累积性风险；更关注农产品中混合污染物之间联合作用对累积性风险的影响；注重风险评估系统平台对风险评估技术的整合以及风险预警管理。三是污染物在农产品代谢、迁移和消解等行为机制有待进一步研究。在农产品药物污染方面，我国农兽药残留在农产品中的残留代谢行为和控制技术研究取得了一定的成效，但对很多具有高风险的农兽药残留行为仍不清楚。在生物毒素方面，国内外对粮油产品中生物毒素研究不断深入，对油料生物毒素的产生菌种及其菌落的形态特征以及培养条件等已有大量深入的研究。在重金属和持久性有机污染物方面，稻米镉的污染状况基本明确，修复技术尚不成熟；我国持久性有机污染物的研究水平得到了一定提升，但对于环境污染物在农产品生产加工过程中的残留蓄积、迁移及代谢等行为研究较少。四是农产品标准的整合与协调仍需进一步重视。目前，食品安全标准呈现出向基础标准进行整合过渡的趋势，与发达国家相比，我国农产品及食品安全标准技术落后，缺乏科学性与可操作性。

（十）农业信息

在农业信息学理论与方法研究方面，目前，发达国家制定了相应的国家发展战略和规划，并已在高校开设了这一专业。而我国虽然在农业专家系统、农业模拟模型、虚拟农业、遥感系统、地理信息系统、农业决策支持系统、精准农业和数字农业等分支学科领域逐渐形成了理论及方法体系，但农业信息学学科理论体系还没有完全建立。在农业信息学三大分支学科发展方面：①农业信息技术。我国建立了支持农业科研的农业科学数据中心和农业科技文献信息平台等一批有影响的农业信息资源，但在信息资源组织、共享与高效利用等方面的研究还不够深入；在空间信息融合、农田信息采集、智能变量农业装备、精准生产管理决策模型等方面研究已达到国外先进水平，但在适合国情的便携式精确农业作业设备、智能化农业装备和设施等方面开发不足；农业智能化专家系统和作物建模研究与应用已在国际上产生一定影响，但在农业知识整理和收集、农业专家知识获取、作物模拟模型以及农业宏观管理专家系统等方面还需要深入研究；物联网、3G 等新一代信息技术在农业领域中应用，目前国内外研究基本处于同步阶段。②农业信息分析。近年来，我国在农业信息分析研究领域进展较快，在农业信息分析的理论、方法、技术等方面取得了重要进展，理论与技术体系逐渐完善，正逐渐与国外缩小差距。③农业信息管理研究。发达国家在农业本体、数据融合、知识关联、元数据、知识组织等方面研究一直处于技术前沿，在信息流处理、数据挖掘、知识服务等技术上原创性强、实用性强，均值得我们参考和借鉴。

（十一）农业环境

在气候变化农业影响与适应对策方面，与国外同类研究相比，我国还缺乏系统性和深入研究，对机理的研究及试验研究还不多。我国研究距实际应用还有较大距离，且这些适应气候变化技术和措施的成本和效果也缺乏定量评估，在气候变化影响评估范围、资料收集、评估方法和评估工具方面还存在很大不足。在农业污染控制方面，发达国家对农业污染主要是采用源头控制的对策，而且对点源和面源污染进行分类控制。在退化或污染农业环境修复方面，我国与欧美等发达国家还存在较大差距，主要表现在对酸化、盐渍、沙化等退化农业环境和对重金属、难降解有机物染物、农膜等引起的污染农业环境的修复研究多限于实验室阶段，对产品开发和大面积的田间应用等研究相对缺乏。在农业环境工程方面，与发达国家相比，我国的现代化设施农业离真正的工厂化农业还有较大差距，我国畜禽环境工程在研究范围和深度上与国外发达国家相比也存在一定差距。在农业生物多样性利用与保护方面，我国在利用农业生物多样性开展作物病虫草害防治取得一定成效，在围绕间作、混作、混播不同基因型作物品种以防治病虫害，探讨物种多样性利用技术与模式取得较大成效，在国际上具有重要影响。在农业环境风险管理方面，与世界先进国家相比，我国在环境应急监测技术和方法、预测和评价模型建立等方面还相当落后，农业环境质量信息化建设亟待开展。发达国家一直十分重视农业环境管理中的立法工作，而我国尚缺乏操作层面上的技术指标和规程。

（十二）农业资源与区划

在农业土壤资源方面，在研究方法学上，各国科学家都十分重视土壤学与其他学科的交叉与融合，重视信息技术、生物技术及现代分析技术的应用；研究对象方面，在重视土壤圈与其他圈层的物质与能量交换、土壤生产功能的同时，开始重视土壤的社会功能、环境功能的研究。在农业水资源方面，我国在土壤生物配位模型、抗旱生理调亏灌溉、膜下痕（微）量滴灌施肥和旱地生态涵养水源等水资源高效利用、水环境保护理论与方法研究方面现已达到国际先进水平，农艺节水技术一直保持着与国外同步发展的态势，但在农业水资源利用学科基础、节水设备工程和材料等领域的研究与发达国家差距很大。在农业气候资源方面，我国在农业气候区划、农业气候资源利用等方面处于国际领先地位，但与发达国家相比，在基础理论研究与气候模型、农业气候资源监测网络建设、农业气候资源监测仪器和农业气象灾害防灾减灾技术等方面还有较大差距。在农业微生物资源方面，与欧美发达国家相比，我国对农业微生物资源的认识不足，研究不深，利用程度较低，科研力量严重不足。在农业肥料资源方面，发达国家较为关注的是环境与食品安全问题，优化施肥的目标是改善作物品质，且施肥理论与方法研究更偏重于农机农艺相结合。在农业废弃物资源方面，同发达国家相比，我国农业废弃物资源化利用研究在秸秆乙醇高效水解酶低成本生产技术、沼气提纯加压灌装技术、秸秆发电和沼气发电上网适用技术、污泥无害化处理和肥料化利用技术等方面存在较大差距。在农业资源遥感监测方面，我国在农作物遥感、农业资源动态监测、农业灾害遥感、精准农业和数字农业等研究和应用方面与国际先进水平相比还有很大差距。在农业区划方面，我国农业区域的形成演变规律、农业区域发展的动力机制及其模型表达、区域协调及其区域调控政策设计、区域发展规划方法等方面的研究急待深入系统地开展；急需加强现代信息采集技术的应用采集研究数据，改善农业区划研究的数据支持能力。

四、我国基础农学学科未来发展趋势及展望

（一）战略需求与未来挑战

党的十八大将创新驱动作为国家战略摆在了国家发展全局的核心位置，将科技创新提到了前所未有的高度。这是国家应对日趋激烈的国际科技竞争的必然选择，也是解决当前经济社会发展中诸多瓶颈问题的战略需求。在农业科技领域，我国面临着发达国家“蓄势占势”和发展中国家“追赶比拼”的强大压力，国家迫切需要通过科技创新解决粮食增产、农民持续增收等问题，突破农业生产高投入、高消耗和资源环境约束日益趋紧的制约，率先抢占世界农业科技制高点，掌握未来农业发展的主动权。推动我国农业科技发展，基础农学研究带来的科技进步是有力支撑和先锋引领。要立足全局，增强基础农学研究、加快农业科技创新的紧迫感和使命感。提升原始创新能力、突破农业科技关键技术、解决“三农”重大科技需求。

（二）未来趋势和重点领域

基础农学的未来发展，既要遵循基础科学的发展规律，又要突出农学学科的自身特点。通过对我国基础农学发展现状的分析，充分借鉴发达国家的先进经验，基础农学研究的未来趋势可以概况为以下几点：

一是基础农学研究与农业科技、农业生产紧密结合。基础农学研究的一体化、集成化、综合化成为新趋势、新特点。随着我国经济社会快速发展，粮食安全与地方经济、农民增收，集约化高产与农产品质量安全，生产力持续提高与资源生态安全，农户生产模式与农业产业化等矛盾日趋突出，应对复杂的重大科学问题和社会问题，如作物生产、资源利用、气候变化、农产品安全、产业发展等“从产地到餐桌”的各个环节，提供一体化、集成化、综合化的解决方案成为基础农学研究的新特点。深入探索和不断发展基础农学及分支学科领域的理论、技术与方法，多角度剖析科学前沿问题，集成多种先进技术手段，综合解决农业生产发展遇到的诸多问题，是现阶段基础农学研究的重点任务和方向。为

此，切实加强基础农学研究，不断提高自主创新能力，着力突破农业重大关键技术和共性技术，促进成果推广与应用，以保障国家粮食安全、生态安全、农民持续增收，提高农业生产机械化、信息化水平，全面提升农业现代化水平，推动现代农业的可持续发展。

二是基础农学研究宏观、微观发展相结合。基础农学研究正在宏观和微观两个层面上分别向着最复杂、最基本的方向快速发展，并随着科学发展进入“大科学”时代，学科间相互交叉、渗透、融合，不断产生新的亮点和新的理论，宏观、微观发展有机结合，出现日益繁荣、日新月异的新进展。在宏观层面上，建立在多学科基础上的复杂系统研究已经列入重大科学研究的议事日程，国家也出台了许多相关科研项目予以扶持，如强化对资源环境、气候变化、生态系统的研究，将对经济、社会和人类自身的发展产生重大影响。在微观层面上，随着基础科学研究的纵深发展和研究手段的不断进步，基础农学研究将不断细化、具体和精准，如作物分子技术、基因组学、功能基因组学、生物信息学、数字农业、生物制品创制、病虫害综合防控等可能引起全新的技术革命。今后要努力促进多学科、多层次地研究农业基础科学问题，瞄准学科前沿和国家重大需求，准确把握学科的发展趋势，积极发展综合学科和交叉学科，培养新的学科增长点，实现基础农学学科良性、健康、快速发展。

三是现代研究手段将推进基础农学进程，现代生物技术、信息技术将成为新的生长点。世界科学技术成果以及先进的研究手段、方法和工具等，不断惠及、应用于基础农学研究之中。现代生物技术是当今发展最快的高技术领域之一，正在解决人类面临的粮食、资源、环境、能源及效率等可持续发展瓶颈问题，将发挥巨大的作用。目前已进入至关重要的抢占技术制高点与经济增长点的战略机遇期，我国农业生物技术的快速发展，加上生物资源优势和潜在的市场需求，未来生物技术将成为高产、优质、高效农业的助推器。而信息科技日新月异的发展，正在以前所未有的速度改造着农业、工业和服务业，催生了新的行业革命，信息化已经成为各行业现代化的制高点。在信息技术不断渗透农业生产、经营、管理和服务的过程中，农业信息技术已经成为农业信息化的不竭动力，是新一轮农业现代化的关键支撑。

四是基础农学国际合作广度、深度不断拓展，竞争局面日趋复杂。依靠科学技术实现农业的可持续利用，促进农业、食物与经济社会和谐发展愈益成为各国共同面对的战略选择，科学技术作为核心竞争力愈益成为国家间竞争的焦点。基础农学研究的国际化趋势将明显加快，在研究内容上，全球性气候变化及其对农业影响、全球性和区域性气象灾害及病虫害预测与防控、农业水资源开发及合理利用、环境跨界污染防治、作物基因组研究、生物多样性及其农业利用等将成为国际合作的重要切入点；在研究手段上，高新技术的运用走向成熟，研究资源将进一步整合优化，跨地区、跨部门合作及全球合作等交流与协作方式将成为新潮流。但在这个过程中，国际间竞争必将日益激烈，国家经济利益与政治利益不断博弈，基础农学研究不可避免地要受其限制，并影响农业的可持续发展。

现将作物遗传育种、农业土壤、植物营养、农田灌溉排水、作物病虫害、作物栽培、耕作学与农作制度、农产品加工与保鲜、农产品质量安全、农业信息、农业环境、农业资源与区划 12 个分支领域未来发展的重点领域和优先方向阐述如下。

1. 作物遗传育种

高产、优质、多抗品种依然是我国作物遗传育种的重点，同时应注意适应资源高效利用及机械化种植的新品种的培育，以提高农业生产效率，增加农民收入，增强产业国际竞争力。未来几年，作物遗传育种的发展需要加强育种理论、方法、技术和材料的研发与创新，加强传统育种技术与现代高新技术的结合，充分利用国外先进的研究成果，广泛挖掘作物种质资源中高产、高抗和优质的新基因，创新一批突破性新种质，将其尽快地应用到育种实践中。同时，加强农机与农艺结合，推进农业机械化，提高玉米生产水平，改善传统的玉米耕作栽培技术和作业程序，保证增产增收。

2. 农业土壤

农业土壤学的发展趋势可以从以下 4 个方面阐述：①研究方法的规范化、标准化和定量化。信息技术、计算机技术、土壤分析技术等的迅速发展和在土壤学研究中的应用，促进了土壤学研究方法不断走向规范化、标准化和定量化。②新技术、新方法的应用更加广泛。当前，各种现代实验手段和方法及计算机技术正不断应用于土壤学研究，特别是计算机技术、现代分析测试技术和 3S 技术在土壤学研究中的应用明显加快，并已成为现代土壤学研究的重要方法。③更重视土壤资源高效利用与生态环境保护。我国土地资源人均占有量少、后备耕地资源匮乏，农业生态环境污染对农业生产、特别是农产品质量带来了十分严重的影响，在今后相当长一段时期内，与土壤资源高效利用和生态环境保护有关的研究将会受到愈来愈多的重视。④长期的定位研究越来越重要，必须建立长期的定位试验站来监测土壤的时空变化规律及人类活动对它的影响及其反馈。目前，一些发达国家多有几十年甚至几百年的长期试验站，如英国洛桑试验站对土壤的监测至今已有 160 年的历史，即使像发展中国家的印度，这种长期试验站亦有数十年历史。因而，为长期和稳定地获得土壤变化的各种信息，长期定位研究就成为必不可少的重要手段。

重点研究方向有：①土壤养分资源高效利用技术研究；②土壤有机质提高机制与生产力关系的研究；③土壤肥力演变规律与评价体系研究；④障碍及低产土壤改良研究；⑤土壤污染环境及修复重建研究。

3. 植物营养

植物营养学科发展将以国家发展实际需求为目标，通过理论深化、技术发展和服务推广，着力于保障国家粮食安全问题、努力提高资源利用效率、保护环境、提高作物品质和人体营养，促进农业经济发展。未来植物营养学科的总体布局是：以土壤 – 植物系统营养物质转化、营养过程与调控为核心，突出土壤 – 植物相互作用这一特色，涵盖从土壤过程到根际互作过程、再到植物过程相互关联的主要研究领域。未来我国植物营养学的重点和优先发展方向包括：土壤生产力及其调控、养分高效的分子生理基础及其遗传改良、作物高产优质的营养基础、根际互作机理与调控、高产高效施肥原理与方法、养分资源利用与养分循环、养分和污染物的环境效应与控制等，同时需加强在全球变化背景下植物营养学科的创新性研究。

4. 农田灌溉与排水

灌溉排水技术未来几年发展的战略需求、重点领域及优先发展方向如下：

（1）作物高效用水理论与节水调控

研究明确节水灌溉条件下，主要作物的需水特征、需水规律和需水指标体系，研发区域作物需水用水信息系统；构建作物高效用水的非充分灌溉理论体系，提出田间墒情和作物水分信息的快速监测与诊断技术，构建区域农田墒情监测和灌溉预报网络，建设功能较为完备的农田高效用水管理远程技术服务系统；明确田间水分转化与消耗规律，提出农田蓄雨保墒、减蒸抑耗的农艺节水技术，实施按作物需水过程控制的适宜节水调控技术。

（2）节水高效灌溉技术与装备

在规模化灌溉系统优化设计理论方面，研究土地精细平整条件下的大系统灌溉管网优化设计、畦（沟）规格田间工程布置形式及安全高效运行管理技术。在节水高效灌溉技术与设备研发方面，优先发展：①地面灌溉反馈控制技术、先进实用的首部控制设备和设施、地面灌溉水肥同步高效利用技术、地面灌溉专用施肥装置等；②以大型喷灌机组为对象的变量喷水与施肥技术、低能耗精量喷灌设备、多目标利用喷灌技术研究及设备开发；③开发新型灌水器、流量压力调节设备和过滤器等微灌产品和设备，研制成本更低的一次性微灌设备；④区域地面灌溉系统信息化管理技术及智能化喷、微灌自动控制设备研制。

（3）控制排水技术与装备

农田排水研究的重点发展方向包括：①涝渍兼治的农田排水标准，排水系统优化及评价技术，配套的排水材料及机械；②西北干旱区灌溉绿洲土壤次生盐渍化的演变理论及适宜的排水技术模式；③设施农业区减污控排模式和水资源高效利用技术；④农田排水区自然—农业—生态系统径流形成机理和预报调度技术；⑤农业排水系统溶质转化、运移机理，面源污染控制技术，排水资源化控制装置。

（4）非常规水资源安全高效利用技术

非常规水资源安全高效利用技术研究的重点方向包括：①非常规水水质提升技术与装备；②主要作物非常规水安全高效灌溉技术与灌溉模式；③适宜于非常规水灌溉的系统与设备研发；④非常规水利用灌区环境监测与评价技术；⑤非常规水灌溉法规体系建设与标准制定。

5. 作物病虫害

（1）农业昆虫

1）重要农业昆虫的基因组学与功能基因解析研究，为害虫成灾机制的揭示以及害虫控制与天敌利用提供理论依据。在研究角度上转向多基因或基因家族的功能分析，更要关注基因转录与表达的调控研究。

2）天敌与害虫协同进化机制与营养互作关系是当今进化生态学和化学生态学研究领域的前沿课题，也是寻找害虫可持续控制途径的重要基础。

3）植物对害虫的抗性机制研究。未来几年内，将重点开展寄主植物对昆虫的抗性机制，为有效利用抗性品种及新型杀虫剂、减轻昆虫对农作物造成的损失提供科学理论依据。

4）产业结构调整对农业昆虫发生规律的影响。研究农业产业结构调整和种植制度变革（如保护地的增加、免耕技术和秸秆还田等）后，棉花、蔬菜和主要粮食作物有害生物的演变和发生危害新特点，研究种植制度改革对主要农业害虫发生规律的影响，制定和提出关键控制对策和治理技术。

5）全球气候变化对农业害虫的作用机制。在全球气候变暖对农业生产的影响以及大气温室气体对害虫种群发生的影响效应方面，应从目前研究仅关注响应特征，转到响应的机制研究、再到模拟分析；从单个种群转到多个种群到食物链、再到地上和地下的互作研究；从 CO_2 影响分析转到 O_3 影响分析、再到 CO_2 与 O_3 等温室气体综合影响分析，以全面揭示温室气体对农业害虫及其天敌的效应及其机理。

6）害虫灾变监测预警技术。研究利用昆虫雷达、卫星遥感和地理信息系统等先进手段，实时监测害虫种群动态的早期预警技术。研究计算机网络化的信息收集、发布技术和远程诊断平台，提高害虫监测、预警和治理的信息化水平。

7）害虫抗药性治理技术。靶标害虫对农药和转基因抗虫作物的抗性是国内外研究的主要方向之一，我国在这方面研究已有良好的基础，未来继续加强开展深入研究，既有助于对主要害虫的持续控制，也可以形成我国农药和转基因生物安全性研究的特色。

（2）植物病理

当前我国正处于传统农业向现代农业转型跨越的关键时期，建设现代植保是确保国家粮食安全及主要农产品有效供给的重大举措，也是适应农业生产经营方式变化的客观需要，更是确保农产品质量安全的有效途径、促进农业可持续发展的必然选择。根据国家战略需求，未来 5 ~ 10 年植物病理学重点研究领域和优先发展方向如下：

1）植物病原生物比较基因组。选择目前国内外尚未进行基因组测序的作物重要病害病原物开展测序研究，解析其基因组序列的结构特征；开展重要病原物致病基因及致病机制研究；利用比较基因组学、代谢组学技术构建重要病原物的代谢网络，探索病原物中致病必须基因或代谢途径作为高效杀菌剂设计靶标的潜力。

2）重大植物病害的发生规律。新型耕作制度下，植物病害发生规律将成为未来几年我国植物病理学研究的重要任务；评估外来入侵病原物引起的作物病害的发生风险、研究病害发生规律将成为保障我国农业生产和生态安全的重要课题；媒介昆虫—病毒—植物互作关系复杂多样，阐明三者之间的互作关系将成为研究植物病毒病害和虫害的流行成灾规律的重要内容。

3）病原菌与寄主植物互作机理。鉴定新的病原物 PAMP、植物 DAMP 及其植物 PRR

受体；阐明 PRR 识别 PAMP 和 DAMP 以及 R 蛋白识别 Avr/Effector 的分子机理；深入分析植物与病原物共同进化的分子机理；系统解析 PTI 和 ETI 抗病信号传导网络等，将是揭示病原物与寄主植物互作机理的核心内容和制高点，是未来几年系统深入理解病原物与寄主植物互作机理、发展植物病理学的战略需求。

4）植物抗病毒机制的研究。解析寄主植物抗病毒机制，可为建立有效及持久的防治病害措施提供理论依据；鉴定和发现新的病毒抗性基因，明确其参与抗病的机制，将为有效控制重大农作物病毒病害提供新基因资源和新策略；此外，通过人工 RNAi 和 miRNA 干涉病毒复制关键因子，将会是一种目前比较有效的抗病策略，值得研究和探讨。

5）植物抗病资源挖掘与抗病性合理利用。利用分子手段系统挖掘、鉴定、评价主要农作物及其近缘物种资源中针对重要病害的高效抗病基因及其利用价值；分离鉴定主要农作物中主效抗病基因，重点是广谱和持久抗病基因和抗病 QTLs，研究抗病基因的作用机制与基因网络及其与作物生长发育、产量等农艺性状的关系；探索高效利用具有广谱和持久抗性的优良基因改良水稻抗性的途径，开展新型抗病基因的分子设计，解决生产上抗病品种抗病性快速丧失的问题；深入研究主要病原物毒性变异的机制及其致病型的时空分布规律，探索抗病品种多样性和合理布局控制作物重大病害的新理论和新途径，研究制定针对水稻稻瘟病、小麦条锈病等主要粮食作物重大病害的抗性品种布局方案；开展抗病基因的转基因研究，培育高水平、宽抗谱的抗病转基因主要农作物新品种，进行安全性评价，为抗病转基因作物新品种的推广应用和产业化生产提供技术储备。

6）植物病原生物检测与病害诊断技术体系的研究。以核心基因为基础，设计通用分子探针，建立以核心基因为靶标的基于 PCR 和 PCR- 基因芯片的分子检测技术是发展趋势之一。及时快速准确地对植物病原生物进行检测是植物病原生物预警体系的核心内容之一。

7）植物病害的预测预报及防控技术。利用遥感技术、地理信息系统及全球定位技术系统研究植物真菌病害发生的时空变化动态、传播蔓延与流行规律；建立重要病害的早期快速监测与诊断技术，结合气象信息和田间小气候因子，建立重大农作物重大病害发生监测与预警技术体系。

6. 作物栽培

作物栽培学科以实现作物高产、优质、高效、生态、安全为研究目标，关系到国家粮食安全和社会、经济稳定。尽管 2012 年全国粮食总产量 58957 万吨，实现了“九连增”，2013 年有望“十连增”，可以达到 2020 年粮食产能规划水平。但从中长期发展趋势看，受人口、耕地、水资源、人力资源、气候、能源、国际市场等因素变化影响，我国将长期面临粮食消费需求呈刚性增长，耕地与水资源紧缺与减少，作物间、区域间、田块间产量和增产潜力差异巨大等问题，粮食和食物安全将面临严峻挑战。未来作物栽培优先发展方向应为：①作物超高产栽培理论与技术，挖掘作物更高产潜力，并转化为作物大面积高产的新途径，为作物高产创建提供强有力的技术支撑；②优质高效协调栽培理论与技术；

③作物机械化、轻简化栽培技术；④节水和抗旱栽培技术；⑤化学控制新技术；⑥作物信息化栽培技术。

7. 耕作学与农作制度

现阶段农作制度发展重大任务和方向是有效协调增加农民收入，保障国家粮食安全、集约化生产与农产品质量安全，提高农业生产力与资源生态安全，拓展农业新型产业与城乡统筹发展等。主要包括如下 4 方面内容：①应对气候变化与防灾减灾的农作制度调整优化，具体包括基于气候变化脆弱性和适应性评估的农作制度应对策略研究、应对气候变化的种植制度调整优化研究、适应气候变化的耕作栽培技术优化研究等；②区域新型农作制度模式与技术体系构建，具体包括双季稻三熟区稻田多熟高效农作制度模式与配套技术研究、麦—稻两熟区高产高效及环保农作制度模式与配套技术研究、麦—玉两熟区节本高效农作制度模式及配套技术研究、东北平原地力培育与持续高产农作制度模式及配套技术研究、西北地区水土资源高效利用农作制度模式及配套技术研究与示范、西南丘陵避旱减灾多熟农作制度模式及配套技术研究与示范、华南地区多熟高效农作制度模式及配套技术研究与示范；③基于产量差分析的作物高产潜力开发和农作制度优化，包括不同区域主要粮食作物产量差及其制约因素评价、基于产量差的粮食作物高产潜力评价、作物高产技术优先序；④推进农艺和农机结合的全程机械化农作制度。

8. 农产品加工与保鲜

（1）粮油加工方面

未来应重点发展如下领域：维护粮食安全；促进粮油资源高效利用；开发节能、高效、智能化、大型集约化的粮油加工机械与设备；实现主食工业化。

（2）果蔬加工方面

国际上果蔬加工行业正在快速发展，应重点发展如下领域：原料品种专用化研究；高新技术产业化研究；加工装备智能化研究；资源利用高效化研究；质量控制体系标准化研究。

（3）畜产品加工方面

要进一步加强与畜产品加工有关的关键技术及装备研究，尽快实现产业化经营；应以发展冷却肉、中式制品为主，适当发展西式低温肉制品；优先发展乳品资源高值化加工利用；促进高新技术在畜产品加工与安全控制中的广泛应用；提高畜副产品利用的附加值。

（4）水产品加工方面

重视水产食品精深加工的技术创新，提高水产品综合利用水平，开展水产品精深加工，实现产品高附加值化是水产加工的发展方向。要推进淡水鱼、贝类、中上层鱼类、藻类加工体系的建立；积极发展高营养、低脂肪、无公害、环保型水产食品；重点做好淡水鱼类、海水中上层鱼类的基地和配套冷链设施建设；进行贝类产品保活和净化技术与装备的研发。

（5）采后保鲜方面

优先发展采收、保鲜、贮藏、运输、配送、销售为一体的保鲜流通体系，加快重点工程和装备的配套；发展新型保鲜技术，开发天然保鲜剂；研究推广节能、高效、低成本和无污染的保鲜新技术；利用信息化技术研究分级、检测、包装、运输的新技术；积极开展鲜切果蔬保鲜研究。

9. 农产品质量安全

（1）农产品综合分析技术

针对不同类农产品中多种污染同时存在的共性问题，攻克污染物特异性单克隆分子抗体研制与批量制备技术、有机荧光染料偶联技术、时间分辨荧光乳胶标记材料制备技术、污染物特异性抗体与荧光乳胶稳定标记技术、乳胶—抗体及固定化抗原等关键试剂组合与集成技术、混合污染物提取净化技术、人体细胞芳香烃受体克隆技术、精准分子量匹配拟合技术、离子迁移谱技术等技术难题。研究建立农产品中各类污染物混合污染同步筛查前处理、快速排查和确证检测方法，研发相关产品。

以畜禽产品、粮油、果蔬、乳制品及茶叶等农产品主要污染物为研究对象，攻克新型正相硅胶除油技术、多级碎裂质谱技术、碎片拟合技术、二维核磁共振结构鉴别技术、污染物化学结构解析技术、计量学辅助指纹谱图判定技术等关键技术。研究建立基于LTQ Orbitrap 高效液相色谱—质谱—质谱、全二维气相色谱—飞行时间质谱、二维核磁共振等未知污染物分析技术。

（2）农产品安全性风险评估与预警技术

攻克相应浓度、剂量相加等毒法关键技术问题；建立有机磷类和氨基甲酸酯类杀虫剂累积性风险评估技术；建立混合抗雄性技术活性污染物毒性效能因子及其累积性暴露评估模型以及混合污染物综合评估风险排序技术和相应模型。

（3）农产品质量安全混合污染全程控制

通过解决关键控制点与风险预警阈值、预测模型和评价模型、有效生物的选用等关键技术，结合采用适合我国农业生产的栽培措施，研究农产品生产、加工过程混合污染防控技术。

（4）农产品质量安全管理及技术支撑体系

主要开展农产品质量安全管理体系与政策法规研究，农产品质量安全信息分析、预测及管理研究，农产品技术性贸易措施研究以及农产品质量安全标准体系及标准物质研究。

10. 农业信息

推进农业信息化，实现农业现代化对农业信息学具有重要的战略需求，主要体现在：①我国农业资源严重不足、需求刚性增长，农产品供给安全压力增大，迫切需要提高农业资源利用率、劳动生产率，提高农业生产的智慧化水平；②我国农产品市场价格波动剧烈、滞销卖难，急需建立农产品市场监测预警技术体系，提高农产品市场透明化、有序化程度和政府调控水平；③我国农产品质量安全事故频发，迫切需要突破从“农田到餐桌”的全供应链监测和追溯技术，为农产品生产者、消费者和政府提供服务；④我国农民无法有效获取生产技术、市场等信息已成为制约农民增收的关键因素，急需创新信息服务，提高政府公共服务能力，培育新型农民；⑤我国农业生产中化肥、农药投入严重过度，农业生态环境恶化，开展农业生态环境监测预警、提高我国农业的可持续发展能力成为新的战略需求。

围绕国家的战略需求，我国农业信息学学科未来几年发展的重点领域和优先发展方向为：以农业生产环境数据、农业资源数据、动植物生命体数据、农产品生产加工过程数据、农产品市场流通和交易数据的融合和智能挖掘为目标，开展农业“大数据”理论、方法和技术研究；以提高我国农业生产环境监测能力、农业生产和流通智慧化水平、保障农产品质量安全为目标，大力发展农业物联网技术；以解决我国农产品市场价格波动剧烈、滞销卖难问题为目标，加强主要农产品供求和预警模型的研究，突破农产品市场监测预警关键技术；以向 2 亿多农户和成千上万其他农业经营主体提供全流程、多层次、低成本、个性化信息服务为目标，研发农业“云服务”平台。

11. 农业环境

我国未来农业环境学研究的任务还十分艰巨，必须在以下几方面大力加强：①在气候变化农业影响与适应对策领域，开展农业领域温室气体减排技术研发与潜力评估，开发推广农业领域适应气候变化的技术和措施，加强气候变化农业影响与适应综合评估研究，研究高效实用型农业气象灾害调控技术；②在农业污染控制领域，要调查摸清我国农业面源污染物排放消纳特征与入湖入河负荷，抓紧制定我国农业清洁生产技术清单；③在产地环境保护与修复领域，尽快开展产地环境分区分类管理研究和产地环境调控机理与途径研究；④在农业环境工程领域，开展植物工厂关键技术研发，并构建标准化技术体系，同时加强畜禽养殖源头减排和防控技术研究；⑤在农业环境风险管理领域，抓紧建立气候变化与农业影响的监测网络。

12. 农业资源与区划

受全球变化、资源危机和粮食安全等全球性问题困扰，我国粮食供求总量仍不容乐观，而且结构性矛盾愈发突出。2012 年，我国粮食自给率远远低于 95% 的红线，甚至跌破 90%，未来几年我国农业资源短缺问题更加突出，给我国农业资源与区划学科发展提出了更高要求。紧紧围绕农业资源调查与评价、农业资源利用与保育以及农业分区与区域战略等三个方面，力争在肥料资源的高效利用、农业遥感、气候变化响应机理与机制等基础理论和应用基础研究领域实现突破。

1）提升土壤质量和稳定持续提高土地生产力仍是未来几年发展的战略需求，基于此，应优先发展：①土壤肥力质量、土壤健康质量和土壤环境质量的协同提高机制研究；②土壤地力提升的时空演变规律和不同区域、不同土壤类型耕地质量的综合提升技术，耕地质量退化的综合防控技术，农田氮、磷损失途径与阻控技术研究；③农业土壤质量监测信息平台建设。

2）围绕农业水资源利用面临的重大科学问题，应重点研究：水在“土壤—植物—大气”物质循环系统及其生态环境系统中的调控作用基础；水力驱动下的物质高效转化过程与调控规律；水肥协同作用下植物—土壤—微生物—大气间水分高效利用、耐旱营养生理与抗旱遗传基因改良及调控、污染链全程控制等基本内容和主要领域。

3）科学阐明气候变化对我国农业生产活动的影响途径和机理机制，提出响应的适应对策与技术，降低气候变化对我国农业的负面影响，是未来我国农业气候资源研究的重要任务。

4）农业微生物重点资源开发与配套技术研究。农业微生物资源重点研究领域和优先发展方向包括：①碳（分解秸秆等）、氮（生物固氮等）代谢微生物资源及其高效利用；②功能菌株在土壤环境中稳定发挥作用的机制；③微生物转化有机废弃物与资源化利用。

5）在肥料与施肥科学研究方面，将传统的植物营养学、土壤学和肥料学的理论与技术同新近快速发展的信息科学和生物技术相结合，围绕养分资源的高效利用，紧密结合我国农田高强度利用的特点，研究我国主要农田生态系统养分循环的主要过程、通量及其影响因素和调控，充分利用一切可以利用的有机养分资源，科学施用化肥，实现包括各种植物必需的大中微量元素的均衡供应，最大限度发挥肥料的增产增收和提高地力的效能，最大限度减少肥料不合理使用对环境的不良影响。

6）未来几年，针对农业废弃物污染严重、农村人居环境差、能源短缺等问题，按照节能降耗、降低经济成本的原则，加强农业废弃物循环综合利用技术，重点研究领域和优先发展方向包括：①农业废弃物资源化利用与节能减排技术研究；②农业废弃物资源化利用的管理和决策支持研究；③农业废弃物高效利用的关键技术研究；④农业废弃物资源化利用的国际合作研究。

7）在农业资源遥感监测方面，围绕农业资源“天（遥感）—地（地面）—网（无线传感网）”一体化遥感监测能力提高和精度改进，加强农业遥感基础研究，加强农业定量遥感研究与应用，全面加强作物遥感、资源遥感、灾害遥感以及遥感在精准农业和数字农业方面的应用研究，以提高业务化应用水平。

8）未来我国农业区划的重点研究领域和优先发展方向是：①加强农业资源配置与资源安全研究，研究国家农业资源安全战略与政策，研究农业生态补偿政策，创新农业资源和农业知识产权管理制度；②深化农业布局与区域发展战略研究，探索农业区域形成演变规律与区域协调发展的机制，研究区域现代农业发展战略与推进路径，构建农业空间关系模型，进行区域政策设计；③农业空间信息平台建设研究，建立健全全国农业资源与经济空间信息采集体系与信息管理平台，推动基础信息互通共享。

（三）重大措施和对策建议

加强基础农学学科建设和发展，提高学科研究质量和创新能力，是我国经济社会发展的必然选择。基础农学的发展，可以促进农业结构调整和发展方式转变，加快新农村建设步伐，为农业和农村经济发展提供技术支撑；可以促进分支学科领域发展，加快科技成果转化进程，为提高农业综合生产能力、市场竞争能力奠定科学基础；可以实现农业增产、农民持续增收，为粮食安全和食物安全提供保障。

当前，基础农学面临严峻的挑战，科研领军人才短缺，基础性、原创性研究匮乏，部分学科研究交叉重复、力量分散，科技基础条件平台薄弱，研究经费投入不足，围绕国家中长期发展目标集中力量、持久攻关和重大突破的能力不强，创新体制机制缺乏活力等问题亟待解决。我国基础农学的发展要以科学发展观为指导，按照"自主创新，重点跨越，支撑发展，引领未来"的要求，把增强自主创新能力作为学科发展的战略基点，坚持以"服务产业重大科技需求、跃居世界农业科技高端"为使命，着力解决我国现代农业发展重大科技问题，进一步提高基础农学研究的活力和创新效率，以全球视野谋划科技开放合作，促进农业科研大联合、大协作，加快创新步伐。通过创新体制机制、加大投入力度、优化科研环境，加强基础研究和前沿技术研究、可持续发展相关研究，加快把知识和技术转化为现实生产力，完善机构、队伍、人才、条件建设，加强国际合作和交流，推动我国农学学科的跨越式发展。

1. 进一步深化农业科研体制改革

我国现行庞大的农业科研机构交叉重叠，结构松散，远不适应国家需求和国际科技发展的新趋势，必须通过深化科技体制改革，在建设国家农业科技创新体系中，推进结构调整和人才分流步伐，建立学科齐全、布局合理、精干高效的基础农学研究体制。基础农学研究无需自上而下大范围地开展工作，而要以国家级农业科研机构、研究型高等农业院校为主体，适当吸收有优势、有特色的省级农业科研机构参与，建立起精干、高效的基础农学创新研究队伍。基础农学研究要明确科研方向，按照其自身规律，保持相对稳定性和连续性，长期坚持不懈地开展课题研究。应通过政策引导和经费支持，加强基础农学学科的基础研究、原创性研究和战略高技术研究，努力攀登科学高峰，逐步形成国家新型的基础农学科学科研体制。同时，要通过深化改革，合理配置资源，处理好政府和市场的关系，打通科技和经济社会发展的通道，将科研资金分类剥离，提高基础研究投入比例，提高课题经费投入强度，促进基础农学研究持续、稳定、快速发展。

2. 造就一支精干高效的研究队伍

科学研究的本质是创新，创新的实践要依靠人才。基础农学的发展，关键是要有一支适应当代基础农学研究、精干高效的基础农学创新人才队伍，要培养和造就一批具有世界先进水平的科学家、学术带头人和科技骨干，加强高层次创新型的基础农学人才队伍建设，引领和带动基础农学人才的发展，打造创新人才培养示范基地，为提高自主创新能力提供有力的人才支撑。要用好用活人才，建立更为灵活的人才管理机制，打通人才流动、使用、发挥作用中的体制机制障碍。充分利用国内外两种人才资源，坚持自主培养开发和引进海外人才并重，立足国内，集中培养以中青年为骨干的尖子人才、学术带头人及领军人物，同时加大引进人才、引进智力工作的力度，尤其是要引进海外基础农学高层次紧缺人才。

3. 继续优化学术氛围，创造良好创新环境

基础农学研究需要建立有利于科技人员潜心研究和开拓创新的良好氛围，确保农业基础研究计划、项目的稳定性和连续性。一是要发扬学术民主，倡导“百家争鸣，百花齐放”。要努力营造生动活泼、求真务实的学术环境，提倡不同学术观点、学术流派的争鸣和切磋，鼓励创新学术思想和自由探索精神，最大限度地激发和保护科技人员的创新激情和活力。二是要加强科学道德和学风建设，坚持严谨治学、实事求是的学风。要深入实际，在科学实践中提出真知灼见，创造学术精品。要增强社会责任感，加强学术道德修养，严格遵守学术规范，坚决抵制各种不正之风，树立基础农学科学工作者的良好形象。三是要弘扬创新文化，提倡科学精神。要增强创新意识，努力发现新问题、把握新情况、明确新任务；要积极接受新知识、学习新方法、形成新观念，勇于超越别人和自己。要把创新意识贯穿于研究的全过程，落实在选题、立项、成果产出和转化等各个关键环节，营造基础农学良好的科研创新氛围。

4. 加强国际合作与交流，充分利用全球创新资源

面临全球经济结构深度调整，围绕市场、资源、人才、技术、标准等方面的竞争日趋激烈，我国农业发展面临的外部环境更加复杂，迫切需要加快培育农业基础研究的国际合作，构建开放新型合作关系。要把握世界农业科技发展趋势，充分利用全球创新资源，在更高起点上推进基础农学研究，并同国际农业科技界携手努力，为应对全球共同挑战作出应有贡献。围绕我国基础农学学科建设，广泛开展国际合作，鼓励我国农业科学家发起和组织国际重大项目。支持国际有关组织来华设立相关科研机构，吸引全球优秀农业科学家来华创新创业。注重完善政府间农业科技合作机制，努力提高对外农业科技合作水平。

参考文献

[1] 丁麟. 我国农学基础研究发展综述 [J]. 农业科技管理，2010 (3)：1-3.

[2] 董晓霞，厉建萌，汤松. 我国农业科研投入的结构偏差及矫正 [J]. 农业科技管理，2009 (3)：8-11.

[3] 冯锋，杨新泉. 浅谈国家自然科学基金农业科学国际合作与交流项目的组织 [J]. 中国科学基金，2003，180-181.

[4] 孔繁涛. 基础农学发展现状及趋势分析 [J]. 中国科技论坛，2007 (7)：100-104.

[5] 李哲敏，刘磊，刘宏. 保障我国农产品质量安全面临的挑战及对策研究 [J]. 中国科技论坛，2012 (10)：132-137.

[6] 潘月红，逯锐，周爱莲，贾硕，孙国凤. 我国农业生物技术及其产业化发展现状与前景 [J]. 生物技术通

报，2011（6）：1-6.

［7］庞念厂，彭军，赵新华，宋国立，高伟. 近十年国家自然科学基金资助棉花项目情况分析［J］. 农业科技通讯，2010（12）：16-19.

［8］万钢：中央财政投入更注重基础研究，农业科技贡献率 54.2%［EB/OL］. http：//scitech. people. com. cn/n/2013/0307/c1007-20712848. html，2013-03-07.

［9］王松良. 作为学科与专业的“农学”之历史反思与体系再构——以农业生态学作为新农学的核心理论课目［J］. 中国生态农业学报，2011（6）：1455-1460.

［10］信乃诠，许世卫，孔繁涛. 我国基础农学学科发展战略研究［J］. 前沿科学，2008（3）：9-18.

［11］信乃诠. 加快农业发展方式转变的重要支撑——科技进步和创新［J］. 农业科技管理，2011（2）：1-4.

［12］信乃诠. 农业科技自主创新的相关理论问题［J］. 农业科技管理，2011（4）：1-4.

［13］信乃诠. 农业科研经费投入现状及其政策性建议［J］. 农业科技管理，2008（4）：1-6.

［14］信乃诠. 提高科技成果转化能力 持续增强农产品有效供给［J］. 农业科技管理，2012（3）：1-4.

［15］信乃诠. 提高农业科技的自主创新能力［J］. 中国农业科学，2011，44（23）：4933-4938.

［16］信乃诠. 新中国农业科技 60 年［J］. 农业科技管理，2009（6）：6-10.

［17］郑风田. 对农业科技创新体制动大手术［J］. 中国发展观察，2012（2）：9-11.

［18］中华人民共和国科技部，国家自然科学基金委员会. 国家基础研究发展“十二五”专项规划，2012.

［19］中华人民共和国科学技术部，国家自然科学基金委员会. 国家基础研究发展“十二五”专项规划，2012.

撰稿人：许世卫　孔繁涛　王盛威　张　晶

专题报告

作物遗传育种

一、引言

（一）学科概述

作物遗传育种是当代农业科学发展的前沿学科之一，是基础农学研究的核心和重要组成部分。作物遗传育种是研究运用遗传变异规律，能动地进行作物遗传改进、促进生产稳定增长、提高劳动生产率的重要理论和技术基础，加强作物遗传育种研究可推动农业向高产、高效、优质、低耗的方向发展。在作物遗传育种研究的发展过程中，由于优异作物遗传资源的开发利用，多种遗传改良途径的开拓和技术革新，以生物技术为主体的高新技术的应用，育种基础理论和应用基础理论研究的不断深入，作物育种的效率和水平显著提高，不断推动了作物遗传育种学科的发展。

作物遗传育种学科的发展对提高作物产量，确保我国粮食安全和农产品有效供给具有至关重要的作用。新中国成立后，我国作物育种获得了更大发展，系统育种、杂交育种、远缘杂交育种、诱变育种、杂种优势利用和分子育种等先后成为卓有成效的育种方法。进入 21 世纪以来，分子生物学技术正在越来越广泛地应用于我国的作物育种。

小麦是我国三大粮食作物之一，面积和产量均占全国粮食作物的 1/4 左右。小麦遗传育种学科的发展对提高小麦产量、稳定国内粮食供给和保障粮食安全具有至关重要的作用。水稻是中国一半以上人口的主食，其总产和消费量居世界第一位，中国是亚洲栽培稻（*Oryza sativa L.*）的起源地，我国的稻作栽培及育种历史悠久，一直处于世界领先地位，20 世纪五六十年代的矮化育种、七八十年代的杂交水稻育种和 1996 年开始的超级稻育种，已成为我国水稻育种史上具有世界影响力的里程碑。玉米是我国最重要的禾谷类作物之一，是近年我国主要粮食作物中面积和产量增长最快的作物，2012 年我国玉米种植面积 5.24 亿亩，总产量 2.08 亿吨，成为第一大作物。我国种植大豆约有五千多年历史，是栽培大豆的起源国。东北春大豆区、黄淮海大豆产区和南方大豆多作区是大豆的三个主产区，总播种面积 1.1 亿亩，总产量 1500 万吨。1995 年以来，我国由大豆出口国变为进口国，进口量由 1996 年的 110 万吨迅速上升到 2012 年的 5700 多万吨，自给率仅为 1/5

左右，供需矛盾十分突出。棉花是中国重要的经济作物之一，常年种植面积约 8000 万亩，原棉总产量 650 万吨左右，随着棉纺织业的迅猛发展，原棉需求与日俱增，每年原棉缺口 400 万吨左右。中国不是棉花的原产地，但利用转基因技术在棉花育种中的应用走在了其他作物的前列，20 世纪 90 年代初，中国棉铃虫大爆发，转基因抗虫棉的育成使我国国产抗虫棉市场份额由 1999 年的 5% 上升到 2012 年的 98% 以上，为稳定和发展我国棉花产业发挥了重要作用。油菜是我国重要的油料作物之一，年提供菜籽油约占自产植物油的 45%，约占植物油消费总量的 17%，我国是世界上首个发现实用性波里马细胞质雄性不育（pol CMS）系，并成功选育大规模种植的油菜三系杂交种的国家，以此奠定了我国油菜杂种优势利用研究国际领先地位，目前我国油菜遗传育种研究正引领和推动油菜产业向高产、高抗、高效转变。

（二）发展历史回顾

新中国成立 60 多年的实践证明，遗传育种为我国粮食安全和农业农村发展发挥了重要支撑和引领作用。先后成功培育 1 万余个粮棉油新品种，推动主要粮棉油品种更新换代 5 ~ 6 次，为粮食和主要农产品安全供给提供了物质基础和保障。20 世纪 50 ~ 70 年代，主要依靠抗病育种和矮秆品种选育等措施，提高作物耐高水肥特性，推动粮食亩产从不足 70 公斤提高到 150 公斤以上；20 世纪 70 ~ 90 年代，主要依靠杂种优势利用和细胞工程育种技术，大面积推广新品种，推动粮食单产从 150 公斤提高到 300 公斤；20 世纪 90 年代以来，主要依靠常规育种与生物技术相结合的育种手段，推动粮食单产从 300 公斤提高到 344 公斤左右。通过品种把大量的现代复杂技术直接凝聚到种子里面，使之转化成相对简单的易于被农民接受和利用的技术，近年来我国品种选育推广水平稳步提升，品种增收能力显著增强，品种对粮食增产的贡献率超过了 40%。不同作物的遗传育种又有各自的特点，例如小麦遗传育种研究大致经历了三个主要发展阶段，即 20 世纪五六十年代以抗病稳产为主的育种阶段、20 世纪 70 ~ 80 年代以矮化高产为主的育种阶段、20 世纪 90 年代 ~ 21 世纪初是高产与优质育种并进阶段；玉米育种经历了从农家品种到品种间杂交种、顶交种、双交种、三交种以及单交种的发展历程；油菜遗传育种促成了我国油菜生产三次大规模的品种替换，即高产的甘蓝型油菜品种替换低产的白菜型、芥菜型油菜品种，双低（低芥酸、低硫甙）品种替换双高品种，杂交品种替换常规品种；在棉花育种领域里，20 世纪 50 ~ 70 年代自育的丰产品种取代了当时大面积种植的引进品种，八九十年代育成的抗病、高产品种取代了生产上长期种植的感病品种，90 年代育成的转基因抗虫棉、抗病品种和杂交种扩大种植。

多年来，利用作物遗传育种研究的理论成果为指导，综合采用多种途径和技术，作物遗传改良取得了显著成就，使作物在高产、矮秆、熟期、抗性、品质等许多性状方面得到改进，从而使育成品种的水平明显提高。在矮秆高产方面，主要农作物矮秆育种取得重大突破，由于矮秆作物抗倒、叶片上举、透光性好，可增加种植密度，从而导致单位面积的产量大幅提高。例如国际水稻玉米改良中心利用日本的矮秆小麦农林10号的矮秆基因，育成矮秆、抗病、高产的墨西哥小麦，使小麦单位面积产量成倍增加；国际水稻研究所利用我国的“低角乌尖”水稻的矮秆基因，育成矮秆高产大面积推广的品种IR8等，在当今世界范围内实现了小麦、水稻种植的重大变革，被誉为“绿色革命”。在抗性方面，近年来育成的新品种已从单一抗性向兼抗和多抗发展，并由过去的“垂直抗性”向“水平抗性”发展。例如国际水稻研究所选育出对水稻病虫害具有复合抗性的品种IR26、IR36和IR50等；加拿大育成抗锈病、散黑穗和根腐病的小麦品种Maniton；印度育成耐盐棉花品种，可在含盐量1%～1.25%条件下种植；欧洲各国用抗虫品种防治了20多种作物的30多种害虫；国际玉米小麦改良中心与巴西合作育成耐铝害小麦品种。我国育成了抗病高产小麦品种，棉花抗枯、黄萎病的抗性已提高到多抗或兼抗水平，多种蔬菜抗病性也由单抗提高到多抗或兼抗，水稻抗稻螟虫、抗稻飞虱品种和大豆抗花叶病毒、灰斑病、食心虫品种等也育成推广，使主要农作物的毁灭型病虫害基本得到控制，保证了作物的高产、稳产。在作物品质改良方面，谷类和油料作物从主要重视高产发展到兼顾品质的提高，从商业品质发展到营养、加工、食味品质等。改进了油料作物的脂肪酸成分，提高维生素含量，提高豆类作物蛋白质含量，提高甜菜含糖量和加工性能，培育棉花无棉毒等品种，选育低芥酸和无芥酸的油菜品种。作物的早熟性是国内外作物遗传改进的主要目标之一，挖掘和利用对光温综合反应敏感性特异的种质进行遗传改进，从而可提高品种对生态条件、耕作制度的适应性及产量的稳定性。例如，我国育成的生育期仅85天的大豆品种，使我国大豆种植区域向北推移100多公里，加拿大由于育成早熟品种使玉米种植向北扩展了150公里，欧洲的玉米种植面积因使用早熟杂交种而扩大了7倍，单产增加3倍多。此外，为了适应农业机械化操作，对作物的许多性状进行了遗传改进。例如，棉花品种株型紧凑，植株整齐，吐絮集中；稻麦及豆类作物品种高抗倒伏，不易脱粒等。

我国遗传育种理论和技术不断进步，创新成果不断涌现与应用，形成了较完善的科技创新体系和产业发展体系。我国水稻杂交优势利用一直处于国际领先地位，并不断取得新的突破。水稻、玉米等高效规模化遗传转化技术，作物抗病优质多抗基因的分子标记聚合选择技术、细胞工程技术、航天育种技术等取得显著突破，并应于新品种培育，促进了我国农业科技水平的不断提升。超级稻品种年种植面积突破1亿亩，大幅度提高了水稻的生产能力。美国跨国公司选育的先玉335玉米品种年种植面积位居前列，我国采用二环系的方法及循环改良的策略培育了大量自交系，先后育成了中单2号、掖单13、农大108、郑单958等具有划时代意义的优良杂交种。利用细胞工程技术培育出抗病优质小麦、水稻等作物新品种200余个，累计种植面积超过2亿亩，育成转基因抗虫棉品种400多个，累计推广面积5亿多亩。一系列重大新品种的推广应用为我国粮食生产实现“九连增”做出了重要贡献。

二、现状与进展

（一）学科发展现状及动态

近五年来，我国在作物高产和品质育种、亲本创新及生物技术应用等方面取得显著进展，产量潜力进一步提高。虽然常规育种在品种选育中仍然占主导地位，但基于基因组学的基因资源发掘、抗病及品质分子育种研究与应用进展迅速，为作物生产持续发展提供了强有力的技术支撑。

1. 遗传育种理论和方法创新

随着分子生物学技术的迅猛发展，常规技术与生物技术正在越来越紧密地结合，现代分子生物学将为农作物育种提供更有效的方法与技术。特别是分子标记辅助选择、植物基因工程、分子设计育种等高新技术的应用，将在提高选择准确性、加速育种进程并最终提高育种效率等方面发挥越来越重要的作用。目前，我国在抗病、抗虫等主基因控制的性状改良上，分子标记辅助选择的育种技术和方法已基本成熟，但对于产量、适应性等 QTLs 控制的复杂性状及其对应的分子育种的理论和方法，还有待进一步完善和创新。

小麦分子标记辅助育种技术和加倍单倍体技术日臻完善。小麦品质评价体系建立和分子技术研究取得较大进展，基于矮败小麦的轮回选择育种技术体系正在育种中应用，高效花药培养和小麦 × 玉米加倍单倍体技术、理化诱变、空间育种及地面模拟空间环境诱变技术等不断优化。定位了一批抗赤霉病、抗白粉病、抗条锈病、品质性状和产量等重要性状基因 / 主效 QTL，发掘出 30 多个与 Pm4a、Pm16、Pm21、Pm30、Yr26、抗黄矮病、高低分子量麦谷蛋白亚基、多酚氧化酶活性、黄色素含量、抗穗发芽等品质和抗病性相关的功能标记并用于育种实践；抗旱转基因小麦育种取得实质突破，研制出可以模拟复杂遗传模型和育种过程的软件 QuLine，小麦测序和突变体库研究也取得显著进展，为分子设计育种奠定了基础。

近年来玉米育种技术取得很大的发展，特别是分子标记、转基因、双单倍体等技术的快速广泛应用为玉米育种提供了新的技术手段。分子标记技术不仅应用于划分玉米自交系所属的杂种优势群和杂交种纯度检测，而且利用功能标记可以实现目标性状的高效选择，目前我国已全面开展此类研究和工作。转基因技术可以打破物种界限，缩短新品种育成年限，我国已构建了玉米规模化转基因技术体系，转基因育种理论和方法取得了明显突破。双单倍体育种是快速获得稳定的分离后代的一种育种方法，在当今的育种工作中发挥着越来越大的作用。

水稻矮化育种的理论基础是在增加群体密度的同时提高收获指数，20 世纪七八十年代杂交水稻育种的理论基础是在提高收获指数的前提下利用品种间杂种优势。我国水稻平均单产经过矮化育种和杂交水稻育种两次显著提升后，十多年停滞不前，长期徘徊在400 ~ 500kg/ 亩。于是，我国在1996年启动了超级稻研究计划，通过探索、创新、总结和再集成，已形成了以“理想株型塑造与籼粳亚种间杂种优势利用相结合”的超级稻育种的理论和方法。在此核心理论基础上，建立了适于不同稻作生态区的超级稻育种理论，并设计出与之相适应的株型模式，例如，叶下禾株型、重穗型、丛生快长超高产株型、理想株型 / 直立穗等模式。亚洲栽培稻分为籼稻和粳稻两个亚种，籼粳亚种间的杂种优势要远大于籼粳亚种内的优势，但由于自然界普遍存在的亚种之间生殖隔离法则，籼粳稻亚种间杂种育性下降，结实率很低。受此制约，长期以来，杂交水稻的育种工作基本限制在亚种内进行，亚种之间更加强大的杂种优势难以得到利用，后来，有科学家发现存在着能突破生殖隔离的水稻资源，被称为广亲和品种，并在此基础上成功克隆了S5位点的5号基因，同时发现2个与之紧密连锁的3号和4号基因，与5号基因协同作用控制杂种不育及广亲和现象，该研究揭示了水稻籼粳杂种育性调控的分子机制，为籼粳杂种不育、物种生殖隔离分子机理、生物进化的研究提供了借鉴和参考，这些发现将有助于对水稻进行遗传改良。

国内外针对大豆数量性状QTL及质量性状基因定位的研究主要集中在大豆对生物 / 非生物胁迫抗（耐）性、产量，营养 / 抗营养因子及发育性状等方面，在多向基因的精细定位方向发展实现了从QTL到QTG的跨越，这一点在大豆抗病虫位点挖掘研究上表现得尤为突出。大豆转基因育种技术发展迅速，国外大豆育种主要以转基因技术为中心，美国孟山都公司主要开展耐除草剂转基因大豆研究，已释放第二代转基因高产大豆品种（RR2 Yield），先锋公司推出对草甘膦有更高抗性的Optimum™GAT™转基因大豆，拜耳公司推出Liberty-link抗除草剂转基因大豆品种，巴西首次批准了抗虫和耐除草剂复合性状大豆。我国已初步建立了大豆遗传转化体系，获得了一批拥有自主知识产权、具有重要应用价值的新基因，创制了大批转基因大豆新材料和新品系。

我国油菜遗传育种技术和理论的突出进展是种子含油量、黄籽、隐性核雄性不育及化学杀雄等研究与应用。遗传分析研究发现含油量遗传符合加性—显性—上位性模型，杂种 F_1 的含油量主要受母体基因型控制，但同时存在一定程度的花粉直感作用。分离并验证了一些与种子含油量相关基因如BnGRF2、BnWRINKLED1、BnRBCS1A等，定位、筛选了大量与含油量相关的QTLs和分子标记，鉴定出了与含油量相关的miRNAs。与此同时，我国油菜含油量育种亦取得重大进展，筛选、培育出了大批含油量超过54%的新材料，最高达61.7%，一些新品种含油量超过45%，其中中双11号和秦油杂4号含油量分别达到49.04%和50.01%，近3年新审定品种平均含油量较前5年提高1% ~ 2%。其他品质及相关性状上，克隆了油菜全基因组FAD2、FAD3基因，开发了油酸、亚麻酸位点特异性分子标记，获得了硫甙、芥酸、蛋白质含量等QTL位点；发现黄籽性状存在多种遗传模式，不同类型油菜存在较大差别，精细定位并获得了主效QTL位点，分析了黄籽基因的表达差异。利用不同类型分子标记构建油菜连锁图谱，获得了大量与产量、农艺、营养、生理、发育和抗逆等相关的QTLs或分子标记，其中角粒数和角果长度的主效QTL

贡献率超过25%，开发出了位点特异性标记。

棉花研究在产量和品质的分子标记挖掘、优质高产基因的遗传转化方面取得明显进展。为提高棉花纤维品质，以生产上大面积推广的早熟陆地棉品种为受体亲本和海岛棉供体亲本构建了染色体片段代换系群体，实现了海岛棉优良特性基因向陆地棉的渐渗，目前已获得具有稳定纤维品质优良的染色体片段代换系；构建了含有2280个SSR标记位点、分布于26条染色体、总图距5088.28cM的陆海群体高密度分子连锁图谱，并利用该图谱对海岛棉染色体代换片段进行分子鉴定及QTL定位，为棉花分子聚合育种奠定了基础；利用海岛棉优质渐渗系与转基因抗虫棉优质系杂交，经分子标记筛选聚合育成优质转基因杂交棉中棉所70。在转基因抗虫棉的基础上，形成了转基因新技术体系，构建了规模化转基因平台，将大铃、优质的iaaM基因转化到棉花中，创制了继抗虫棉之后的我国第二代转基因优质棉。

2. 种质材料的创新

我国在超级稻研发方面处于世界领先地位，取决于有较好的种质创新基础。在籼粳杂交的水稻种质创新方面，沈阳农业大学利用籼粳稻亚远缘杂交创造新株型和强优势材料的新种质，这种兼顾理想株型与优势利用的理念，不仅适用于常规稻育种，也适用于杂交稻育种，在此理论指导下创制的一大批新株型或中间型材料“亦籼亦粳”，遗传基础十分复杂，它们与籼稻或粳稻杂交多表现出良好的亲和性和明显的优势。同时，我国开展了野栽杂交的水稻种质创新，栽培稻的祖先即野生稻长期生长在各种逆境中，积累并保存着丰富的有利基因，如抗病虫、耐逆境及“野败”雄性不育基因等。由于栽培稻品种在人工驯化或选育过程中丢失了许多有利基因，现代品种遗传背景日益狭窄，加之水稻生产水平不断提高和栽培环境的改变，需要从野生稻中挖掘有利基因用于现代栽培稻的种质创新。我国在此领域开展了卓有成效的工作，例如从普通野生稻挖掘了抗白叶枯病基因Xa23、Xa30及抗褐飞虱基因基因bph18（t）、bph19（t）和bph24（t）等；从药用野生稻挖掘了抗白叶枯病基因Xa29及抗褐飞虱基因Qbp1（Bph14）和Qbp2（Bph15）等；从澳洲野生稻挖掘了抗白叶枯病基因Xa32和Xa36等。其中Xa23、Bph14和Bph15等优异基因正在被广泛应用于水稻新品种选育。

种质资源与育种亲本是培育优良品种的基础，在小麦种质创新方面，创制并有效利用了一批骨干亲本材料周8425B、鲁麦14 、普通小麦——簇毛麦6VS/6AL易位系和普冰系等。矮秆高产抗病亲本周8425B配合力好，含有新的抗条锈病基因YrZH84和抗叶锈病基因LrZH84，抗白粉病，用做亲本育成矮抗58和周麦16等22个河南省主栽品种；高产广适品种鲁麦14既是好品种，又是好亲本，用做亲本育成济麦22和良星99等40多个主栽品种，在全国小麦育种中发挥了重要作用，成为新的骨干亲本；具远缘血统的抗病亲本普通小麦——簇毛麦6VS/6AL易位系高抗白粉病和条锈病，农艺性状较好，用做亲本育成石麦14和扬麦18等15个品种；用人工合成小麦育成的川麦42和川麦47等高产抗病品种，已在西南地区大面积推广；多花多粒新种质普冰3504、普冰3228等开始在品种培育中发挥作用。

我国玉米育种种质主要有六类，即旅大红骨种质、塘四平头种质、兰卡斯特种质、瑞得黄马牙种质、P群种质和热带亚热带种质。与美国等玉米生产发达国家相比，我国玉米育种的种质基础相对狭窄。因此，我国进一步加强了国内外玉米种质资源收集引进，强化了种质资源的精准鉴定工作，包括对重要农艺性状特别是抗病性和抗逆性的鉴定评价及对核心种质资源进行了深入的分子评价，从中挖掘新基因和有益等位基因，并充分利用基因组学的研究成果，应用分子标记辅助创新和分子设计等新理论和新技术，创制出适合未来育种目标的新材料。

在油菜种质创新方面，完成了白菜型、甘蓝型油菜等全基因组测序分析，分析了芸薹属部分物种间核、质基因（组）进化关系，基于基因组及转录组等测序技术开发了大量SNP、SSR标记；系统开展了诸葛菜与芸薹属栽培种以及芸薹属栽培种之间的远缘杂交研究，发现了亲本种染色体组分开的新遗传现象及其相应的遗传控制，创造了芸薹属—诸葛菜的附加和代换材料、芸薹属亚倍体等新材料；通过EMS诱变等多种手段获得了一大批优异新种质，包括矮秆、高油酸、高油分、长主花序等。

在棉花种质创新方面，由中国农业科学院棉花研究所建成的“棉花规模化转基因技术体系平台”，实现了基因遗传转化的流水线操作，做到了棉花转基因规模化和工厂化。在转基因生物新品种培育重大专项的支持下，中国农业科学院棉花研究所、北京大学、复旦大学、西南大学等科研单位和高校联合攻关，在转基因优质纤维品种培育及材料创制方面获得重大突破，将拥有自主知识产权的来源于油菜FCA基因中编码RRM2结构域的cDNA片段构建了转基因载体，获得一批产量性状有明显改良的T4代转基因棉花植株，其棉铃增大非常明显，平均单铃重较受体品种中棉所12最高增加49.9%。同时，转基因植株能显著增加棉纤维的长度和提高棉纤维强度。目前这个转基因材料已经通过农业部环境释放，为选育新型转基因高产棉花新品种提供了重要亲本材料。“csRRM2基因及其在棉花性状改良上的应用”已经申请国际专利，专利申请号为PCT/CN2010/078434。另外，2012年9月，由中国农业科学院棉花研究所主持，深圳华大基因研究院、北京大学等单位共同完成的二倍体棉花——雷蒙德氏棉的全基因组测序完成，为棉花新种质创新奠定了基础；南京农业大学建立了优质棉种质创新与分子育种技术，该技术通过简化野生棉渐渗的高品质棉种质创新技术，创造了具有自主知识产权的高品质棉种质材料100多份，向国内20个单位发放274份次种质用于纤维的遗传育种研究；河北农业大学系统开展了棉花种质资源搜集、鉴评、筛选和创新，通过搜集国内外种质资源，结合自主创新，积累了2200份基础种质。

3. 新品种选育

面向小麦主产区育成和推广了一批高产、优质、多抗、广适的新品种，实现了又一次品种更新换代，代表性品种有石4185、邯6172、衡观35、石麦15、石家庄8号、济南17、济麦19、济麦20、济麦22、烟农19、郑麦9023、郑麦366、豫麦34、新麦18、周麦18、矮抗58、皖麦52、小偃22、西农979、晋麦47、扬麦11、扬麦12、扬麦13、川麦 107、新冬 20 和龙麦 26 等。这些大面积推广的品种在产量潜力和加工品质方面显著提高，对多种病害表现较好的抗性，抗逆性强，适应性广，特别是一批强筋小麦品种的大面积推广使我国商品粮的整体加工品质明显改善。

玉米育种方面，我国相继选育出农大 108、郑单 958 等一批高产优质玉米品种，对促进我国玉米生产整体水平提高发挥了重要作用。特别是郑单 958 的育成，将我国玉米育种水平提升到一个新的高度，继一批高产优质玉米品种 108、郑单 958 等在生产中大面积推广之后，近年来新品种先玉 335 和浚单 20 的年种植面积也超过 3000 万亩，在东北与黄淮海玉米主产区发挥了重要的作用。然而，尽管我国育成玉米品种数量较多，但种质基础相对狭窄，少数骨干自交系利用频率过高，稳产、多抗、广适的优良品种还不能满足生产的可持续发展，审定的多数品种在机械化生产、高产抗逆等方面不能适应和满足当前玉米的生产发展需求。随着我国土地流转、农民进城务工和农业生产条件的不断改善，玉米新品种选育不仅要求在高产、抗病和品质方面有所突破，而且要有适于规模化种植、机械化收获的玉米新品种。此外，抗虫玉米转基因新品种培育取得重大进展，抗逆及品质改良的转基因玉米材料创新和新品种培育进展明显，转基因玉米产业化将成为新的趋势。

棉花育种方面，利用中国农科院生物技术研究所自主研发的抗虫基因，结合我国各棉区的产业需求，育成适合于黄河流域棉区的春棉品种中棉所 60、鲁棉研 21、鲁棉研 28、农大棉 9 号、豫杂 35、鲁棉研 36 等，中棉所 60 于 2011 年在黄河流域亩产子棉 504kg，首次突破千斤子棉；利用生化辅助育种和常规育种相结合，育成第一个国审早熟转基因抗虫棉品种中棉所 74，适宜麦棉两熟麦后机械化直播种植；育成适合于西北内陆棉区的常规棉品种主要有中棉所 35、中棉所 36、中棉所 49 和新陆中 42 号等，中棉所 49 是继中棉所 35 之后又一适合于南疆的棉花品种，新陆中 42 号在新疆创高产纪录；育成长江流域广适、高产品种中棉所 63、湘杂棉 8 号等，中棉所 63 大面积籽棉单产 800 斤，比当地推广品种增产 20%，2010 年中棉所 63 在湖南创下亩产 1064 斤籽棉纪录，丰产特性突出。国产转基因抗虫棉的推广应用，迅速提高了我国抗虫棉的市场份额，实现了国产转基因抗虫棉占有面积从 1999 年的 5% 提高到 2012 年的 98%，使美国抗虫棉几乎退出了我国市场。

我国在大豆高含油量、高产和抗病、耐逆品种培育方面取得了新进展。2009—2012 年全国共审定大豆新品种 420 个，包括国审品种 76 个、省市审定 344 个，每年平均审定新品种 100 个左右。据全国农业技术推广服务中心统计，2011 年推广面积超过 100 万亩的大豆品种有 15 个，包括中黄 13、合丰 50、绥农 26、垦丰 16、合丰 55、疆莫豆 1 号、黑河 43、黑河 38 等，这些品种大部分集中在东北地区，黄淮海地区有中黄 13 和徐豆 9 号 2 个品种，东北大豆主产区主推品种含油率接近美国、巴西等国家水平。大豆育种的重大突破是选育出广适高产优质大豆品种中黄 13，该品种通过 9 个省市审定，适合在全国 14 个省份推广种植，跨三个生态区 13 个纬度，建立了中黄 13 育繁推一体化推广体系，截至 2012 年累计推广面积 7000 多万亩，社会经济效益 70 多亿元。该品种连续 6 年在全国年种植面积排名第一，是自 1995 年来唯一年推广面积超千万亩的大豆品种，是迄今为止跨纬度最大、适应种植范围最广的大豆品种。我国特异优质育种取得进展，五星一号、中黄

31 等品种具有脂氧酶缺失、胰蛋白抑制剂缺失等特点。抗线 6 号、皖豆 16 号、合丰 29、合丰 34 等抗病新品种的育成，使主产区新推广品种对胞囊线虫病、灰斑病、花叶病毒病等抗性进一步提高。中黄 35 等品种具有亩产超过 400 公斤的潜力，使我国大豆品种产量潜力与世界先进水平的差距进一步缩小。另外，在特用品质育种方面也取得一定进展，如培育出低豆腥味品种中黄 46、五星 2 号、荆豆 1 号、绥无腥 2 号等；高异黄酮品种垦农 21、吉育 94、东农 53 等。

4. 杂种优势利用研究

当前小麦杂种优势利用研究主要基于化学杂交剂（CHA）和两系法。SQ-1 化学杂交剂制种技术得到进一步优化，西杂 1 号等 CHA 杂交小麦进入较大面积制种和小面积示范种植阶段；小麦光温敏不育—育性恢复技术体系研究与应用取得重要进展，育成一批以 C49S、K78S、BS、BNS、337S 为代表的两用不育系，培育出绵杂麦 168、云杂 6 号、京麦 7 号等两系杂交小麦并进入较大面积试种。

我国玉米杂优模式的创建和优势群的划分不断向明晰、简化和创新方向发展。我国在 70 年代以后开始广泛推广利用单交种，伴随分子技术的应用和新种质的研发与引进，针对骨干自交系的系谱、表型、重要性状基因和等位基因功能、互作效应等开展了系统研究，现已对黄早四、掖 478、Mo17、丹 340 等骨干亲本及其衍生自交系进行了表型特征和基因型特征的研究，并对其控制杂种优势相关性状的基因组区段及其表达进行了探讨，创立骨干自交系配合力的早期预测模型和人工创造或改良骨干亲本途径的新理论和新方法正在形成。

我国水稻杂种优势利用与新品种选育成就主要集中在超级稻的研究方面。全国已育成一大批符合超级稻产量标准的新组合（品种），包括两优培九、准两优 527、两优 1128、Y 两优 2 号等籼型二系超级杂交稻；协优 9308、II 优明 86、II 优航 1 号、II 优 162、D 优 527、II 优 7 号、II 优 602、III 优 98、中浙优 1 号、天优华占等籼型三系超级杂交稻；甬优 12 号等籼粳杂交超级稻；沈农 265、沈农 606、吉粳 88、辽星 1 号、淮稻 9 号等粳型超级常规稻以及胜泰 1 号、桂农占、黄华占等籼型超级常规稻。截至 2012 年，农业部认定的超级稻品种已达到 96 个，培育了一批旗舰型水稻品种，其中单个品种推广面积达到 1000 万亩以上的有两优培九、II 优 725、黄华占、II 优 718、K 优 818、嘉育 948、武香粳 14、武粳 15、II 优 162、II 优多系 1 号、宜香 1577、特优 216、嘉花 1 号、金优 928 共 14 个品种。

我国大豆在实现三系配套、育成世界第一个杂交品种基础上，近年在杂交大豆制种技术实用化方面进展明显。目前，已经选育 6 个杂交大豆品种，如杂交豆 1 号、杂交豆 2 号、杂交豆 3 号、杂交豆 4 号、杂交豆 5 号和杂优豆 1 号。同时，在杂交大豆制种技术研究特别是虫媒传粉技术方面，初步明确蓟马、切叶蜂、蜜蜂等昆虫的传粉效率，通过遗传改良，已经获得一批高异交结实的不育系。吉林省农科院利用高异交率不育系，在适宜地区采取不放蜂的自然条件，获得了 922 公斤 / 公顷的制种产量。国际上，美国 Dairyland 种子公司利用从吉林省农业科学院交换得到的细胞质雄性不育材料进行了杂种优势利用研究，发现部分组合高亲优势率达12%，有的不育系异交结实率达100%，表明杂交大豆具有潜在的应用前景。

在我国甘蓝型油菜杂种优势利用中，隐性核不育材料有2套，即S45AB和9012AB。S45AB的育性受两对重叠隐性基因Bnms1和Bnms2控制，图位克隆分离了其恢复基因BnMs1和BnMs2，隐性核不育材料9012AB（7365AB）育性涉及2对基因——Bnms3ms3/Bnms4ms4和1对上位抑制基因Bnrfrf，其中BnMs3基因经热击处理可以恢复7365A的花粉育性，克服了不育系繁殖中存在50%可育株问题，从而改写了9012AB（7365AB）杂种优势利用模式。开发出WA、SX-1等多个油菜化学杀雄剂，完善并规范了油菜化学杀雄杂种优势利用方法，提出了“高油种质+化杀”、“温敏型胞质不育+化杀”等利用模式；探讨了利用欧洲春油菜改良我国半冬性油菜、利用半冬性油菜改良春油菜以提高杂种优势强度潜力；分离了新型细胞质雄性不育型*Nsa CMS*、*hau CMS*的恢复基因与不育基因，精细定位并克隆了*pol CMS*恢复基因；开发了大量细胞质及显、隐性细胞核不育与恢复及自交不亲和基因的特异性分子标记，利用MAS技术成功选育出抗（耐）菌核病的不育系、自交不亲和系、恢复系并培育出强优势杂交种。近5年来，我国选育的新品种85%以上为杂交种，代表性品种有华油杂62、青杂7号等，前者通过三个区域的国家审定，具有广适性和丰产稳产性，后者使我国甘蓝型油菜种植扩大到海拔近3000m地区。2008年以来，“高油双低杂交油菜秦优7号选育和推广”、“高产优质抗逆杂交油菜品种‘华油杂5号、6号和8号’的选育推广”、“油菜化学杀雄强优势杂种选育和推广”和“高产、高含油量、广适应性油菜中油杂11的选育与应用”4项杂交种的选育与应用获国家科技进步奖二等奖。

棉花杂种优势利用杂交制种杂交种外，利用现有的转抗虫Bt基因材料和细胞质雄性不育系育成三系材料，育成的3个转基因三系杂交棉为中棉所83、银棉8号和邯杂301。目前审定的转基因三系杂交棉花品种产量水平达目前生产上大面积推广种植的人工制种杂交种，打破了几十年来三系杂交种性状差、产量低、无法在生产上种植应用的局面。中国农业科学院棉花研究所已经获得了具有综合优良性状且恢复能力达100%的优良恢复系“H80”和“H46”系列，并且利用这些恢复系，已经与转基因大桃不育系亲本配制了杂交组合“中棉H56”，在试验中产量比对照增产16.4%。另外，以转基因抗虫完全核不育系作母本，采用“核不育二级法”进行制种，克服了核不育系制种母本需要拔除50%可育株的问题，使制种简化、生产成本降低。利用这一技术选育成了川杂棉系列品种。

在小杂粮杂种优势利用方面，随着谷子杂优利用的突破和杂交谷子系列新品种的育成，杂交谷子的种植面积不断增加。张杂谷5号创造了谷子亩产811.9kg的国内外最高产量纪录。为实现谷子简化栽培，河北省农林科学院谷子研究所提出了简化栽培谷子品种选育及其配套栽培方法，应用该项专利技术，先后育成了简化栽培谷子品种冀谷25、冀谷29和冀谷31，这些品种不仅能够化学间苗、化学除草，省工省时，并具有优质、高产、适合机械化收获、鸟害轻等特点。在芝麻杂种优势利用方面，中国走在了世界前列，河南省农业科学院育成世界上第一个二系芝麻杂交种豫芝9号和强优势杂交种郑杂芝H03，近年安徽省农业科学院培育出皖杂芝 1、2 号，中国农业科学院油料所育成中芝杂 1 号。

（二）学科重大进展及标志性成果

小麦遗传育种学科重大进展主要体现在品种品质评价体系和矮败小麦方面。中国小麦品种品质评价体系建立与分子改良技术研究，从分子标记—生化标记—籽粒和面粉性状—食品加工品质四个层次首次创立了符合国际标准的中国小麦品种品质评价体系，建立了中国面条的标准化实验室制作与评价方法，提出并验证了面条小麦的选种指标和分子标记选择体系。发现小麦新基因和新标记 26 个，发掘并验证可用于育种的分子标记 13 个；育成优质小麦品种中优 9507、中作 8131–1 和临汾 5064，已成为全国优质麦育种的骨干亲本，以此作亲本育成的优质品种 23 个，累计推广 1.8 亿亩，2008 年获得国家科技进步奖一等奖。矮败小麦及其高效育种方法的创建与应用，在国际上首创了将显性核不育基因 Ms2 与显性矮秆基因 Rht10 紧密连锁于 4D 染色体短臂的重组体，即矮败小麦特异种质资源。创建了基于矮败小麦的轮回选择技术，构建完成了矮败小麦高效育种平台和全国矮败小麦育种协作网。利用矮败小麦高效育种方法，育成国家或省级审定新品种 42 个，累计推广 1.85 亿亩，累计增产小麦 56 亿公斤，增收 82 亿元，应用前景广阔，2010 年获得国家科技进步奖一等奖。

大豆遗传育种学科取得的重大进展主要集中在广适应和超高产大豆新品种的培育和推广应用方面。中国农业科学院作物科学研究所的“广适高产优质大豆新品种中黄 13 的选育与应用”研究成果获国家科技进步奖一等奖，提出了不同纬度与遗传远缘的亲本杂交培育广适大豆的育种新方法，创建了广适高产大豆育种技术体系，创制了广适新种质；培育出广适高产优质大豆新品种中黄 13，实现了大豆育种新突破。该品种适宜种植区域为 29° N ~ 42° N，跨三个生态区 13 个纬度，是迄今国内纬度跨度最大、适应范围最广的大豆品种。在黄淮海地区创亩产 312.4kg 的大豆高产纪录，蛋白质含量高达 45.8%，籽粒大，商品品质好。

我国超级稻育种取得成功，形成了以“理想株型塑造与籼粳亚种间杂种优势利用相结合”的超级稻育种理论和方法。光（温）敏核不育基因、广亲和基因的发现和利用是我国超级稻育种取得成功的重要因素，我国科学家发现的水稻光（温）敏核不育基因可使杂交水稻免除保持系，使杂交水稻由“三系法”发展为“二系法”，不仅简化繁种制种程序、降低杂交种子生产成本，而且两系杂交稻的配组较自由，选配到优良组合的几率提高。而关于广亲和基因的研究和利用，消除了籼粳亚种间杂交种不育性问题，使我国利用亚种间杂种优势得以异军突起。培育了一批旗舰型品种两优培九、II 优 725、黄华占、II 优 718、K 优 818、嘉育 948、武香粳 14 等。

在棉花抗病品种选育方面，创新了黄萎病抗性鉴定和选择技术，创立了“六棱塑料钵定量注菌液”抗病性苗期鉴定技术，育成农大棉 6、冀棉 26 号、农大 94–7、邯 284、邯 109 共 5 个棉花新品种，实现了抗病、丰产、优质同步改良和突破，在黄河流域棉区大面积示范、推广，累计种植5867.13万亩。河南农业科学院采用复式杂交、回交选育，枯、黄萎多菌系混生重病圃连续定向选择等技术，选育出高抗枯萎、抗黄萎的新种质豫棉21号；采用分子标记辅助选择优选杂交亲本、混合重病圃鉴定等技术，育成了集高产、抗病、优质于一体的杂交棉新品种豫杂35和豫杂37，在河南、山东、河北、江苏及安徽北部等省大面积推广种植，累计推广1204万亩。在国家转基因专项和国家高新技术“863”计划支持下，在杂交棉品种选育方面，育成创“千斤棉”的丰产品种中棉所63，目前为黄河流域和长江流域棉区的主栽培品种，在棉花生产中发挥着重要作用。在国家重大基础理论研究“973”项目支持下，优质渐渗系与转基因抗虫的聚合育种方面成效显著，利用海岛棉优质渐渗系与转基因抗虫棉优质系杂交经分子标记筛选聚合育成优质转基因杂交棉中棉所70，适纺60支、80支等中高支纱。

（三）本学科与国外同类学科比较

近年来，国际上小麦遗传育种学科发展的突出特点是越来越注重生物技术的研究与应用。分子标记辅助选择和小麦 × 玉米诱导单倍体技术已成为国外私立公司和发达国家小麦育种的重要组成部分，转基因育种成为国际跨国种子集团的研究热点；同时正在研究全基因组选择（GS）技术和基于测序的基因型分型（GBS）育种技术，以大幅度提高遗传力偏低的性状的选择效率。我国小麦育种在产量改良方面取得了举世瞩目的成绩，抗旱转基因小麦、细胞工程和诱变育种、轮回选择育种等均居国际领先水平，但总体上分子育种新技术应用慢，可用的分子标记数量少，有关产量和抗病性的功能标记更少，分子标记发掘与主流育种项目结合不够紧密，缺乏为育种服务的分子技术平台。

玉米生产发达国家的跨国种业集团已经形成了以企业自身为主体的玉米育种创新体系，创建了种质资源鉴定与评价、基因挖掘与利用、育种材料创制与测试等程序化、规模化平台。我国以往育种研发多集中在国有科研院所，国内种子企业研发方面相对落后，种质资源创新不足，缺乏高效、规模化应用的种质改良技术，整体种质创新能力不足，已成为制约国内玉米育种发展的重要因素。

水稻是我国最重要的粮食作物。水稻种植面积约占粮食作物总面积的27%，而水稻总产约占粮食总产的37%；作为第一大口粮作物，全国约65%的人口以稻米为主食，水稻产量和价格的任何波动，都会牵动上至国家总理下至普通百姓的神经。正是这种特殊重要的地位，我国各级政府都非常重视水稻生产及其科技发展，在科研项目上保持长期投入，使我国的水稻育种成就卓著。依靠矮化育种技术、杂交稻育种技术以及当今的超级稻育种技术，我国水稻遗传育种单产实现3次重大飞跃，遗传育种技术处于世界领先地位。

与国外相比，我国的大豆育种方法基本上采用传统的选育方法，现代的分子辅助选择技术、机械化大规模选育技术等在育种研究中的实际应用较少。但近年来，由于国家科研支持力度增加和分子育种方法的应用，国内大豆新品种的审定和推广速度相比十年前明显加快，但适合大面积推广的大豆品种数量却明显减少。美国孟山都公司已经建立起包含转基因育种、分子设计、分子标记辅助选择等现代育种技术与传统育种技术相结合的大豆分子育种技术体系，可大大提高育种效率。2010 年，美国科学家利用全基因组鸟枪测序方法完成了大豆全基因组测序，利用该参考基因组开发了基于 SNP 和 InDel 的分子标记。我国在分子标记实用化和辅助育种方面与国外差距较大。美国孟山都公司除了继续推广第一代除草剂大豆品种外，第二代转基因大豆 CenuityTM Roundup Ready 2 Yield 也已实现商业化，新一代转基因品种实现了品种多样化，我国在转基因大豆品种商业化方面与国外存在明显差距，一是转化效率低，二是具有实用价值的基因少。

我国在油菜应用及应用基础研究领域具有一定优势，尤其在杂种优势利用方面，我国仍居世界领先地位，但在油菜油脂合成与代谢、脂肪酸组分遗传改良、自交不亲和形成机制、油菜及其近缘植物比较基因组与进化等基础研究以及在现代生物技术育种实践方面，如转基因、基于高通量大规模测序的全基因组 MAS 及分子设计育种等方面与加拿大等先进国家相比还存在较大差距。

我国棉花单产为五大产棉国之首，但纤维品质中等，特别是纤维强度偏低，较美棉低 1-2cN/tex，与纤维长度、细度等协调性较差；同时棉花品质类型单一，多数是中绒类型，缺乏专用的中长绒类型。目前已经克隆若干纤维品质改良基因，但与生产应用还有较大差距。要全面提高棉花品种纤维品质，就需要基因工程、基因渐渗种质改良等多方面突破以及生物技术与常规育种技术的密切结合。

三、展望与对策

（一）未来几年发展的战略需求、重点领域及优先发展方向

随着经济全球化，畜牧业、生物燃料的不断发展以及人们生活水平的提高，作物现有的生产能力远远不能满足人类发展的需求。据预测，2030 年我国人口将达到 16 亿，粮食需求量为 6.4 亿吨，因此，高产、优质、多抗品种依然是我国作物遗传育种的重点，同时应注意适应资源高效利用及机械化种植的新品种的培育，以提高农业生产效率，增加农民收入，增强产业国际竞争力。同时，应加强农机与农艺的结合，推进农业机械化，提高作物生产水平，改善传统的作物耕作栽培技术和作业程序，以保证增产增收。

1. 保持和提升我国农作物遗传育种的相对优势

目前，我国作物遗传育种的主要优势还是在常规遗传育种领域，且对我国作物产业的贡献也是最大的。近年来，随着生物技术的快速发展，作物分子育种领域也有了突飞猛进的进步，特别是常规育种与分子育种相结合将明显加快育种进程，因此在保持传统育种优势的基础上，加强常规育种与分子育种相结合将是未来优先发展的方向。未来几年作物遗传育种的发展需要加强育种理论、方法、技术和材料的研发与创新，加强传统育种技术与

现代高新技术的结合，充分利用国外先进的研究成果，广泛挖掘作物种质资源中高产、高抗和优质的新基因，创新一批突破性新种质，将其尽快地应用到育种实践中。

2. 高产、优质、多抗品种成为遗传育种的重点

未来我国小麦育种面临既要继续提高单产又要改善品质，还要提高水肥利用率等更严峻的挑战和需求，应进一步加强品种抗病和高产潜力研究，加强具有中国特色用于蒸、煮、炸类食品的优质小麦品种的选育与研究，加强广适性（耐旱、耐高温、耐盐、耐晚播等）新品种的选育与研究，以适应日益明显的气候变化对小麦提出的新要求，加强适应小麦生产机械化的品种选育和推广。

我国玉米现有的生产能力远远不能满足经济发展的需求。因此，应加强育种理论、方法、技术和材料的研发与创新，强化传统育种技术与现代高新技术的结合，广泛挖掘玉米种质资源中有育种利用价值的新基因，创新一批突破性新种质。培育高产、优质、多抗品种仍然是我国玉米遗传育种的重点目标，资源高效利用及适应机械化种植的新品种培育也将成为未来的主要方向。近年来，国家高度重视现代种业建设，着手提升种业原始创新能力，并通过科企合作建立具有中国特色的玉米种质资源研究与创新技术平台，构建玉米品种培育和产业化平台，快速推进育繁推一体化，提升种业创新能力和产业化水平。

为满足我国 2030 年 16 亿人口对稻米的需求，稻谷总产要在 2010 年的基础上再增加 30% 以上。鉴于我国今后增加稻田面积的可能性极小，我国水稻单产必须在 2030 年前再提高 35% 左右，这是一项重大的国家战略需求。同时，面对当今世界各国对水资源、生物资源和能源日益激烈的争夺，面对我国城镇化步伐加快和劳动力成本提高的现实，我国今后必须发展高效率、低消耗、生态环保的稻作体系。因此，在未来几年和更长时期，我国必须保持和提升水稻遗传育种上的相对优势，要加快推进现代分子生物学技术在育种上的应用，要以培育高产、优质、多抗新品种为重点，同时要求育种目标必须适应农业机械化的优先发展方向。

选育高产、优质、抗病（虫）的棉花、油菜、大豆、谷子品种是发展各自产业的重要途径。多年来，我国棉花、油菜、大豆生产缺少突破性品种和高产技术，多数品种抗倒伏、抗病虫和抗非生物逆境综合能力较差，适应范围受到限制。比较效益低、产量不稳是制约我国棉花、油菜、大豆生产发展的主要因素，我国应加强棉花、油菜、大豆等超高产品种选育、配套技术研制及其应用效果的研究，重点是实现品种突破，培育出超高产新品种。

3. 育种目标要适应农业机械化的优先发展方向

近年来，以抗除草剂转基因作物品种为载体的节本增效生产技术体系日趋成熟，使得免耕技术得到广泛推广，秸秆还田和免耕技术在美国、巴西和阿根廷基本普及，可减轻土壤侵蚀程度达 90% 以上。因此今后我国作物育种目标应以培育高产、矮秆、抗倒、耐密、抗除草剂为主的作物新品种，以配合机械化作物生产的需要，实现我国农业节本增效生产技术的全面普及。

（二）未来几年发展的战略思路与对策措施

基础研究方面应立足遗传育种学科前沿，围绕本学科重大科学问题，准确把握遗传育种的发展方向，制定好研发的内容，主要解决作物产业发展中的突出问题，不断吸收和利用国内外已有的先进技术和成果，努力提高农业科技含量，增强我国作物在国内外市场的竞争力。

1. 加强育种理论、方法、技术和材料的研发与创新

推进作物遗传育种学科持续发展，必须不断加强作物育种理论、方法、技术和材料的研发与创新。未来的作物育种将在基因组层面精确操作多基因，包括基因的引入与缺失、激活与下调甚至沉默以及基因之间的协同性表达，而这些都将依赖于传统育种技术与现代分子生物学技术的有机结合。因此，应加快推进规模化的分子标记辅助选择育种技术，包括基因芯片辅助选择的育种技术，加强转基因作物研发和推进产业化进程，加强基于RNAi技术的多基因聚合器的原创性研发，加强基因组定点剪辑技术（TALENs技术）在作物遗传改良上的应用研究，加强野生遗传资源开发利用的种质创新，进一步拓宽作物育种材料的遗传基础。

2. 加强传统育种技术与现代高新育种技术的结合

构筑现代作物育种理论与技术体系，加强分子标记、转基因、分子设计、细胞工程与诱发突变、强优势杂交种创制等技术的研发，推进生物技术、杂种优势利用技术、新材料、航天技术、辐射诱变技术、信息技术与常规育种技术的有机结合，建立高效作物育种技术体系，通过生物技术改造提升传统育种技术，提高作物遗传育种整体水平；创制具有重要利用价值的新种质，培育适宜不同主产区的优质、高产、抗病、广适应的目标性状突出、综合性状优良的具有重大应用前景的新品种。

3. 加强农机与农艺的结合，推进农业机械化

发展集约化、轻型化的配套作物高产优质低耗栽培体系，加强农机与农艺的结合，推进农业生产的机械化。针对从土地到餐桌的产业链条，重点围绕影响作物产量、品质和产业效益的耕作方法、肥料施用、水分管理、栽培调控、植物保护、农机农艺结合等产前、产中技术环节和市场预测、信息服务等产后环节进行研究，强化技术集成、组装、配套，形成适用于不同生态区的现代作物生产技术体系，显著提高作物单产和种植效益。围绕我国作物产业发展急需的设施、装备要求，研究保护性耕作技术装备、秸秆资源化与综合利用技术与设备、智能农业关键技术与装备，增强作物产业技术装备研发能力，提高我国农业生产机械化、信息化水平，全面提升我国农业现代化水平。

参 考 文 献

[1] 李振声. 我国小麦育种的回顾与展望 [J]. 中国农业科技导报，2010，12 (2)：1-4.

[2] 戴景瑞，鄂立柱. 我国玉米育种科技创新问题的几点思考 [J]. 玉米科学，2010，18 (1)：1-5.

[3] 喻树迅，郭香墨，邢朝柱. 我国棉花现代育种技术应用与育种展望 (上) [J]. 中国农业信息，2008 (3)：19-22.

[4] 喻树迅，郭香墨，邢朝柱. 我国棉花现代育种技术应用与育种展望 (下) [J]. 中国农业信息，2008 (4)：16-18.

[5] 何中虎，夏先春，陈新民，等. 中国小麦育种进展与展望 [J]. 作物学报，2011，37 (2)：202-215.

[6] 孙延红. 加强农业科技示范促进农业技术推广 [J]. 农业经济，2012 (6)：31-32.

[7] 李殿荣，田建华，陈文杰，等. 甘蓝型油菜特高含油量育种技术与资源创新 [J]. 西北农业学报，2011，20 (12)：83-87.

[8] 孙中永，程爽，王继变，等. 油菜含油量性状 QTL 关联分析及其有利等位基因在品种中的构成 [J]. 中国农业科学，2012，45 (19)：3921-3931.

[9] 姚艳梅，柳海东，徐亮，等. 以半冬性甘蓝型油菜为亲本增强春性甘蓝型油菜杂种优势 [J]. 作物学报，2013，39 (1)：118-125.

[10] 王连铮. 大豆研究 50 年 [M]. 北京：中国农业科学技术出版社，2010.

[11] 王连铮，罗赓彤，王岚，等. 北疆春大豆中黄 35 公顷产量超 6 吨的栽培技术创建 [J]. 大豆科学，2012，31 (2)：217-223.

[12] 孙寰. 世界大豆高产新纪录：10414 公斤 / 公顷——访高产纪录创造者 Kip Cullers [J]. 大豆科技，2010 (2)：1-4.

[13] 中国农业年鉴编辑委员会. 中国农业年鉴 [M]. 北京：中国农业出版社，2011.

[14] Kunbo Wang，Zhiwen Wang，Fuguang Li，et al. The draft genome of a diploid cotton Gossypium raimondii [J]. Nature Genetics，2012 (44)：1098-1103.

[15] Lam H M，Xu X，Liu X，et al. Resequencing of 31 wild and cultivated soybean genomes identifies patterns of genetic diversity and selection [J]. Nat Genet，2010 (42)：1053-1059.

[16] Yanan Liu，Zhonghu He，Rudi Appels，et al. Functional markers in wheat：current status and future prospects [J]. Theor Appl Genet，2012 (125)：1-10.

[17] Huang X，et al. A map of rice genome variation reveals the origin of cultivated rice [J]. Nature，2012 (490)：497-503.

[18] Yang J，et al. A Killer-Protector System Regulates Both Hybrid Sterility and Segregation Distortion in Rice [J]. Sciences，2012 (337)：1336-1340.

[19] Yi B，Zeng FQ，Lei SL，et al. Two duplicate CYP704B1-homologous genes BnMs1 and BnMs2 are required for pollen exine formation and tapetal development in Brassica napus [J]. Plant J，2010 (63)：925-938.

[20] Hang Y，Li X，Chen W，et al. Identification of two major QTL for yellow seed color in two crosses of resynthesized *Brassica napus* line No. 2127-17 [J]. Mol Breeding，2011 (28)：335-342.

撰稿人：喻树迅　万建民　范术丽　刘录祥

赵开军　王天宇　沈金雄　孙君明

农业土壤

一、引言

（一）学科概述

农业土壤学以农业土壤为研究对象，是土壤学的重要分支学科。凡是与农业生产有关的土壤问题都属于农业土壤学的研究内容，主要包括农业土壤肥力及其演变规律、农业土壤障碍因素的发生过程与防治技术、数字化农业土壤和土壤养分循环及其环境效应等方面。因此，农业土壤学不仅是对一般土壤学理论的补充和完善，而且是一般土壤学创造性的发展。

近年来，农业土壤肥力、土壤生物与土壤信息研究有了新的进展，特别是国际土壤学会在土壤环境研究上，不但创建了新的领域，而且在研究内容上有新的推进。目前，国际土壤学会将全球土壤科学领域归为 4 个部门。第 1 部门是土壤时空变化（时空中的土壤），主要研究土壤在形态、地理、发生和分类中的时空演变规律；第 2 部门是土壤性质与过程，主要研究土壤中物理、化学、生物及生物学过程的基本特性；第 3 部门是土壤的利用与管理，主要研究水土保持、利用评价、肥力、营养、退化防治及工程技术等内容；第 4 部门是土壤在社会发展与环境中的作用，包括研究土壤环境、食物保障、人类健康、公众福利及社会学等。显然，前两部门是土壤科学的基础研究领域，后两部门是土壤科学的应用研究领域，所有这些也都是当前农业土壤科学领域发展的新方向。

（二）发展历史回顾

农业土壤学的兴起和发展与近代自然科学，特别是与化学、物理和生物学的发展与不断渗入息息相关。16 世纪以前，对土壤的认识仅限于对土壤的某些直观性质和农业生产经验作为依据。16 ~ 18 世纪，自然科学的蓬勃发展对土壤学的诞生奠定了基础，许多学者在论证土壤与植物的关系中，提出了各种假说。如 17 世纪中叶，海耳蒙特根据自己的试验，认为土壤除了供给植物水分外，仅起着支撑植物地上部分的作用；18 世纪末，泰易尔提出“植物腐殖质营养学说”，认为除了水分外，腐殖质是唯一能作为植物营养元素的物质。

农业土壤学作为土壤学的重要分支，也与土壤学发展史存在密不可分的关系。18世纪以后的土壤学发展先后出现了三大学派：①农业化学派。1840年李比希提出“植物矿质营养学说”，指出矿质元素即无机盐类是植物的主要营养物质，而土壤则是这些营养元素的主要给源。②农业地质学派。19世纪下半叶，以法鲁为代表的一些土壤学家，认为土壤是陆地表面的一个淋溶层，并从地质过程的分析认为，土壤的过去是岩石，而今后将会形成新的岩石。这个学说提出了土壤形成的基本观点，提出的土壤改良、耕作和施肥的论点，对土壤学的发展起到了积极的作用。③发生土壤学派。19世纪末到20世纪初，俄国土壤学家道库恰耶夫提出土壤发生学论点。认为土壤是气候、生物、母质、地形和时间等5大因素相互作用的产物，是一个独立的历史自然体，其发生过程与环境条件密切相关，在空间分布上具有明显的地带规律性。他的学说得到世界土壤学家的普遍认同，为农业土壤学的研究与发展奠定了基础。

20世纪以来，随着全球性人口的不断增长，资源的逐渐减少和环境的明显变化，对农业土壤学提出了新的任务。新进入的21世纪，是以高科技及经济高速发展为标志的竞争年代，也是人类面临人口—资源—环境—粮食矛盾尖锐的年代。在此情况下，农业土壤学面临新的发展与挑战，必须在过去传统土壤学基础上向新的土壤科学的方向迈进，建立完整的现代农业土壤科学的思想与体系，围绕农业生产中存在的主要问题，以促进农业生产发展为主要目的，为人类生存与资源环境的改善作出新的更大的贡献。

二、现状与进展

（一）学科发展现状及动态

1. 土壤肥力演变与培肥

土壤肥力作为农业土壤学中直接应用于生产的研究方向，一直受到研究工作者的高度重视。20世纪40年代，随着土壤有效养分提取方法的建立，应用土壤肥力测试进行施肥管理取得了突破性的进展并在生产中得到广泛应用；70年代以来，对提高土壤肥力的生产需求推动了保护性耕作的研究与应用；而80年代末以来对生态环境问题的广泛关注又促进了生态系统养分循环领域的研究工作。目前，维持和不断提高土壤肥力，合理进行养分调控，促进生态系统养分的良性循环，实现生产力的持续提高与保护生态环境的协调，是土壤肥力研究的主要方向。20世纪七八十年代进行的全国第二次土壤普查工作是我国土壤肥力研究历史上最大规模的一次研究工作。土壤普查的成果全面揭示了我国土壤肥力的现状。

新中国成立以来，对土壤氮素的研究工作表明，在我国土壤条件下，作物吸收的氮素有 50%左右来源于土壤。N 同位素示踪法在研究土壤氮素的转化、氮素的利用率上得到应用。我国磷肥的当季作物利用率只有 10% ~ 25%，20 世纪 70 年代中期是我国农田土壤磷平衡由亏缺变为盈余的转折点。自 20 世纪 80 年代土壤磷的分级方法在我国得到应用以来，我国对不同地区土壤上磷肥施用后的转化过程开展了大量的研究工作。自 20 世纪 70 年代初开始，我国部分土壤缺钾的问题开始出现。近 30 年来，我国对土壤钾素方面的研究基本上掌握了不同土壤类型钾素含量状况和分布规律以及钾素的释放与固定机制，研究了钾肥对作物产量、品质和抗逆性的影响，钾肥的施用条件和钾肥配方施肥等。在微量元素方面，基本弄清了我国土壤的微量元素的含量范围，根据我国主要土类的成土母质和土壤微量元素的相互关系编制了有效态微量元素的分布概图。发现我国北方石灰性土壤上许多农作物对锰肥和锌肥有良好的反应；在南方酸性土壤上许多农作物对硼肥有良好的反应，豆科作物一般对钼肥有良好反应。

20 世纪 70 年代末开始，我国各地相继建立了一批土壤长期定位试验，在非常困难的条件下，部分试验一直坚持至今，对揭示我国近三十年来人为措施的改变对土壤肥力的影响等发挥了重要的作用。

20 世纪 90 年代以来，施肥造成的环境问题日益突出，我国在土壤肥力方面的研究出现了新的变化，主要体现在：①加强了氮肥去向及其环境效应的研究工作，在施肥领域开始注意到高产与环境保护的协调问题。②开始重视通过生物学途径提高养分资源利用效率的问题。③随着对全球变化的关注，近年来开始了土壤作为大气 CO_2 汇的定量化研究工作。

2. 土壤障碍与中低产田改良

从世界范围来看，中低产田障碍主要包括盐碱化、酸化、沙化、有机质退化、耕层变薄等方面。如果改良合理，可明显提高这些障碍土壤的生产力。大致来看，我国土壤改良利用经历了三个发展阶段。第一阶段，以单纯的土壤肥力性状的研究为主，采用增施肥料为主的措施，改良瘠薄类型的中低产田，满足作物生长的营养需要。这是 20 世纪 70 年代以前改良利用土壤的方式。第二阶段，20 世纪 70 年代以后，国际水稻研究所通过对 14 个国家和地区水稻营养失调的调查研究，提出不采用或尽量少采用耗资巨大的土壤改良措施，而采用培育适应各种土壤条件的优良品种，达到提高农作物产量的目标。第三阶段，应用近代物理学的耗散结构理论，以农业生态的结构模式为研究方向，不单纯以改良土壤性状和提高作物产量为目标，而从整个系统的生态、经济和社会效益考虑，改良生态系统，提高整体效益，把改土、用土和养土有机地结合起来。

我国在中低产田改造技术方面，近 10 年以来没有全国范围协作试验，尽管不同部门、不同地区、不同专业科研院所也就培肥、耕作、障碍土壤修复、土壤质量评价等中低产田改造技术作了一些研究工作，但缺少共同的比较基准，难以达成共识。例如，目前在土壤培肥与肥力评价上，不仅缺少量化评价指标，同时评价体系也十分混乱，如土壤肥力分级体系既有 3 等级，又有 4 等级、6 等级和 10 等级等分级体系。由于没有基于全国范围协作试验研究结果，难以建立国家层面耕地质量建设与提升的共同原则和基准。

我国在中低产田改造方面，也面临着一些新的科学问题：①从传统有机无机配施技术如何转变为以改善土壤结构、土壤水肥调理、固碳减排为主体的技术；②从大田试验为主体的研究方法如何转变为以流域、区域性研究为主体的研究方法；③水土肥等多学科技术交叉、集成技术如何融合在耕地质量建设中并发挥最大效用；④新材料、生物技术、现代装备、信息技术如何在耕地质量建设中更好应用。这些新的需求，迫切需要中低产田改造技术的创新研究与突破。

3. 土壤水肥耦合与高效利用

20 世纪 80 年代末，中国开始研究农田水肥关系，主要解决中国旱农地区水分利用效率和施肥效益低的问题，由于旱农地区水资源亏缺，侧重“以肥调水，以水促肥”，从而提高水氮利用效率。20 世纪 90 年代，水肥耦合技术已经成为解决旱农地区水资源日益短缺的主要措施之一。近 20 年来，水肥调控技术研究已经在不同旱农类型区广泛展开，已经从雨养农区水肥管理发展到节水灌溉农田氮肥管理方面，农作物产量、水分（灌水）利用效率一直为研究重点。随着中国灌区氮肥环境污染日趋严重，灌溉农田水肥关系研究重点逐渐转移到如何通过调节水氮减少氮肥损失及提高水氮利用率等问题。

随着全球气候变暖，水资源短缺，氮肥投入过量造成环境问题，人们逐渐开始重视水肥关联研究，探讨在有限的水资源条件下如何通过调节肥料用量及水肥田间管理来减少氮肥对环境的威胁，提高水肥资源利用率。近些年来，水氮关系研究，特别是运用农田生态系统水氮模型进行农田或区域尺度的作物水氮管理模拟、预测和评估等方面至今仍为国际上研究的热点。

4. 土壤污染与修复

土壤污染是指由于人类活动使土壤中有害物质增加，有害物质超过土壤背景值，而超过了土壤净化的能力，造成土壤生态系统的破坏。目前，污染土壤修复技术主要包括两个方面：遏制与去除。因此，污染土壤修复技术主要可以归纳为：稳定化、阻隔化、固定化、降解或移除等。主要技术措施包括隔离包埋技术、固化稳定技术、热冶分离技术、化学稳定技术、电动修复技术、客土和翻土法、土壤淋洗技术、生物学修复技术等。污染土壤修复的理论与技术已成为当前整个环境科学与技术研究的前沿。我国的污染土壤修复研究，目前正经历着由实验室研究向实用规模研究的过渡阶段，即将进入一个快速发展时期。

5. 土壤资源信息化与数字土壤学

为了满足快速发展的大量高精度土壤信息需求，世界各国的土壤学家展开了大量土壤调查与制图研究，逐渐发展了以定量土壤—景观模型为理论基础、以空间分析和数学方法为技术手段的土壤调查与制图方法。这种方法被称为数字土壤制图，或称为推理土壤制图、预测性土壤制图，是指运用野外和实验室观测方法并与环境数据建立定量关系，在一定的分辨率下创建和填充具有地理坐标的土壤数据库。数字土壤制图的原理主要是基于土壤—景观之间的关系，即影响土壤形成的环境因素。美国著名土壤学家 Jenny 对土壤与成土因素之间的关系进行了深入研究，把土壤描述为气候、生物、地形、母质和时间的函数。McBratney 将土壤本身和空间位置作为影响数字土壤制图的因素考虑进去，把土壤描述为土壤属性、气候、生物、地形、母质、时间和空间的函数。数字土壤制图主要根据数字形式的土壤形成环境数据或土壤属性数据直接生产数字格式的土壤图，不同于根据传统纸质土壤图数字化的数字格式的土壤图，其优点是可以对土壤类型或土壤属性预测的精度进行估计。

各国都在不同程度地发展和利用数字土壤制图技术。美国应用土壤—景观推理模型（SoLIM）方法完成了某些州县的土壤普查工作。荷兰采用多项式逻辑回归模型量化辅助变量和土壤类型的关系，对其某些省份进行比例尺为 1∶50000 传统土壤图的更新。我国对精细数字土壤普查的理论和技术及其应用进行了系统的研究，基于土壤图、地质图、土地利用现状图、GIS、模糊聚类等进行了某些区县的数字土壤制图，运用模糊均值算法和地统计学相结合的方法进行小区域土壤预测制图。

（二）学科重大进展及标志性成果

我国政府历来重视农业土壤学研究，近年来取得了许多重要进展。第一，农业土壤学基础理论得到发展和完善。揭示了我国典型土壤肥力演变规律和农业土壤有机质提升原理，揭示了农业土壤保护性耕作原理，系统研究提出红壤的酸化指标及其改良理论，研究提出红壤退化机理及其恢复重建理论，编著了《中国土壤肥力演变》《中国土壤系统分类》《中国土壤》等专著。第二，农业土壤学应用技术研究不断更新，重要研究成果推广应用不断扩展。在障碍土壤改良利用方面，一批综合性、实用性、环保型成果促进了区域性农业的持续发展。在农业土壤水资源高效利用研究方面，既重视发展和完善工程技术及其与生物措施相结合，注重区域性水土流失的综合治理，又重视水肥一体化技术研究。一些重要成果如“我国农田土壤有机质演变规律与提升技术”（获中国农业科学院一等奖）、“红壤酸化综合防治技术”（获农业部丰收奖一等奖等），进行了大面积推广，经济效益、生态效益和社会效益显著。第三，新构建的实验研究平台极大促进了农业土壤学科的发展。如近两年成立的耕地培育技术国家工程实验室、农业部面源污染控制重点实验室等，对农业土壤学的深入研究正发挥着越来越重要的作用。具体从以下几个方面描述。

1. 土壤有机质提升原理与技术

根据土壤有机质演变规律与有机物投入量之间的关系，确定土壤有机质的维持与提升技术。不同施肥模式下，我国东北、西北、华北、华南和长江流域五大典型区域农田土壤有机质演变特征差异较大。化肥配施（NPK）条件下，大部分区域土壤有机质总体上稳中有升。其中华北潮土区及长江流域的水旱轮作区，土壤有机质上升趋势最为明显，其次为长江流域的双季稻区，而东北和华南红壤地区则基本保持稳定。有机无机肥配施条件下，各区域土壤有机质均显著提升，提升速率因有机物料施用量而有所差异。现有生产水平下，土壤有机质提升 10%，东北地区中、高肥力的土壤则需要在当前化肥配施的基础上增施鲜基有机肥（猪粪）11 ~ 22t/ha/yr；华北区域则需要配施有机肥 3 ~ 6t/ha/yr 和 13 ~ 16t/ha/yr，或半量秸秆还田（2 ~ 4t/ha/yr）和全量秸秆还田；西北区域土壤有机质的维持投入相对较高，中等肥力土壤需配施少量有机肥（—2t/ha）或秸秆 3 ~ 15t/ha/yr，而高肥力土壤需增施鲜基有机肥 7 ~ 18t/ha/yr；华南中肥力红壤需要配施有机肥 5 ~ 12t/ha/yr 或秸秆 17 ~ 18t/ha/yr；长江流域水稻土有机质水平相对较高，中等肥力的土壤在当前化肥配施的基础上需要配施有机肥 5 ~ 16t/ha/yr，高肥力的土壤需要增施有机肥 15 ~ 43t/ha/yr。

2. 保护性耕作原理与新技术

保护性耕作抗旱增产的基本原理，一方面是用生物的措施——秸秆覆盖代替土壤耕作，以秸秆保持土壤自然结构，增加贮水量，促使有益微生物群落繁殖，增加土壤有机质和水稳性团粒结构，防治风蚀和水蚀。另一方面是以化学措施——除草剂、杀菌、虫剂，代替土壤耕作的一系列除草和翻埋害虫、病菌、孢子等作业。保护性耕作可有效提高土壤有机物质含量，增加土壤中水稳性团聚体，改善土壤结构等。少耕和免耕地表秸秆覆盖，可以有效控制径流、减少蒸发，从而增加了土壤贮水量，具有减缓干旱程度的作用。此外，保护性耕作还可以增加土壤养分含量，改善土壤微生物特性，研究表明，土壤多种酶，如脲酶、蛋白酶、磷酸酶、硫酸酶的活性较翻耕土壤有所提高。

国内外几十年实践证明，保护性耕作具有保护生态环境和促进农业可持续发展的双重效果，是当今世界上应用最广、效益最好的一项替代传统旱地农业耕作习惯的现代农耕技术，是人类与自然协调发展过程中的必然选择。我国进行了长期的免耕、深松、覆盖等技术的试验研究、示范和推广，形成了适合不同地区特点的多种形式的保护性耕作新技术。东北地区的深松机间隔深松，西北、华北地区的高垄作种植、深松耕作、少免耕技术，陕西渭北高原的留茬深松起垄覆膜沟播技术和小麦高留茬少耕全程覆盖技术等，均在旱作农业水分高效利用和水土保持方面取得了显著的经济和生态效益。

3. 水肥一体化技术

水肥一体化技术是水、肥同步控制的一项新技术。在加压灌溉条件下，灌溉与施肥相结合，按照科学配方，将化肥溶解在灌溉水中，根据作物对水分、养分的需求和土壤水分、养分状况，把水和养分适时、适量地输送到作物根部土壤。水肥一体化技术具有节水、节肥、方便灵活、改善作物微生态环境，显著增加产量和提高经济效益的效果。目前研究较多且应用较广的是滴灌水肥一体化技术。

滴灌水肥一体化技术是目前干旱缺水地区最有效的一种灌溉方式，其水的利用率可达 95%。世界滴灌技术发展最有代表性的国家首推以色列。在以色列，计算机按规律精准供给肥水。广泛应用计算机自动化操作，计算机完成实时控制，也可执行一系列的操作程序，完成监视工作，精密、可靠、节省人力。

目前我国的水肥一体化技术主要在一些经济价值较高的作物上应用。如新疆的棉花膜下滴灌施肥技术已作为棉花生产的标准技术得到大面积推广，技术处于世界领先水平，应用面积近 900 万亩。除在棉花上大面积应用外，目前已推广到番茄、色素菊、辣椒、玉米、蔬菜、瓜类、花卉、果树、烤烟等作物。温室的蔬菜花卉生产中，也广泛采用滴灌施肥技术。果树是经济价值较高的作物，也是国外应用该技术面积最大的作物。我国水果种类多，面积大，水果生产已成为一些地方的经济支柱。农民迫切需要节水、节肥、省工的现代生产技术。一些地方的果农自发地应用该技术，并在生产中研究改进（如海南、广东的蕉农普遍采用的喷水带灌溉施肥法），该技术近几年在农业覆盖面积最大、灌溉水资源需求最大且旱情相对比较严重的华北、东北小麦、玉米种植区也得到了发展和应用。

4. 土壤重金属污染原位钝化修复原理与技术

土壤重金属污染是一个世界范围的环境问题。我国受污染的耕地约有 2 亿亩，约 10% 的耕地面积重金属超标。由于重金属污染具有污染范围广、持续时间长、污染具隐蔽性、无法被生物降解，并可能通过食物链不断在生物体内富集，最终在人体内蓄积而危害人体健康的特点，如何修复重金属污染导致的土壤环境质量下降已经成为迫切需要解决的问题。

目前，重金属污染土壤修复的方法主要包括化学、物理、生物（包括植物）修复技术以及这些技术的组合或集成。根据土壤中重金属的种类、性质和污染程度、修复后土地的利用方式以及修复技术上和经济上的可行性等，各种方法在土壤重金属污染修复中都有不同程度的应用。在这些修复方法中，原位化学钝化技术由于其经济有效、修复时间快、易于操作、适用范围广等优点，逐渐成为国内外研究者研究的热点，其中化学固化稳定化技术是重金属污染土壤化学修复过程中主要采用的技术之一。化学固化稳定化技术是在土壤中加入化学试剂或化学材料，并利用它们与重金属之间形成不溶性或移动性差、毒性小的物质而降低重金属在土壤中的生物有效性，减少其向水体和植物及其他环境单元的迁移的一种修复方法。在化学固化稳定化过程中，土壤中的重金属离子可能通过发生吸附、氧化还原、沉淀和拮抗等作用，而降低生物有效性。化学固化稳定技术中采用的化学固定材料包括有多种金属氧化物、粘土矿物、有机物料、高分子聚合材料、生物材料等。

针对逐渐出现的多种重金属污染土壤的化学固化稳定化技术，如何评价这些技术的修复效果，已经成为该领域迫切需要解决的关键问题。目前，并没有专门的针对重金属污染土壤的化学固化稳定化技术修复后土壤的评估技术。许多研究者采用的都是评判上壤污染或表征土壤重金属生物有效性的方法来评估土壤修复的效果。对于这一方面的研究方法主要集中于三类。①基于化学方法的评估。主要是通过采用不同的提取剂提取土壤中的重金属，并通过进一步分析土壤提取液中重金属的浓度，分析土壤中重金属的生物有效性，从而判定土壤修复的效果。近年来发展起来的薄膜梯度扩散技术和道南膜技术，被认为是能较好地反映出土壤重金属的生物有效性，也逐渐被用来评价土壤重金属污染。②基于生物学的一些方法，主要体现在利用高等植物进行的一系列针对重金属污染土壤、污染土壤修复后或修复后土壤淋洗液中重金属毒性的相关实验，如植物的重金属吸收实验、根长实验、发芽率实验、微核实验以及一些藻类实验等，从这些植物的反应与土壤重金属的剂量建立起来某种关系，从而判定土壤中重金属的毒性；一些基于土壤动物进行的毒性实验判定土壤重金属污染的修复效果，如利用一些弹尾类动物、蚯蚓和纤毛虫等建立起来的剂量—效应关系判定重金属的毒性；一些基于土壤微生物来判定土壤重金属的修复效果，如利用土壤微生物种类，微生物发光菌的变化等判定土壤中重金属的毒性。

（三）本学科与国外同类学科比较

我国农业土壤科学在资源合理利用、土壤肥力提高、生态环境的改善、数字土壤以及土壤物理、化学和生物性质等方面的研究已取得了很大进展，其研究成果为大幅度提高作物产量，维持人类的生存与生态环境，推动人类社会的发展发挥了巨大的作用。与国外同类学科比较，农业土壤不同分支学科既有优势，也有不足。

1）农业土壤信息系统、数字土壤研究。土壤调查与制图等研究越来越系统化。《美国土壤系统分类》在 1999 年推出第 2 版，对究竟是否在未来的分类体系中设立人为土纲还存在不同的看法。由于基本研究资料还相当缺乏，无论是形态学还是物理化学属性记录都还不足，难以从理论上和实践上充分确立人为土纲。作为国际土壤学会和 FAO 共同推举的分类体系，国际土壤资源参比库（WRB）在最近几年相对活跃。WRB 吸收了欧洲国家、俄罗斯、中国等分类体系的研究优势，基本上全面地反映了全球土壤的主要类型和特征，正在发挥着越来越大的影响。用于土壤调查与制图的遥感技术、地理信息系统、GIS 模型、地统计学、模糊逻辑和精确定位等各种新技术、新方法和新手段的联合使用已成趋势。自 20 世纪 80 年代初，各国均已建立和运用土壤信息系统，如美国在原有土壤调查信息库的基础上建立了国家土壤信息系统。当前，土壤信息系统的结构和功能研究、土壤—土地数字化数据库研究、精准农业研究等越来越受到重视。全球各个国家数字土壤制图技术的发展情况不同，如美国、加拿大、澳大利亚、荷兰和丹麦等国家已经建有国家土壤数据库和土壤图或者正在发展，但是各国都在不同程度地发展利用数字土壤制图技术。我国在数字土壤制图，如数字土壤制图方法、土壤特性制图、目的性采样方法等方面，开展了具有国际先进水平的研究和应用。

2）农业土壤化学、土壤微生物学和土壤物理学研究。土壤黏土矿物学的传统研究内容在进一步深入，人们已经意识到，黏土矿物与有机质及微生物的交互作用对土壤中的物理、化学、生物与生物化学土壤过程都有着巨大的影响；土壤酸化学研究方面，酸化加速元素淋溶研究最多的元素是盐基离子和铝，少数文献研究了微量元素 Cu、Cd、Fe、Mn、Pb、Zn 等。土壤微生物研究不断扩展和深入，利用微生物降解污染物净化环境研究越来越热，生物联合固氮、结瘤固氮与“类根瘤”固氮等研究受到关注，土壤酶学目前的研究已发展成为分子水平和生态系统水平的土壤酶，并与农业生产和环境保护密切结合。土壤物理学在微观尺度上研究土壤结构特征和土壤性质的空间变异规律，为揭示优势流发生机理、模拟优势流动态过程寻找突破口；在景观尺度上研究土壤和水分质量的空间变异，建立区域（或小流域）溶质与水分管理模型已成为现代土壤物理学在实际应用中一个最主要的亮点。

3）农业土壤污染修复、土壤改良、土壤侵蚀与退化等研究。土壤污染修复机理的研究多集中在污染物在不同土壤中的生物、化学有效性及其迁移转化的动力学过程；应用研究主要是采用石灰、有机物料、含铁矿物（矿渣）原位固定土壤中的污染物，通过改变 pH 值等土壤性质来降低污染物的有效性，从而达到修复的目的。土壤改良方面，土壤盐分及其分布的评估研究有所推进，磁感应电导等电磁物理方法、TDR、盐分分布的时空分异评估等的研究进一步深入，实用性更强。近年来土壤酸化呈现加剧趋势，农田土壤酸化特征及综合防治技术研究越来越受到重视。土壤侵蚀研究，目前很多国外学者则侧重于从更广泛、更综合的角度来评价土壤侵蚀标准，其次就是土壤颗粒组成、尺度，尤其是土表颗粒特性对侵蚀影响的研究；土壤退化研究主要侧重于土壤退化内在机制、退化演变过程、评价指标、土壤退化与生态环境安全等方面。

三、展望与对策

（一）未来几年发展的战略需求、重点领域及优先发展方向

1. 现代农业土壤学的发展趋势

（1）研究方法的规范化、标准化和定量化

信息技术、计算机技术、土壤分析技术等的迅速发展和在土壤学研究中的应用，促进了农业土壤学研究方法不断走向规范化、标准化和定量化。过去对土壤类型、土壤性质都是定性描述，现在都正在走向定量；同时，随着研究手段的改进，许多土壤性状的分级、概念、指标都逐步规范化和量化。如近年来，中国土壤学会先后出版了土壤理化分析方法、土壤学名词等一系列工具书，对土壤学研究方法的规范化、标准化和定量化起到了十分重要的作用；同时，为提高土壤分析的精确度，先进仪器在科研院所的逐步普及，亦促进了土壤分析标准化和定量化的发展。

（2）新技术、新方法的应用更加广泛

当前，各种现代实验手段和方法及计算技术正不断应用于土壤学研究，特别是计算技术、现代分析测试技术和 3S 技术在土壤学研究中的应用明显加快，并已成为现代土壤学研究的重要方法。计算机技术目前已成为土壤分析和分析数据处理的重要手段，土壤信息系统的建立和开发，使人们能快速、准确地获得所需的各种土壤信息；计算机技术与土壤分析仪器的结合，使土壤分析速度大幅度加快、精度大幅度提高；利用遥感技术可从宏观角度获取土壤信息，并适时提供全球性或大区域土地资源动态，有利于对土壤变化进行动态监测。

（3）更重视土壤资源高效利用与生态环境保护

我国土地资源人均占有量少、后备耕地资源匮乏，人均耕地仅为世界人均数量的

45%；农业生态环境污染对农业生产、特别是农产品质量已带来了十分严重的影响，这是当前我国农业生产所面临的最为严峻的问题。重金属污染日渐严重，因工业“三废”污染使粮食每年减产100亿千克。我国农药平均每亩施用930余克，比发达国家高出一倍。过量和不科学施用化肥也会造成土壤污染，20世纪90年代有17个省的平均施用量超过了国际公认的上限225kg/hm^2，有4个省达到了400kg/hm^2。每年农田使用化肥氮进入环境的氮素达1000万吨左右，有些地区饮用水及农产品中，硝态氮和亚硝态氮的含量均明显超标。因此，在今后相当长一段时期内，与土壤资源高效利用与生态环境保护有关的研究将会受到愈来愈多的重视。

（4）长期定位监测研究越来越重要

土壤是个历史自然体，有着较长期的发生和演化规律，而且人类活动对土壤的影响也不是在很短时间内出现的。因此必须建立长期的定位试验站来监测土壤的时空变化规律及人类活动对它的影响及其反馈。目前，一些发达国家多有几十年甚至几百年的长期试验站，如英国洛桑试验站对不用农业措施下的土壤监测研究至今已有170年的历史，即使像发展中国家的印度，这种长期试验站亦有数十年历史。因而，为长期和稳定地获得土壤变化的各种信息，长期定位监测研究就成为必不可少的重要手段。

2. 现代农业土壤学研究重点方向

（1）土壤养分资源高效利用技术研究

以农业土壤为核心，系统研究不同措施影响下土壤氮、磷、钾及中微量元素养分在土壤中的运移与转化规律，并建立相应的模拟模型。研究重点放在土壤氮素、磷素等的运移与转化等方面，通过对不同立地条件和农业措施下土壤中上述元素运移与转化的研究，探讨其规律，并提出相应的高效利用和减少其对环境影响的对策。如不同生产力条件下养分高效利用的生物学途径与机制研究；根系和水分养分时空耦合的作物根层水分、养分调控机制及农田生态系统的环境效应研究等。

（2）土壤肥力演变规律与评价体系研究

研究典型农业土壤肥力及其影响因素，土壤养分含量与肥力的相互关系，土壤肥力与土壤生产力、作物产量与品质等的相互关系，施肥与轮作等措施对土壤肥力的影响，探讨提高土壤肥力的方法与对策；研究和探讨土壤肥力的评价方法，建立土壤肥力评价指标体系，促进土壤肥力研究上新的台阶。包括不同生态区域土壤肥力的演变规律与主要驱动因子及机制；土壤肥力演变与生态环境之间相互关系的研究；不同尺度上土壤肥力及可持续性评价的方法与指标体系研究等。

（3）土壤有机质提高机制与生产力关系的研究

以不同立地条件下农业土壤有机质循环与转化为中心，研究农业措施对有机质形态、结构与功能等的影响；土壤—植物系统中有机质的循环与转化规律；土壤腐殖质组成、形态、功能、影响因素及调控对策等，有机质与生产力耦合关系等，并力求在相关方向取得突破性进展。

(4)障碍及低产土壤改良研究

我国耕地土壤不仅人均数量少，而且整体质量偏低，中低产田的面积占耕地总面积的2/3，全国因养分贫瘠化、酸化、盐碱化等导致土壤质量退化的耕地面积已占耕地总面积的40%以上。因此，需要针对我国土壤酸化、贫瘠化，土壤粘闭/板结、土壤盐碱等主要障碍类型，研究相应的改良剂和治理技术，包括障碍因子诊断、土壤酸化调节技术、土壤板结调节技术、盐碱化生物改良技术等。

(5)土壤污染环境及修复重建研究

以农业土壤污染、无公害(绿色)农产品生产为主线，研究相关污染物(铅、镉、持留性有机物等)在土壤中的运移转化规律；不同类型污染物对农产品质量的影响及其相互关系；污染土壤修复、重建与利用技术；土壤复合污染及其机理；复合污染对农产品质量的影响；复合污染土壤的修复、重建与利用技术等。

(二)未来几年发展的战略思路与对策措施

1. 基于宏观角度—土壤圈层发展农业土壤学科

农业土壤学科作为土壤学的重要组成部分，显然不能脱离土壤学研究的宏观背景。土壤是有特殊结构和功能的地球系统的一个圈层，从地球圈层的观点出发，土壤学不仅是研究土壤物质的本身，而且是朝着研究土壤与地球圈层的关系及人类生存环境的“土壤圈”方向转变。从土壤圈与地球其他圈层关系的宏观角度出发，研究土壤圈与生物圈、大气圈、水圈和岩石圈间的物质和能量循环。

2. 明确农业土壤学科研究的核心——土壤质量

土壤质量问题，是当今全球共同关注的重大问题，农业土壤质量包括土壤肥力质量、土壤健康质量和土壤环境质量土壤。今后在土壤质量的可持续培育、土壤质量的时空演变特征及机理、土壤质量的指标体系与调控原理，以及土壤质量退化的恢复重建工程、措施等研究方面应当逐步加强。

3. 加强农业土壤学为生态环境安全与农业可持续发展服务的功能

随着人口增加及经济的不断发展，我国面临的土壤生态环境安全问题愈加突出。农业土壤生态环境安全是影响当前及长远农业生产、农产品安全与人类健康的重大问题，并为国际共同关注，它是现代土壤学研究中需最终解决的重大目标。

参考文献

[1] Aguilera, E., Lassaletta, L., Sanz-Cobena, A., et al. The potential of organic fertilizers and water management

to reduce N_2O emissions in Mediterranean climate cropping systems. A review [J]. Agriculture Ecosystems & Environment, 2013 (164): 32-52.

[2] Balemi, T., Negisho, K. Management of soil phosphorus and plant adaptation mechanisms to phosphorus stress for sustainable crop production: a review [J]. Journal of Soil Science and Plant Nutrition. 2012 (12): 547-561.

[3] Cui Z. L., Zhang F. S., Chen X. P., et al. In-season nitrogen management strategy for winter wheat: Maximizing yields, minimizing environmental impact in an over-fertilization context [J]. Field Crops Research, 2010 (116): 140-146.

[4] Kolli, R., A. Astover, and E. Reintam. A review about researches on soil science [J]. Agraarteadus, 2011 (22): 21-27.

[5] Larney, F. J., Angers, D. A. The role of organic amendments in soil reclamation: A review [J]. Canadian Journal of Soil Science, 2012 (92): 19-38.

[6] Miao, Y. X., Stewart, B. A., Zhang, F. S. Long-term experiments for sustainable nutrient management in China. A review [J]. Agronomy for Sustainable Development, 2011 (31): 397-414.

[7] Zhao, Q. G., J. Z. He, X. Y. Yan, et al. Progress in significant soil science fields of china over the last three decades: A review [J]. Pedosphere, 2011 (21): 1-10.

[8] 窦森，李凯，关松. 土壤团聚体中有机质研究进展 [J]. 土壤学报，2011 (48)：412-418.

[9] 信乃诠. 科技创新与现代农业 [M]. 北京：中国农业出版社，2013.

[10] 徐明岗，卢昌艾. 农田土壤培肥 [M]. 北京：科学出版社，2009.

[11] 许世卫，郭立彬. 国家奖励农业科技成果汇编 [M]. 北京：中国农业出版社，2013.

[12] 杨志强，潘剑君，黄礼辉，等. 面向土壤系统分类的土壤调查制图方法的初步研究 [J]. 土壤，2010 (42)：842-848.

[13] 张学雷. 从第 19 届世界土壤学大会看土壤地理与生态学研究现状 [J]. 土壤通报，2011，257-261.

撰写人：徐明岗　张会民　张淑香

植物营养

一、引言

（一）学科概述

植物营养学是研究营养物质的形态转化、植物吸收、运输和利用的规律以及植物与外界环境之间物质和能量交换的科学。它以土壤—植物系统为对象，研究植物营养物质在土壤中的形态、转化与生物有效性，土壤中养分的活化、植物对养分的吸收、转运和利用、及养分的生理功能，植物响应营养胁迫的机制与适应途径，以及通过合理施用肥料或遗传改良技术达到实现资源高效利用、作物高产优质、生态环境安全的目标。植物营养学的核心内容包括：研究维持和改善实现作物高产高效的土壤条件，植物营养的土壤环境与过程，并揭示植物活化、吸收和利用土壤养分的生理与遗传机制，阐明土壤—植物的互作机制及其调控途径，实现作物高产、资源高效、生态环境安全的农业可持续发展目标。

我国植物营养学科的发展始于20世纪初期，是在早期肥料与施肥、农业化学学科的基础上建立和发展起来的。最近几年来，随着科学技术的进步和我国农业生产快速发展的需要，植物营养学在农业生产中的作用越来越重要。此外，植物营养学与一些相关学科的交叉和渗透，不断丰富和发展了学科的内涵。目前植物营养的研究内容涵盖了植物、土壤、环境、化学等分支学科，包括植物营养的土壤过程、植物营养生理、遗传与改良、根际互作与调控、肥料与施肥、养分资源管理与养分循环以及污染物减排和污染控制。

（二）发展历史回顾

植物营养学发展从早期探索到真正意义上的建立，经历了碳素阴阳学说、腐殖质阴阳学说、氮素阴阳学说、矿质营养学说等几个阶段。1640年Van Helmont通过著名的柳条实验否定了当时古希腊Aristotle的“腐殖质”营养学说。19世纪初De Saussure证明植物体内的碳素来自空气，而氮素则来自土壤。19世纪30年代，法国Boussingault发现豆科作物有利用空气中氮素的能力，而谷类作物只能吸取土壤中的化合态氮素。19世纪中期德国化学家Liebig创立了矿质营养理论，包括“矿质营养学说”“最小养分律”理论和“养分归还学说”，这三大理论在实践中引导了当时化肥工业的产生，磷肥、钾肥和氮肥工业迅速崛起，至今仍具有重要的意义。Sach等人提出营养液成分的标准配方，使植物营养研究进入了精确化和定量化阶段。1843年鲁茨创立了洛桑长期实验站，开创了肥料长期定位试验的先河。

进入20世纪以后，随着科学技术的突飞猛进，植物营养学也得到快速发展壮大。1972年Epstein的《植物的矿质营养》的出版为植物营养遗传学奠定了基础。1984年Baber提出了养分生物有效性的概念，丰富了人们对根际养分动态变化过程的认识。德国学者Marschner等极大地推动了植物根际营养的研究。20世纪90年代以来，随着分子标记、基因克隆等技术的迅速发展，植物营养生理学和遗传学得到快速发展。同时，植物营养学还和环境科学、农学等学科相互交叉，已从简单的现象描述发展到机理研究，从单一学科发展发展为一个综合的学科体系。

植物营养学在我国源于最早的肥料学，之后改为农业化学，20世纪80年代末改为植物营养学。我国早期的植物营养学家在营养生理、根际营养、土壤肥力、施肥以及微量元素等方面开展了大量的研究工作。如我国历史上两次全国范围的土壤普查和三次肥料试验，基本摸清了我国土壤的类型、特性和肥力状况等，促进了化肥的合理使用，总结出了合理的施肥技术，促进了化学分析技术的研究。最近几年植物营养学科在植物营养的土壤过程、植物营养生理、遗传与改良、根际互作与调控、肥料与施肥、养分资源管理与养分循环以及污染物减排和污染控制等方面都取得了巨大的进展。

二、现状与进展

（一）学科发展现状与动态

随着农业生产和科学技术的进步，植物营养学的基础理论研究和实践应用都正在不断发展和完善。植物营养学科发展的重要指导思想是一方面立足国际前沿的植物营养基础理论，将其应用与指导我国农业生产实践中以及多样化的自然生态系统，旨在形成具有我国农业生产特色的植物营养基础理论体系。另外，在基础植物营养学理论指导下，在农业生产中进行了大量的实践应用研究，在我国不同生态区和不同作物体系中进行了养分资源管理、环境养分供应、养分循环、养分去向、宏观养分管理、新型肥料等的研究，旨在通过科学的养分资源管理达到实现资源高效利用、作物高产优质、生态环境安全的目标。此外，植物营养学还通过学科交叉，不断吸纳其他学科的理论、方法和技术，正逐步形成一个涵盖土壤、植物营养、环境科学、农学、分子生物学和遗传改良等技术的综合研究体系。

植物营养学科主要的发展趋势体现在以下几个方面。

1）植物营养的土壤环境与过程。植物养分有效性与土壤质地、水分、热量、通气性和 pH 等土壤条件的关系密切。土壤中物理、化学和生物学过程对养分地球化学循环的影响及其机制是植物营养的土壤环境与过程的研究热点。土壤中养分生物有效性的土壤水分条件与过程，养分转化过程的实时、原位监测技术，不同土壤条件下水分和养分的耦合机制等是急待解决的科学问题。农田生态系统如何提升土壤肥力也成为限制作物高产的重要因素之一。

2）养分高效的分子机理和遗传改良。克隆高效养分性状基因和挖掘相关分子标记，通过转基因技术和分子标记辅助选择技术遗传改良作物养分资源利用效率是植物营养学科研究的一个重要领域。国际上有关植物吸收和感应养分的分子机制已成为一个研究热点。同时，通过筛选和鉴定作物养分高效的遗传种质，利用现代遗传学与分子生物学技术定位养分高效 QTL，克隆重要功能基因，并利用传统育种技术、分子标记辅助选育技术和转基因技术，改良作物营养性状，获得养分高效吸收利用性状的作物新种质和新材料，可以加快作物养分高效育种进程，实现养分高效、作物高产优质和生态环境安全的作物营养遗传改良。

3）根际过程与调控。植物的根际过程及其调控机制的研究是实现作物高产与环境保护的关键突破口。近年来随着相关领域研究技术的进步，根际过程向定量化发展，尤其是对根际关键过程的理解及其定向调控是实现作物高产和资源高效的重要科学问题。此外，植物种间互作的过程与机制是国际上的研究热点，利用生态学的理论理解植物地上—地下的反馈调节机制也成为理解农业和自然生态系统功能的一个新方向。

4）养分资源管理与新型肥料。植物营养学以揭示作物吸收养分的特征规律为重点，以作物高效吸收利用土壤养分的规律为基础，在作物根际调控技术、养分资源管理技术、农田及区域水平上养分循环与污染控制途径与技术等各个层面开展深入的研究。当前研究的热点是快速简便的养分定量技术，区域总量控制技术，田块精细调控技术。新型肥料的研究热点是作物专用的复合（混）肥、价廉、控释性能优良的可降解型聚合物包膜控释肥，用于各种灌溉施用的水溶肥，适于精细调控的硝态和铵态氮肥以及适于改良土壤酸化的有机肥和化肥。此外，肥料高效施用器械及机械化农机农艺结合高效施用技术也成为肥料与施肥科学研究的一个重要方向。

5）养分循环及其生态环境效应。定量生态系统中环境养分数量、氮磷的流失和氮素气态损失，是国际上的一个研究热点。尤其是在当前全球变化的条件下，相关领域的研究工作就更为重要。农田土壤如何增加土壤固碳潜力、减少温室气体的排放、降低养分的淋洗是非常重要的研究方向。协同环境和生产要求的养分投入限量指标、定量化生产和环境效益的养分利用效率监测和评估方法也是重点。此外，如何实现废弃物的资源化综合利用已成为当前非常重要的生态环境问题。

6）土壤生产力及其调控。土壤生产力的提升是作物高产、高效、优质、安全的重要保证。在高投入和高利用的生产条件下，我国农田土壤生产力普遍不高，并且不断产生影响作物生长的土壤酸化、盐渍化和土壤生态系统退化等障碍性因素，制约着土壤功能的发挥和农业的可持续发展。因此研究高强度物质循环条件下土壤生产力的演变规律，作物高产的土壤条件及其培育机制，土壤酸化、盐渍化和土壤生态系统退化等土壤质量下降的原因及其修复与调控途径等内容在今后的研究中将非常重要。

7）有机肥和有机废弃物农业资源化再循环利用。高效资源化循环利用动物与植物生产中产生的废弃物是土壤—植物系统中养分资源高效利用的关键。如何提高有机废物无害化和资源化的处理速率，同时提升有机养分的循环利用效率，并揭示有机废物的区域安全承载负荷以及有机养分承载力，这将有助于解决有机废物对环境的负面效应，节约无机养分资源，保障我国农业的可持续发展具有重要意义。有机养分有效性和释放规律、有机与无机养分协同机制、作物最佳管理中的有机无机养分配合、有机肥料高效施用器械都是协同生产和环境的重点。因此，有机废物高效无害化处理工艺与技术，创制有机废物高效快速发酵菌剂和功能性有机废物资源利用将成该领域今后的研究重点和发展方向。

（二）学科重大进展及标志性成果

近两年来，植物营养学科在基础理论和实践应用方面均不断取得大的进步。学科在营养生理和遗传、植物—土壤—微生物互作、养分资源管理与养分循环等方向的基础理论领域实现了重点突破，同时形成了将植物营养基础理论与我国传统农业生产实践紧密结合的研究体系。在实践应用方面，通过合理利用养分资源，降低肥料投入，减少环境污染，保护生态环境，实现了我国作物高产高效的可持续生产，保障了国家粮食安全。此外，学科在全国不同生态区域建立了科技小院，立足服务于农民和农业生产，促进了地方经济的发展，实现了将植物营养基础理论应用于生产、服务于社会的目的。

1. 植物营养生理、分子与遗传

植物营养学科的研究目标之一为作物养分高效吸收利用的生理与分子机制及其遗传改良等。在植物根系高效吸收利用氮、磷及微量元素营养的分子机制方面取得了较大的进展。例如对植物硝、铵、磷等特异性转运蛋白基因的克隆和功能解析加强了对植物根系感知、吸收和运输氮磷养分的过程的理解。同时对植物氮、磷、铁养分信号传导过程中关键调控因子的克隆和功能进行了解析。此外通过对玉米、水稻、小麦、大豆、油菜等作物的氮磷高效种质资源筛选及相关遗传基础的研究，定位了大量的与根系、养分效率相关的数量遗传位点，阐明了氮高效理想根构型的主要特征，深刻认识了作物养分高效的遗传特征，在此基础上不断培育出养分高效作物新品种并得到了大面积的推广应用。此外，在获得大量控制作物养分高效利用关键基因的基础上，发展转基因技术培育作物养分高效新种质也成为当前研究的一个重点方向。

2. 植物—土壤—微生物互作

近两年来植物营养学科在根际研究方面主要体现的是学科交叉，包括对分子生物学、生态学和环境科学一些理论、方法和技术的应用对根际过程、根际调控机制和根际调控途径进行了大量深入的研究工作。阐明了根系活化利用土壤养分的机理，证明根系具有高效利用根际养分的能力，揭示了作物高效利用磷素的根系生理和形态学特征，在异质性养分供应区根系形态和生理可塑性高度协同，阐明了根际微生物活化土壤养分的机制，发现保证适宜的根际养分浓度是提高作物养分利用效率的关键，证明根际土壤养分供应强度和方式能够调控作物的根际过程，从而影响养分活化与吸收效率；证明根际生物互作能够进一步强化根际过程，影响养分的生物有效性；在间套作体系中，揭示了植物种间根系相互作用提高养分资源利用效率、提升土壤肥力的机理。此外，植物地上—地下部互馈作用是理解生态系统功能的一个重要研究方向，为我国传统轮作种植制度提供了很好的理论科学基础。

3. 养分资源管理

形成了以根层养分调控为核心、以作物高产高效为目标的养分资源综合管理理论与技术体系。研究内容包括：氮磷钾养分的空间有效性、生物有效性和时空变异特征；根层土壤养分的调控技术；氮素实时监控技术、磷钾恒量监控技术和区域养分总量控制技术等，实现了氮素精确、实时的分期调控和基于养分平衡和土壤监测的磷钾恒量推荐施肥，使土壤、环境和肥料养分供应与高产作物的养分需求在时间上同步、空间上耦合，保障了高产作物养分需求并最大限度地减少养分向环境的排放。证明根际 / 根层养分调控是实现作物高产、资源高效和减少养分损失的核心；阐明过量施用氮肥是导致我国农田土壤酸化及大气环境问题的重要成因；发现大气氮素混合沉降自上世纪 80 年代以来显著升高，成为影响农田和非农田生态系统生产力和可持续性的重要因素；建立了氮肥生命循环模型，分析了中国氮肥减排的潜力。

学科的一些重要研究成果均获得国家和地方政府的鼓励和肯定国内相关领域的研究水平不断提升，研究成果已逐渐被国际同行所认可，在国际上形成了一定的影响力。主要表现在以下几个方面。

1）研究论文质量在不断提升，研究结果不断引起国际同行的重视。一些相关的研究结果相继出现在国际优秀的综合性期刊（*Nature*，*Science*，*PNAS*），植物科学期刊（如 *Plant Cell*，*Plant Physiology*，*New Phytologist*，*Journal of Experimental Botany*）、环境科学期刊（如 *Environmental Pollution*，*Global Chang Biology*）以及农学期刊等专业性期刊上。如在过量施用氮肥引起土壤酸化方面的成果发表在 2010 年 *Science* 上；以根层养分调控为核心的土壤—作物系统综合管理技术途径的研究成果 2011 年发表在 *PNAS* 上。并且，还应邀在国际重要期刊上发表综述性文章。

2）在应用基础方面实现了重大的突破。学科的科技成果对国家测土配方施肥行动起到了重要的支撑作用；在农业技术传播方面，创新了集技术示范、服务农民和研究生实践能力培养为一体的科技小院，学科的教师和研究生们长期驻扎在基地和小院，帮助农民在提高作物产量的同时减少水肥投入，减少环境污染，取得了显著的经济、社会和生态效益，为国家粮食安全和农业可持续发展做出了贡献。

3）国际合作取得很好的进展。学科与国际上一流实验室和优势学科开展项目合作、联合指导研究生及共同发表研究论文等广泛开展了实质性的国际合作。与美国、欧盟（包括德国、英国、法国、荷兰、丹麦等国家）、澳大利亚和日本等国家和组织的多所大学和相关研究机构建立了稳定的合作关系。

4）在人才培养方面，学科培养了一大批优秀的青年科学家，他们正逐渐成为学科发展的新生中坚力量。同时，在研究生培养方面，学科创新了集技术示范、服务农民和研究生实践能力培养为一体的科技小院，为新时期研究生培养创建了新的模式。

5）在国际学术组织中非常活跃。目前有多人在国际学术组织（如国际植物营养学会、国际土壤学联合会、国际食品农业与环境学会）和国际知名刊物（如 *Trends in Plant Science*，*New Phytologist*，*Environmental Pollution*，*Plant and Soil*，*SSSAJ*，*Agronomy Journal* 等）任职。同时，也举办了多个国际会议，大大提升了学科在国际上的影响力，在一些研究领域开始起到引领的作用。

近年来植物营养学科主持的项目包括：973 项目、农业部行业计划、国家重大项目专项、国家自然科学基金重大、重点和国际合作项目、科技部支撑计划、国家测土配方施肥项目、农业部重大国际合作项目等国家级和省部级项目。这些经费的支持有力推动了学科的快速发展。同时学科的基础设施建设也不断增强。拥有 1 个部级有机肥工程研究中心和 1 个国家肥料工程中心，以及国家肥料效益监测网、各种长期定位试验站等国家实验基地。

（三）本学科与国内外同类学科比较

本学科不同国家的国际同行在不同的研究领域各有特色。如美国在植物营养的土壤环境与过程、植物营养的生物学基础、养分资源与养分循环以及土壤—植物系统的环境效应与污染控制等方面具有十分突出的优势。欧盟国家在植物营养的生物学基础、根际互作过程与调控、养分资源与养分循环以及土壤—植物系统的环境效应与污染控制等方面具有一定优势，特别是在与环境生态有关的研究方面优势明显。澳大利亚则在植物营养的土壤环境与过程、根际互作过程与调控等方面有自己的特色和优势。日本在植物营养的生物学基础、植物营养土壤环境与过程、根际互作过程与调控以及土壤—植物系统的环境效应与污染控制等方面具有一定的优势。我国植物营养学发展瞄准国际前沿科学问题，并在具有我国特色的集约化农业生产体系和传统间套作体系的根际过程和调控机制方面形成了特色，显著提升了我国植物营养学科的国际学术声誉，目前在氮、磷和锌营养的根际过程和作物高产高效调控途径等方向已成为国际上不可或缺的重要力量。我国植物营养学的特色和优势表现在以下几个方面。

1）在养分资源管理方向。当前我国的养分管理研究着重解决我国农业可持续发展中的养分资源高效利用、粮食安全和生态安全等重大理论问题，在多个研究领域和方向上（如根际调控与养分管理）处于国际领先水平。研究领域和方向包括宏观养分管理与产业发展、主要大田及经济作物的养分管理、土壤质量、根际调控与养分管理、土壤质量提升与养分管理、新型肥料的研发与施用等。

2）在根际过程与调控机制方向。我国植物营养学科在根际方面形成了特色鲜明的植物根际营养理论体系，即把根际理论和我国农业生产实践紧密联系起来，运用基础理论研究成果进行根际调控，充分发挥植物生物学潜力，实现养分资源高效利用与作物高产的协调。

3）在作物养分高效的分子机理与遗传改良。分子生物学技术的发展及其向农业资源环境领域的渗透极大地促进了作物养分高效利用机理的研究，如植物对氮、磷、钾、铁等养分吸收机制及其信号传递途径；利用遗传标记和转基因手段来实现作物的高产与养分高效。

三、展望与对策

（一）本学科未来几年发展的战略需求、重点领域及优先发展方向

植物营养学科是国家基础学科之一，研究领域涉及国家农业、环境和资源发展的多个方面，学科发展将以国家发展实际需求为目标，通过理论深化、技术发展和服务推广，着力于保障国家粮食安全问题，努力提高资源利用效率、保护环境、提高作物品质和人体营养，促进农业经济发展。

未来植物营养学科的总体布局是：以土壤—植物系统营养物质转化、营养过程与调控为核心，突出土壤—植物相互作用这一特色，涵盖从土壤过程、到根际互作过程、再到植物过程相互关联的重要研究领域。主要内容包括以下几个方面。

1）开展土壤—植物营养过程与调控基础或应用基础创新研究，重点研究植物营养的土壤过程、生理与遗传过程及其分子调控途径，加强植物营养生理和分子机制及其养分高效利用机理的研究；加大与养分高效利用相关的作物—土壤互作过程与调控机制的研究，揭示植物地上—地下部的互馈过程，阐明作物对养分高效利用的根际效应机制。

2）推动肥料与施肥科学研究的发展，创制新型肥料，发展和完善作物施肥原理与方法，探索新的养分管理理论与技术，创新农机农艺相结合的机械化施肥新技术。

3）加强养分资源利用与养分循环过程的研究创新；加强有机养分资源循环利用的基础研究，为污染控制、节能减排和土壤生产力持续提高奠定理论基础。

4）推动全球气候变化、温室气体减排、土壤固碳能力与养分管理之间的关系研究，为我国作物高产、养分资源高效和环境保护相协调的可持续农业发展提供科学依据。

未来我国植物营养学的重点和优先发展方向包括：土壤生产力及其调控、养分高效的分子生理基础及其遗传改良、作物高产优质的营养基础、根际互作机理与调控、高产高效施肥原理与方法、养分资源利用与养分循环、养分和污染物的环境效应与控制等，同时需加强在全球变化背景下植物营养学科的创新性研究。

（二）学科未来几年发展的战略思路与对策措施

针对我国国民经济发展重大发展的需求，立足国际农业资源与环境理论研究前沿，以解决中国农业可持续发展与生态环境建设中的资源高效利用、粮食安全和环境保护等重大问题为目标，注重将理论研究成果应用于生产实际，承担起在保障我国粮食安全和农业可持续发展的责任，为实现作物高产、养分资源高效利用、保护环境做出贡献。

学科将坚持“学科交叉、瞄准前沿、强化基础、应用优先、突出特色”的发展理念，继续在植物营养生理、分子和遗传、植物—土壤—微生物互作、养分资源管理等基础理论和应用基础研究领域实现了突破。重点支持面向国家战略性需求的植物营养学的基础研究和应用基础研究，优先支持有优势的前沿领域和交叉领域的创新研究。在优先领域和重点方向布局上，学科要以国家粮食安全、环境安全、资源高效与可持续发展等重大需求蕴含的植物营养科学问题为导向，围绕揭示土壤—植物系统物质循环与转化、营养过程与调控规律，解析养分资源高效利用的植物—土壤—微生物的互作关系、作物营养高效的分子生理与遗传改良及调控、污染控制等基本内容和主要领域。

为实现以上学科发展的战略目标和思想，未来学科发展的对策和措施包括：

1）拓宽资助渠道，加强高层次的人才引进与培养。

2）继续加强和国际上一流实验室的合作，提升学科的基础与应用基础的研究水平。

3）鼓励学科交叉，推进学科的综合发展。

4）建立全国不同生态区相关领域高效的合作网络与平台，实现资源与信息共享，为利用不同生态区、不同作物生产体系发现共同的科学问题，和解决实际生产中的关键问题提供了很好的基础和条件，提升学科的整体研究水平。

参 考 文 献

[1] Marschner H. 著. 李春俭等译. 高等植物的矿质营养（第二版）[M]. 北京：中国农业大学出版社，2001.

[2] 冯锋，张福锁，杨新泉. 植物营养研究进展与展望 [M]. 北京：中国农业大学出版社，2000.

[3] 金继运，刘晓燕，何萍. 农业科学学科发展报告（基础农学）[M]. 北京：中国科学技术出版社，2007.

[4] 陆景陵. 植物营养学 [M]. 北京：中国农业大学出版社，2003.

[5] Chen XP，Cui ZL，Vitousek PM，et al. Integrated soil-crop system management for food security [J] .Proceedings of National Academy of Sciences USA，2001（108）：6399-6404.

[6] Guo JH，Liu XJ，Zhang Y，et al . Significant acidification in major Chinese croplands [J]. Science，2010（327）：1008-1010.

[7] Ju XT，Xing GX，Chen XP，et al. Reducing environmental risk by improving N management in intensive Chinese agricultural systems [J]. Proceedings of National Academy of Sciences USA, 2009（106）：3041-3046.

[8] Li L，Li S，Sun J，et al. Diversity enhances agricultural productivity via rhizosphere phosphorus facilitation on phosphorus-deficient soils [J]. Proceedings of National Academy of Sciences USA，2007（104）：11192-11196.

[9] Shen JB, Yuan LX, Zhang JL, et al. Phosphorus dynamics: From soil to plant [J]. Plant Physiology, 2011 (156): 997–1005.

[10] Shen J, Li C, Mi G, et al. Maximizing root/rhizosphere efficiency to improve crop productivity and nutrient use efficiency in intensive agriculture of China [J]. Journal of Experimental Botany, 2012 (64): 1181–1192.

[11] Wang XR, Yan XR, Liao H. Genetic improvement for phosphorus efficiency in soybean: a radical approach [J]. Annals of Botany, 2010 (106): 215–222.

[12] Wu P, Shou HX, Xu GH, et al. Improvement of phosphorus efficiency in rice on the basis of understanding phosphate signaling and homeostasis [J]. Current Opinion in Plant Biology, 2010 (16): 205–212.

[13] Xu GH, Fan XR, Miller AJ. Plant Nitrogen Assimilation and Use Efficiency [J]. Annual Review of Plant Biology, 2012 (63): 153–182.

[14] Yan X, Liao H, Beebe S E, et al. QTL mapping of root hair and acid exudation traits and their relationship to phosphorus uptake in common bean [J]. Plant and Soil, 2004 (265): 17–29.

[15] Yi K, Wu Z, Zhou J, et al. OsPTF1, a novel transcription factor involved in tolerance to phosphate starvation in rice [J]. Plant Physiology, 2005 (138): 2087–2096.

撰稿人：张俊伶　袁力行　申建波　陈范骏　张卫峰　张福锁

农田灌溉排水

一、引言

灌溉排水学科以农业水土资源高效利用为目标，以“土壤—植物—大气连续体”为研究对象，主要研究农田水分入渗与再分布规律和适宜作物生长发育的农田水分状况；揭示作物需水过程与作物高效用水机制，探索作物高效用水的非充分灌溉理论和排除地面水、控制地下水位的田间排水理论；研发将水输送至田间并灌至作物主要根系活动层的高效节水灌溉方法与灌水技术、排除农田多余水分的控制性排水技术和排水再利用技术、减渗抑蒸防冻胀的输配水技术及灌溉排水新材料、新工艺和新产品；探讨灌排工程系统规划与优化设计方法及高效运行的管理机制；实现农业水土资源高效利用、作物稳产高产、农业可持续发展的重大需求。

灌溉排水学科，是人们在长期的生产实践中研究和解决农田灌溉和排水问题所逐渐积累经验的系统总结，其发展受到科学技术和整个人类历史发展进程的制约，经历了一个由初始到高级、由局部到全面的发展过程。进入 21 世纪，随着经济社会的迅速发展，水少、水多、水脏等问题越来越突出，为了保障国家的水安全、粮食安全和生态安全以及满足建设资源节约型、环境友好型社会的要求，非充分灌溉理论、生态环境保护和恢复理论成为关注热点，劣质水应用研究受到普遍重视，系统工程学、技术经济学、预测学、控制论、模糊数学、决策论、系统动力学等学科在农业水管理中得到广泛应用，计算机技术、信息化技术、自动化技术、新量测技术、功能新材料开始在灌排工程系统中得到广泛应用，节水、节能、低碳、高效、保护生态的理论基础和新技术成为学科发展的新内容。

二、现状与进展

（一）学科发展现状及动态

随着近些年国家对农田水利建设工作重视程度的不断提高，灌溉排水领域的投入迅速增加，相关的研究工作开展的也更加广泛，研究的深度也不断增加，在作物需水与调控、农田灌溉技术、农田排水技术、水资源调配与非常规水资源化利用等方面都取得了很大的进展。

1. 作物需水与调控

作物需水量与耗水量的估算是农田水管理的重要工作之一。在继续开展农田尺度作物需水过程的精确测定及数值模拟的基础上，研究工作更多向区域尺度发展，并且作物需水的内涵也由过去充分供水时的作物用水量向理想状态下的最优需水量或理想耗水量拓展。目前，作物需水信息采集与诊断主要向能够实现原位长时间连续监测或快速大范围监测方向发展，研究尺度则由小区和农田尺度向区域尺度发展，重点探索作物需水时空变异与尺度转换问题，并更加侧重利用多源信息融合技术来诊断作物是否缺水及缺水程度。区域作物需水量与耗水量的估算主要侧重于非均匀下垫面（稀疏植被、复合作物、局部灌溉）估算方法和技术的改进，采用嵌套的通量观测矩阵和星—机—地协同，进行多尺度地表通量以及配套参数的采集进行非均匀下垫面条件下作物用水的估算。在作物高效用水调控方面，侧重于通过改变根系层土壤湿润方式与灌溉制度或者使用外源激素来调节作物气孔运动行为，进而调控作物水分利用过程，在不牺牲作物对 CO_2 吸收的前提条件下大大减少作物的水分消耗、提高水分利用效率，已成为当前研究的热点之一，并相继提出了调亏灌溉、分根区交替灌溉和痕迹灌溉等新的灌溉技术。作物需水调控技术的应用模式也向着实时决策、智能控制的方向发展，更加重视区域节水技术模式的标准化和生理节水的可控性。

2. 灌水技术

随着水资源供需矛盾的不断加剧和农业施肥所引起的面源污染日益严重，改进传统地面灌溉技术、提高地面灌溉方法的灌水、施肥质量已成为现代农业、节水节肥技术的重要组成部分，其中以土地精细平整和过程精准控制为特征的现代地面灌溉技术研究和相关设备开发已得到世界各国的普遍重视。目前的研究热点是紧密围绕创建现代地面灌溉技术应用平台、提高地面灌溉过程控制能力、开发区域地面灌溉系统管理实用工具等方面展开，以显著提高地面灌溉系统技术性能为目标，注重多学科交叉技术的应用，强调以现代科学技术成果去改造、提高传统地面灌溉技术，在地面灌溉设计理论、土地精细平整和田间工程配套布置方法、水肥同步高效利用新技术等方面取得了一系列突破。

喷灌技术的研究重点已由固定式、半固定式系统向大型喷灌机转变，喷灌系统多目标利用和变量喷洒的研究也日益受到重视。在设备研发方面，降低能耗、实现灌溉施肥的精量控制是喷灌技术研发的重点，3S、计算机模拟、微电子、新材料等高新技术的大量应用成为喷灌技术发展的一大亮点。在系统设计和管理方面，喷灌管网水力计算和优化设计已趋于成熟，以提高水、肥利用率为目标的灌水技术参数优化组合正在成为研究热点。

微灌技术理论和技术进步是微灌技术推广和发展的技术支撑和基础。近两年来，在微灌系统设计理论、微灌土壤水分调控、关键设备设计技术和田间应用管理技术等方面都取得了很大的进展，形成了具有自主知识产权的理论和技术。随着经济的发展和科学技术的进步，微灌技术的应用范围日益扩大，但面临如下一些新的问题需要解决：①低能耗低压滴灌技术与设备；②提高微灌系统的可靠性和均匀性的技术与产品；③水肥一体化同步施用技术；④以太阳能、风能等为动力提水的微灌技术；⑤深埋地下滴灌技术；⑥与微灌土壤水肥气热环境相适应的品种选择、耕作模式、种植模式和田间管理技术及土壤白色污染防治技术；⑦微灌系统信息化、自动化与智能化技术与产品。上述问题已成为国内外微灌技术领域的研究热点。

3. 农田排水技术

随着耕作技术的进步、耕作方式的改进、种植结构的调整和城市化进程的加快，农田排水面临一些新的课题：①传统的以保障作物高产为目标的农田排水，转变为综合考虑水资源高效利用和农田面源污染防治的多重目标，农田排水需要兼顾排水再利用和在不影响作物生长基础上减少田间水分流失；②农业面源污染问题日益突出，要求农业排水与生态工程和生物技术结合，有效处理排水水质；③特殊的种植方式和微气候条件使设施种植土壤退化、面源污染突出，对农田排水的功能提出了新的要求；④城市化进程加快和除涝系统升级，要求渍害田治理、农田排水和城市排水相互协调。为解决农田排水学科面临的新问题，单一的农田排水正在向水肥高效利用、农业面源污染防治、旱涝渍兼治的综合化、系统化方向发展。在技术方面，设施地控制排水、湿地水处理综合调控、生物反应床水质处理系统等成为农田排水领域的代表性技术。

我国西北干旱地区的灌区，实施节水后农业用水量逐年减少，灌区积盐持续加剧，排水系统功能减弱，干排水作为从区域尺度上控制耕地盐分平衡和盐渍化的技术重新引起科研工作者的关注。膜下滴灌技术在新疆地区大面积推广，但在滴头下方深层土壤和滴头之间土层存在严重的积盐现象，且随着滴灌年份增加，盐分积累也不断加重，膜下滴灌压盐作用的持续性以及可能的盐渍化风险已引起关注。为保证干旱区灌溉土壤的可持续利用，迫切需要研究长期灌溉条件下水盐运动规律和盐渍化演变趋势，建立适合干旱区特点的淋洗技术和排水系统设计理论。

4. 再生水灌溉

再生水是指污水经适当处理后，达到一定的水质指标，满足某种使用要求，可以进行有益使用的水。农业灌溉是再生水利用的主要形式。有关资料显示，2010 年我国城市污水日再生利用量约为 $680 \times 10^4 m^3$，仅占目前污水处理量的 10%，因此再生水利用潜力巨大。

近年来，随着再生水灌溉面积的增加，其产品的安全性及对环境的污染风险越来越受到全社会的广泛关注。国外相关研究主要集中在再生水灌溉对植物生长、产品品质、土壤质量和地下水质量的影响以及安全灌水技术方面。我国对于再生水灌溉技术的研究起步较晚，由于缺乏再生水灌溉水质标准、再生水灌溉技术与设备滞后、再生水灌溉监管体系不健全等，再生水灌溉在生产上基本处于无序状态，在相关的研究方面还仅仅处在跟踪国际研究热点阶段。目前，不少学者开始研究再生水灌溉对作物及环境的影响机理、污染物迁移转化规律、再生水适宜的灌溉技术与灌溉制度、再生水灌区规划等问题，再生水安全利用技术的标准化、系统化、集成化将是今后的研究重点和难点。

（二）学科重大进展及标志性成果

1. 作物需水与调控

近年来，我国在作物干旱胁迫的气孔调节机制、都市型现代农业高效用水原理与集成技术、干旱内陆河流域考虑生态的水资源配置理论与调控技术及其应用等方面取得重要进展。

“植物应答干旱胁迫的气孔调节机制”项目，从提高植物水分利用效率的重大需求和植物抗旱生物学研究前沿出发，以提高作物水分利用效率为目标，研究作物干旱反应机理的相关重大科学问题，创造性地探讨了植物干旱反应调节的基因表达分子机制，为利用基因工程技术提高植物的水分利用效率开辟了新途径。该项目获得 2012 年度国家自然科学奖二等奖。

“都市型现代农业高效用水原理与集成技术研究”研制了基于大型高精度杠杆称重式、水位可控式蒸渗仪和信息实时监控的智能化植物需水诊断平台，提出了定量表征设施农业、果园、绿化植物等都市灌溉型植物 SPAC 水分传输关系方法，揭示了常见都市灌溉型植物耗水规律及其与土壤水分环境的响应关系，明晰了都市灌溉型植物土壤水分—产量/品质—根冠发育交互作用机制，提出了滴灌土壤水氮调控技术与方法和基于目标耗水量（ET）的农业用水管理方法，构建了设施农业水肥一体化高效节水技术集成模式、果园智能化精量灌溉技术集成模式和都市绿地“清水零消耗”生态节水技术集成模式，提高了都市型现代农业用水效率与效益。该项目获得 2012 年度国家科技进步奖二等奖。

“干旱内陆河流域考虑生态的水资源配置理论与调控技术及其应用”项目历时十多年，以黑河下游的民勤县为基地，系统研究了干旱区内陆河流域水资源循环规律、作物需水过程及调控技术、生态植被需水及演变规律，并在充分考虑区域生态用水需求的基础上，以保证区域农业可持续发展为目标，提出了有限水资源的合理配置埋论及调控技术，在生产实践中发挥了显著的节水、增效、促生态的作用，于 2013 年获国家科技进步奖二等奖。

2. 地面灌技术

经过十余年的持续攻关，我国精细地面灌溉技术研究已初步形成了基于土地精细平整和过程精确控制的现代高效地面灌溉技术应用体系，标志性成果主要反映在以下几个方面：①应用基础理论方面，建立了模拟田面微地形空间分布状况的方法，提出了根据畦田内水流运动特征采用遗传算法自动优化反演土壤入渗参数和地面糙率系数的模型，初步建立了基于田间部分灌溉数据对整个灌溉过程进行反馈控制的理论方法；②支撑技术方面，集农田地面高程自动测量技术、土地平整工程设计及施工辅助决策支持系统、国产激光控制平地成套设备的研制开发为一体，建立了以土地精细平整为特征的激光控制平地技术应用体系，综合考虑高精度土地平整对调整田块规格和田间排水通畅性的作用，提出了基于土地精细平整的地面灌溉田间灌排工程布局模式；③主导技术方面，建立了基于自动化控制技术、计算机模拟技术、新材料和设备等构建的地面灌溉过程精量控制技术，明显提高了地面灌溉系统灌溉配水的均匀性和灌溉过程的可控性，为实现地面灌溉过程自动化与量配水可控化提供了有效手段。

3. 喷灌技术

喷灌技术的进步主要体现在如下几个方面：

（1）进一步阐明喷灌的节水机理，提出喷灌技术参数的优化方法

喷灌条件下水分的消耗机制和损失途径较为复杂，因此喷灌技术参数对喷灌水量的蒸发漂移损失、冠层截留损失、灌水均匀度的影响始终是研究的重点。研究表明，喷灌冠层截留引起的水量净损失很小，在很多情况下可以忽略不计，澄清了喷灌水量的消耗机制，为喷灌技术的适应性评价提供了科学依据。喷灌技术参数优化方面的研究大都以大型喷灌机为对象，围绕变量喷洒模式、喷头间距、压力组合及桁架运行参数等对喷灌均匀性的影响、灌水技术参数对土壤入渗性能和地表径流量影响等方面内容开展，同时引入了光学雨滴谱仪等先进测试方法，并对不同测试方法的精度进行了对比。

（2）研发低能耗精量控制喷灌施肥装备，实现喷灌系统的多目标利用

喷头的变量精确喷洒是实现整个系统精准灌溉的基础。“十五”期间，在国家重大科技专项“田间固定式与半固定式喷灌系统关键设备及产品研制与产业化开发”中提出了通过优化喷嘴流道结构及形状、增加附属装置等方法对喷头雾化状况、仰角、旋转角等进行调节的方法，研制出节能异型喷嘴喷头和非圆形喷洒域喷头等产品；在国家 863 计划重点项目课题“轻质多功能喷灌产品”中，研制出具有记忆功能的园林升降式喷头、可调仰角及可调雾化程度的喷头、记忆型给水控制阀、恒压智能喷灌系统等喷灌设备；“变量喷洒低能耗轻小型喷灌机组”课题开发了均匀性高、能耗低的轻小型移动喷灌机组、变量喷洒喷头、高效射流式自吸喷灌泵等产品。这些成果极大地提高了我国喷灌设备研发的技术水平，丰富了喷头的种类，喷头的适应性、运行的可靠性和稳定性得到有效提升。

（3）利用高新技术对传统喷灌技术升级改造，提高喷灌系统的运行管理水平

高新技术在喷灌水肥管理上的应用可以大大提高工作效率和水肥利用率。通过对土壤水分监测、作物缺水诊断、墒情预测与灌溉预报、灌区配水、田间灌溉、智能化决策和控制等不同领域的研究成果进行综合集成，实现了对灌溉时间和水量的精准调控，为作物提供了最佳的生长环境，满足了现代农业对灌溉系统灵活、准确、快捷的要求。灌溉水肥管理方面另一个值得关注的趋势是模型的发展和应用研究得到重视，这些模型包括机理性

（确定性）模型、经验性模型和随机模型。从模拟的对象来看，一方面是对土壤水分、养分及根系吸收进行模拟，另一方面是模拟灌溉施肥管理措施对作物的生长、产量、土壤水氮动态、土壤环境、地下水及净收益的影响，为评价和优化灌溉管理措施提供了有效的工具。

4. 微灌技术

在微灌系统设计理论与方法上，提出了综合考虑水力偏差、制造偏差和田面高差的滴灌系统流量偏差的计算方法；采用轮灌组流量偏差替代以往的支管灌水小区流量偏差作为微灌系统设计标准，提高了系统灌水均匀度；揭示了灌水器工作水头取值与灌水器水力性能以及灌区田面高差的关系，提出了灌水器工作水头取值的依据，为低压滴灌系统奠定了理论基础。

在地下滴灌技术方面，开展了以提高地下滴灌抗堵性、可靠性及地下滴灌条件下作物适宜水、土、肥、气环境的研究，开发了多种形式的防负压滴头、抗堵塞滴灌带、防鼠（虫）滴灌带等一批具有自主知识产权的地下滴灌设备，并在水肥利用模式、管道系统布置与系统设备配置、系统管理等方面取得了很大的进展。

在设备设计技术方面，近几年在提出了灌水器堵塞测试标准和评价技术指标体系的基础上，综合利用 CFD、PIV 等技术手段开展了灌水器抗堵塞流道结构优化的研究，建立了灌水器内部水流、泥沙多相流流体动力学模型，提出了抗堵塞流道的若干种设计理论和方法。建立了以压力、流量调节为核心的微灌系统压力均衡调控新方法，研发了支管、毛管流量调节器或压力调节器等系统压力均衡调控产品，彻底改变了国外采用的价格昂贵、结构复杂的减压阀和压力补偿灌水器为主导的压力流量调控模式。开发了自动反冲洗叠片过滤器、水力驱动旋转反冲洗网式过滤器和系统流量、压力、土壤墒情等信息监测和控制设备。

在田间应用管理技术方面，通过大量的田间试验，提出了包括种植模式和水肥一体化技术及农艺配套的操作管理规程，并通过研究滴灌条件下土壤水盐运移规律、矿化度对多种作物产量、耗水量、水分利用效率的影响，提出了作物微咸水安全高效滴灌技术体系。

5. 农田排水技术

由于近年来灌溉模式的改变、种植方式的发展和人们对环境的重视，农田排水研究进展很快，取得了多方面的重大进展。

（1）设施农业排水

将精量灌溉与合理淋洗、适时揭棚、农艺措施相结合，提出了设施农业的控制排水技术；将常规盐分淋洗和作物需水相结合，提出了大棚合理灌溉制度的设计准则与方法；围绕作物不受渍、盐分不超标、尽量少排水的原则，以节约水资源和防治农田面源污染为目标，提出了大棚作物的控制排水暗管间距、埋深和出口控制高程的控制排水措施；针对淋洗盐分需求和充分利用降雨的原则，提出了南方地区雨季揭棚、合理施肥与控制排水相结合的大棚栽培与水管理技术。

（2）与湿地、生物反应器相结合的减污控排技术

在“948”计划的支持下，引进和发展了以生态工程为基础的控制排水、节水灌溉和湿地系统相结合的农田水循环系统（简称 WRSIS），通过在我国不同地区的水稻灌区应用表明，该系统成本低廉，处理农田排水水质效果明显，应用前景广阔。

（3）灌区排水污染物控制技术

综合了面状田块—线状沟渠—末端湿地的水循环系统中面源污染控制的一体化排水污染控制理念，集成源头削减、沿程控制和末端处理综合技术，形成了排水污染控制标准体系。将灌区宏观水资源配置与微观面源污染物迁移转化相结合，实现了动态排水条件下水质水量过程场景分析和模拟预测，提出了总量控制方案和控制策略。通过田间调控，实现了源头控制；通过“工程—生物—生态”相结合，实现了水功能区达标。

（4）农田排水径流计算

在传统平均排除法和经验公式法的基础上，建立了排水径流计算的概念性与分布式水文模型，提出了有蓄涝容积、间歇灌溉以及明沟系统与暗管排水组合等不同条件下的设计排涝流量与排水径流过程的计算方法。将原来田间尺度设计排水流量的计算理论方法提升到灌区尺度；将地面水、地下水、土壤水、大气水和作物水之间的转换作为一个整体，初步建立了农田排水区自然—农业复合水循环系统的排水径流形成机理和模型。

（5）排水工程的调度与控制运用

提出了排水系统优化调度的建模技术及相应的求解技术，得到了大型排水区正常年份与特大暴雨条件下的排水原则、统排控制运用条件以及闸站、湖泊、塘堰联合调度规则，提出了对于非凸、非连续排水系统调度问题的寻优技术。

（6）区域水盐均衡调控技术

针对干旱地区人工排水无法解决区域盐分均衡的问题，提出了利用内部盐荒地的干排水控盐新方法，定量评估了其控盐作用，构建了考虑排水需要量、人工排水量、干排能力和含水层传导能力四个因素的干排水系统设计理论；基于补排平衡原理和维持地区生态要求，发展了灌区井渠结合方法，提出了干旱区的井渠结合模式、地下水位控制标准以及井渠灌溉面积比与水量比的确定方法，成功解决了在防治盐渍化的同时提高水利用效率、满足植被生态需水的技术难题。

6. 再生水灌溉

近年来，随着水资源短缺状况的不断加剧，再生水安全利用问题受到全社会的广泛关注，研究工作广泛开展，取得了一系列的重要进展。

（1）再生水适用于牧草、草坪及林木灌溉

试验证明，再生水灌溉时污染物不易进入食物链。再生水灌溉苜蓿、芦苇草、雀麦草、阿尔泰野生黑麦、高麦草，可以促使土壤含氮量增加，提高牧草产量，其中苜蓿是利用再生水灌溉的最佳饲料类作物；草坪草再生水灌溉可以节肥 32% ~ 81%；林木已成为再生水灌溉的主要研究对象之一，并且再生水灌溉在果园得到了成功利用，再生水中磷、钾、镁、铁等营养元素可以满足葡萄生长的需要。

（2）再生水在粮食作物和蔬菜作物灌溉上的适用性和安全性日趋受到高度重视

近年来，随着人们对食品品质与安全性的高度关注，再生水灌溉粮食和蔬菜作物引起了全球科学家的注意。农业部先后在青岛、天津、成都和兰州建立了部、省 、县三级城市污水再生回灌农业安全控制实验室和 800hm^2 的示范基地，再生水灌溉范围遍及我国北方水资源严重短缺的海河、辽河、黄河、淮河四大流域。研究结果表明，再生水适时适量灌溉对促进粮食作物生长发育、产量提高和品质改善方面具有显著作用，只要采取的技术得当，利用再生水灌溉粮食作物和蔬菜作物是安全可行的。如马铃薯再生水灌溉，采用地下滴灌分根区交替灌溉技术，不仅能够显著提高马铃薯的水分利用效率，提高土壤矿质氮的活性，有利于马铃薯对土壤氮素的吸收利用，而且可显著提高马铃薯块茎中淀粉和有机酸含量，改善马铃薯块茎品质，并减轻重金属 Cr、Pb 和 Cu 在块茎中的积累。分根区交替灌溉处理，特别是再生水加氯处理，可使土壤、马铃薯块茎表皮和组织内部大肠菌群含量显著低于充分灌水处理和其他灌水方式处理，通过采用再生水灌溉、增加灌前消毒前处理，可大大降低蔬菜类食物病原菌污染风险。

（3）再生水灌溉系统研发与再生水灌溉区划

在再生水灌溉机理研究基础上，开展了利用土地含水层处理技术处理与调蓄再生水、再生水安全高效灌溉的滴灌技术和地下滴灌技术及与之配套的专用过滤系统和防堵塞内镶式滴头等集再生水预处理工程、水源调蓄工程及节水灌溉工程为一体的再生水灌溉系统研发；加强了有效避免再生水灌溉对环境的污染影响的再生水灌溉区划研究，针对各区域利用再生水灌溉的适应性进行系统分区，并对每个区域提出了相应的再生水灌溉对策与技术措施。

（三）本学科与国外同类学科比较

1. 作物需水与调控

作物需水与调控领域的发展趋势是在研究作物生命健康需水过程的基础上，进一步挖掘作物自身节水潜力，增强作物需水过程诊断能力，突破需水信息采集技术和降水（灌溉水）—土壤水—植物水—生物产量—经济产量的转化调控技术，更加重视作物需水和田间节水过程和环节，创制精量控制灌溉系列设备、节水生化制剂、智能控制灌溉产品。另外，区域作物需水信息采集、传输、处理、融合及调控技术也日益得到关注。

在作物本身需水和农田水分调控方面，我国目前总体水平已与国外相当，在作物品种筛选、水分生理调控及非充分灌溉模式方面也具有明显的特色。我国的张建华、宋纯鹏教授领导的研究团队，阐明了干旱逆境下作物根—冠间信号的通讯机制，尤其是在逆境下根源化学信号的产生、运输及对地上部生理过程的调节方面，揭示了 ABA 对活性氧、抗氧化保护系统的影响及作用机制。康绍忠院士及其团队根据作物生长盈余调控理论、作物缺水补偿效应理论、作物控水调质理论和作物有限水量最优配置理论，提出了作物高效用水生理调控的新途径以及植物生长调节物质的新配方、调控效果及适用范围，提出的基于生命需水信号与环境信息的作物高效用水调控理论与技术在国际上受到广泛关注。

在区域作物需水调控方面，我国与先进国家还存在较大差距。以色列从 1953 年起就耗资 1.47 亿美元，建设了由 130km 主管道、400 个扬水站、5000km 输分水管道组成的全国输水系统，并以国家输水工程为中心，建成了全国性的水资源调控网络系统，然后根据作物需水信息的实时监测和快速处理结果，对中部和北部地区的水资源进行统一调控、合理配置，实现了水资源的高效利用。目前，我国在区域作物需水及调控过程中，由于缺乏通用性诊断指标和可靠的信息采集及处理技术，作物缺水诊断存在一定误差，在多源灌溉信息的挖掘、融合及区域作物需水与调控决策服务系统等新技术新产品的研发方面差距明显。

2. 地面灌技术

国际上本学科的发展趋势体现在以下几方面：①土地精细平整向智能化方向发展。一些新的测量技术与仪器已在国外农田土地平整作业中得到初步应用，其中借助 GPS 技术与设备的平地设备应用前景最为广阔；②地面灌溉反馈控制技术日益实用化。通过不断完善地面灌溉条件下水流运动过程模拟模型，开发地面灌溉条件下水流运动过程定点监测专用设备，并将实时反馈控制技术与目前应用的不同地面灌溉技术紧密结合，形成了不同的控制模式，使技术更加实用化；③地面灌溉水肥高效施用技术研究渐成热点。目前的工作主要集中在通过田间试验评价和利用数学模型模拟两个方面；④区域地面灌溉系统性能评价技术发展迅速。在灌区或流域尺度上，充分利用全球卫星定位系统、地理信息系统等现代高科技手段，构筑高水平的技术应用平台，开展地面灌溉系统性能评价研究，提出并建立相应的指标体系及其确定方法，已成为建立现代精细地面灌溉系统的重要基础。

我国这方面的工作目前仍以整体跟踪为主，包括理论研究、应用技术研究和设备开发等方面都处于全面跟踪国际先进技术水平阶段，但在部分研究方向上取得了局部突破，如在田面微地形对地面灌溉系统性能的影响、人工撒施化肥条件下地面灌溉水肥利用效率的评价及数值模拟模型的开发等方面取得良好进展。总体上，我国在地面灌溉相关理论、技术应用模式等方面虽与国外先进水平有一定差距，但基本处在同一层次上，经过努力，有望实现技术引领；但在先进实用的地面灌溉设备开发和实践应用方面的差距仍然较大，现有工作基础较差，尚未形成具有一定规模和技术水平的产业，实践应用也十分有限，迫切需要加快追赶步伐。

3. 喷灌技术

喷头是影响喷灌灌水质量的关键设备。我国在喷头研制方面起步较晚，与国外发达国家相比，在理论研究和技术水平上仍存在一定差距，仍然存在变量喷头品种少、功能单一、适应性低等问题，现有喷头调节机构的可靠性和稳定性也需进一步研究，喷头结构参数还需进一步优化。

水、肥、药一体化是现代灌溉技术追求的目标，正在成为一个重要的研究方向。我国对水肥一体化的研究和应用基本局限于滴灌，在喷灌中的研究及应用才刚刚起步，在施肥装置、系统设计、施肥均匀性条件评价方法与标准等方面都还有很多问题需要研究。另外，在灌水与施药结合方面的研究更少，关于喷灌施药对药效、大气环境及污染物淋失影响的研究都尚在起步阶段。

多目标综合利用是喷灌机的一大优势，然而目前我国在这一领域的研究和实践还较少。从目前大型喷灌机的应用情况来看，最大的问题在于缺乏适合不同灌溉作业环境的运行管理模式。现有大型喷灌机的研究大多集中在系统设计、关键设备研制、机组水力性能等方面，关于水肥施入土壤后的运移状况和作物吸收特性以及作物响应等研究均未涉及。

在精准灌溉和灌溉系统的自动控制方面，我国与国际领先水平的差距还较大。发达国家为满足对喷灌系统管理的灵活、准确、快捷的要求，非常重视空间信息技术、计算机技术、网络技术等高新技术的应用。我国对遥感、网络等高新技术在喷灌水肥自动化管理方面的应用也已开始，但在硬件和软件方面都与发达国家存在较大差距，规模化应用的成功实例还不多，需要进一步加强。

4. 微灌技术

在微灌系统抗堵塞机理与技术措施方面，国外对滴头流道结构优化设计理论的研究虽然有一些公开的成果，但在滴头流道结构水力学理论、抗堵塞机理和设计技术指标等方面的工作均属不公开的机密。微灌系统抗堵塞机理旨在应用实验的方法和现代流体动力学理论，分析不同结构流道内各部分的水流流态，揭示滴头流道结构形式、结构参数对滴头抗堵塞性能和水力性能的影响机理，定量描述滴头流道结构与水流流态的关系及其影响因素，提出滴头流道设计理论与抗堵塞滴头的设计方法和技术指标。近几年来，我国在这方面取得了瞩目的成果，引起了世界各国的关注。

抗堵塞结构和相应的系统技术参数确定是地下滴灌技术的难点。以色列耐特菲姆、美国雨鸟等公司相继开发了多种形式的防止负压吸泥和根系入侵的地埋滴头或滴灌管；美国堪萨斯州立大学连续进行了 25 年涉及 22 个大田作物种类的地下滴灌研究，编写了正确使用地下滴灌的多种技术指导材料。我国地下滴灌技术研究虽然起步于 20 世纪 80 年代，但在专门设备和应用管理技术参数等方面研究的连续性不够，缺乏长期的示范应用实践，特别是在防堵塞设备、系统设计、苗期灌溉、管道埋深、盐分积累与淋洗、灌溉施肥（药）、流量变化、滴头和滴灌带间距、鼠害、系统运行管理十大技术问题上尚需进行深入的研究。

在微灌应用管理技术方面，发达国家近期的研究非常重视微灌对作物产量、水分利用效率及作物品质的影响，力图摸清微灌条件下作物的耗水、耗肥规律，提出不同作物适应于微灌的种植模式、水肥一体化使用技术等农艺措施；十分关注如何利用微灌优化作物生产及减少对生态环境的影响以及微灌的系统特性与农业措施如何结合才能使水的利用率最高、肥料和杀虫剂的流失最少、对农产品品质污染最低；日趋加强各种作物在微灌条件下效益最佳和污染最小的养分标准及不同灌水方法（微喷灌和滴灌）、不同肥料注入方法（缓慢注入和迅速注入）条件下作物生长的响应与养分流失的数学预测模型的研究；更加重视化学物质的适用性和功效评价以及施肥（药）对微灌系统组成和运行的影响等。目前，我国在这方面的研究基本与发达国家同步。

在微灌系统的设计、评价及判定标准方面，由于微灌系统的均匀度不但影响灌溉水利用率，而且与系统配置和投资额度密切相关，但目前有关灌水器水力特性、制造偏差及可能的堵塞对微灌系统灌水均匀度的影响还没有确定的评价方法，如何通过改进微灌系统设计和组成提高微灌系统的灌水均匀性已引起各方面的高度关注。微灌系统是一种复杂的管网系统，目前需要解决的问题是如何在满足系统灌水均匀度并在考虑系统能耗、投资、效益等条件下，实现优化配置各级管道系统及系统设计的计算机化。传统的均匀性是由系统的水力特性和系统偏差来表征的，而对于施药灌溉来讲，均匀度用最终施用在土壤中的水和化学物质的分布状况来表征似乎更为合理，因此，极有必要对这两种均匀性表征方法进行比较研究。另外，不同区域的作物种类、有害物质、土壤特性及气候特征均有较大的不同，因此应在广泛的田间试验基础上，确定各自的均匀性评价标准。我国在这方面的研究工作还很薄弱，迫切需要加强。

5. 农田排水技术

在设施农业排水、排水与生态工程及生物工程相结合、渍害田的标定与识别技术等方面，结合现代农业生产的灌溉、施肥及微气候控制过程的排水系统综合技术研究和开发将是这一领域的发展趋势，我国目前仍处于跟踪国际前沿、进行局部研发的阶段。在控制排水与生态工程和生物技术结合方面，将田间控排、沟渠消减、湿地处理相结合的农业面源多级防治措施是我国学者结合中国国情特色取得的重要进展。但该系统在处理农田排水水质过程中的机理和相关技术参数的优化确定方法，仍需要通过更加深入的研究来揭示。

国外农业面源污染控制侧重于污染源的控制，重点研究从田间、排水沟系统到承泄区的污染物转化运移机理及控制措施，侧重于法律和法规的制定和实施，已经总结出相对完善的、能够被各方所接受的制度和技术体系。我国由于农业灌区社会发展和经济水平的限制，在排水技术体系的建设和相关法规的制定方面做的工作还十分有限，因此需要首先解决技术体系和法规的适应性以及配套法律法规的建设和执行问题。

6. 再生水灌溉

近年来，随着世界各国对淡水资源紧缺问题和农产品质量安全问题的关注程度的日益加剧，再生水安全高效灌溉技术研究方兴未艾，同时更加重视再生水灌溉法规体系建设、再生水灌溉标准制定、再生水灌溉环境评价与监测网络建设等工作。

在再生水安全高效灌溉技术研究方面，近年来由丹麦农科院牵头，组织英国、法国、希腊、瑞士、波兰、斯洛伐克、意大利、以色列及中国在内的 9 个国家 17 个项目伙伴共同完成了欧盟第六框架项目“运用劣质水和改进灌溉系统及管理办法进行安全优质粮食生产”。该项目基于欧盟农产品质量与安全政策，全面系统地开展了新型再生水灌溉系统研发、安全灌溉技术与灌溉模式、再生水灌溉评估方法、灌溉水肥一体化管理决策支持系统等方面的研究，将再生水灌溉研究工作推上一个新的台阶。我国在这方面的研究工作目前仍处于跟踪国际前沿、进行局部研发的阶段。

在再生水灌溉法规体系建设与灌溉标准制定方面，美国、突尼斯、加拿大、日本等许多国家和国际组织对于再生水回用于农业灌溉，均制定了较为严格的水质限值标准或灌溉指南，如美国制定了一系列再生水农业利用的政策和法规，通常将处理后的二级水作为农业灌溉用水，并区分不同用途规定了具体的水质要求；以色列针对不同的灌溉作物制定了具体的污水回用灌溉水质标准；联合国粮农组织（FAO）在世界各地开展污水灌溉研究与实践的基础上，先后出版了污水处理与灌溉回用、污水灌溉水质控制技术大纲；世界卫生组织（WHO）出版了污水回用于农田灌溉和水产养殖的健康指南。目前，中国再生水安全灌溉技术规范标准体系建设尚处于起步阶段，与国外发达国家相比还存在较大的差距。

三、展望与对策

（一）未来几年发展的战略需求、重点领域及优先发展方向

为贯彻落实 2011 年中央 1 号文件《中共中央国务院关于加快水利改革发展的决定》，2012 年 1 月国务院发布了《关于实行最严格水资源管理制度的意见》（国发〔2012〕3 号），进一步明确了我国要实行最严格的水资源管理制度，确立了“水资源开发利用控制、用水效率控制和水功能区限制纳污”三条控制红线，强调要健全水利科技创新体系，强化基础条件平台建设，加强基础研究和技术研发，提高水利技术装备水平，建立健全水利行业技术标准，力争在水利重点领域、关键环节和核心技术上实现新突破，获得一批具有重大实用价值的研究成果。

围绕国家的战略需求，我国灌溉排水学科未来几年发展的重点领域及优先发展方向主要以作物高效用水理论与节水调控、节水高效灌溉技术与装备、控制排水技术与装备、非常规水安全高效利用技术等研究为主。

1. 作物高效用水理论与节水调控

针对我国水资源短缺严重、旱涝灾害频繁发生、水分生产效率低、农业高产稳产面临严重威胁等突出问题，从作物高效用水和农业生产的重大需求出发，研究明确节水灌溉条件下主要作物的需水特征、需水规律和需水指标体系，揭示作物需水的时空变异规律，研发适合区域农田水利建设、工程技术改造和灌溉生产管理应用的区域作物需水用水信息系统，为按照作物需水过程控制用水、实施农业用水“总量控制、定额管理”提供理论依据；从植株个体、生理、细胞和分子水平全面揭示作物水分高效利用的机理与调控机制，

构建作物高效用水的非充分灌溉理论体系，提出田间墒情和作物水分信息的快速监测与诊断技术，构建区域农田墒情监测和灌溉预报网络，建设功能较为完备的农田高效用水管理远程技术服务系统，为提高灌溉用水管理水平提供技术服务平台；明确田间水分转化与消耗规律，提出农田蓄雨保墒、减蒸抑耗的农艺节水技术，实施按作物需水过程控制的适宜节水调控技术，为农田水分高效利用与调控提供技术保障。

2. 节水高效灌溉技术与装备

随着土地流转的加快，规模化、集约化经营初显端倪，我国的农业生产经营模式正面临重大变革。农业灌溉系统必须适应新的发展需求，以规模化、自动化、信息化作为现代节水高效灌溉技术发展的战略重点，进一步突出现代高新技术在农业灌溉系统中的应用，为从根本上提高农业水资源利用效率奠定基础。

在规模化灌溉系统优化设计理论方面，应进一步研究土地精细平整条件下的大系统灌溉管网优化设计、畦（沟）规格田间工程布置形式及安全高效运行管理技术，加强喷微灌水力特性关键参数、高效运行机理及系统优化设计理论的创新，加强喷微灌系统智能化、自动化灌溉控制理论与控制技术的创新。

在节水高效灌溉技术与设备研发方面，应优先发展：①地面灌溉反馈控制技术、先进实用的首部控制设备和设施、地面灌溉水肥同步高效利用技术、地面灌溉专用施肥装置等；②以大型喷灌机组为对象的变量喷水与施肥技术、低能耗精量喷灌设备、多目标利用（施肥、施药、降温、除霜、除尘等）喷灌技术研究及设备开发；③通过技术创新、材料创新和集成配套创新，开发新型灌水器、流量压力调节设备和过滤器等微灌产品和设备；研制成本更低的一次性微灌设备，使“贵族化、奢侈化”的微灌技术“平民化、廉价化”；④区域地面灌溉系统信息化管理技术及智能化喷、微灌自动控制设备研制，如信息传输方式、控制器、自动阀、高效自动注肥设备、田间信息采集设备等。

3. 控制排水技术与装备

随着水资源紧缺和农业面源污染的加剧，通过控制排水技术提高单产、节约水资源、保护水环境的社会需求将日益增加。我国西北地区在新的灌溉模式下，土壤的潜在盐碱化是农业发展的重大障碍，需要研究相应的排盐、控盐措施，维持灌溉农业的可持续发展。未来几年农田排水研究的重点发展方向包括如下几个方面：①涝渍兼治的农田排水标准，排水系统优化及评价技术，配套的排水材料及机械；②西北干旱区灌溉绿洲土壤次生盐渍化的演变理论及适宜的排水技术模式；③设施农业区减污控排模式和水资源高效利用技术；④农田排水区自然—农业—生态系统径流形成机理和预报调度技术；⑤农业排水系统溶质转化、运移机理，面源污染控制技术，排水资源化控制装置。

4. 非常规水资源安全高效利用技术

随着水资源的日益紧缺，非常规水资源（微咸水、再生水、雨水和海水等）开发和利用日趋受到各国重视。未来几年非常规水资源安全高效利用技术研究的重点方向包括：①非常规水水质提升技术与装备；②主要作物非常规水安全高效灌溉技术与灌溉模式；③适宜于非常规水灌溉的系统与设备研发；④非常规水利用灌区环境监测与评价技术；⑤非常规水灌溉法规体系建设与标准制定。

（二）本学科未来几年发展的战略思路与对策措施

为保障国家的水安全、粮食安全和生态安全，建设资源节约型、环境友好型社会，发挥灌溉排水学科在节水、节能、低碳、高效、保护生态方面的主导作用，未来几年应紧密跟踪本学科的国际研究前沿，坚持以作物高效用水理论创新为基础，加强具有自主知识产权的节水高效灌排新技术与新设备研发力度，多渠道开发可利用于农业灌溉的非常规水资源，实现水资源高效利用、生态环境保护和可持续发展的有机统一，逐步提高我国灌溉排水学科研究的国际化水平。

1. 推进跨学科交叉，强化基础理论创新

灌溉排水学科是一门多学科交叉、应用性很强的学科，应瞄准学科前沿和国家重大需求，充分吸纳近代生物、物理、环境和信息学科的先进理论、技术和研究手段，促进跨学科交叉力度，加强对灌溉排水学科发展起关键作用的应用基础研究，包括作物需水与高效用水调控理论、节水灌溉条件下水肥一体化高效利用调控理论、环境友好型区域农业高效灌排理论与技术、非常规水灌溉的环境效应与农产品质量安全保障技术等，强化自主创新，不断培育新的学科增长点，努力取得更多具有国际影响力的突破性创新成果。

2. 推进产、学、研相结合，加强灌排设备与产品研发的技术创新

随着国家对农田水利工作重视程度的不断提高，我国农田水利建设进入了一个新的快速发展时期，灌排设备与产品市场面临着前所未有的良好机遇。灌溉排水学科应抓住机遇，发挥高等院校、科研院所和灌溉排水设备生产企业的人才优势、技术优势和设备优势，加快灌排新技术、新产品和新设备的研发，重点突破智能化灌溉信息采集装置、灌溉控制设备与装置、关键工艺与新材料及精量灌溉自动化管理技术，彻底解决国产节水灌溉设备通用性、兼容性、互换性、多功能性较差的问题，实现灌溉排水技术的创新与发展，提升灌排设备行业的自主创新能力和产品的国际竞争力。

3. 注重学术队伍建设，促进我国灌溉排水技术水平的整体提高

新时期灌溉排水学科的发展必须注重人才队伍的建设，要不断培养与完善学术梯队，加强国内外合作与交流，加快教学改革和人才培养，造就和形成一批学术思想活跃、创新意识强烈、学术造诣深厚、在国内及国际上都有一定影响的学科带头人和学术骨干，支撑灌溉排水学科的持续快速发展。同时，还应加强对基层技术人员和农民的培训，通过各种

方式提高基层技术人员和农民用水户的专业素质和技术水平，保障灌溉排水新技术的普及应用，推动我国节水农业的快速发展。

参考文献

[1] 10000个科学难题农业科学编委会. 10000个科学难题（农业科学卷）[M]. 北京：科学出版社，2011.

[2] 李新，刘绍民，马明国，等. 黑河流域生态—水文过程综合遥感观测联合试验总体设计[J]. 地球科学进展，2012，27（5）：481-498.

[3] 中国农业工程学会. 农业工程学科发展报告：2010—2011[M]. 北京：中国科学技术出版社，2011.

[4] 郭进考，史占良，童依平，等. 冬小麦节水高产新品种选育方法及育成品种[J]. 中国科技成果，2011，13（7）.

[5] 白美健，许迪，李益农，等，畦灌撒施与液施硫酸铵地表水流和土壤中氮素时空分布特征[J]. 农业工程学报，2011，27（8）：19-24.

[6] 聂卫波，费良军，马孝义. 基于土壤入渗参数空间变异性的畦灌灌水质量评价[J]. 农业工程学报，2012，28（1）：100-105.

[7] 严海军，姚培培，朱勇，等. 圆形喷灌机喷头配置技术与软件研究[J]. 农业机械学报，2011，42（6）：84-89.

[8] 龚时宏，李久生，李光永. 喷微灌技术现状及未来发展重点[J]. 中国水利，2012（2）：66-71.

[9] 窦超银，康跃虎，万书勤. 地下水浅埋区重度盐碱地覆膜咸水滴灌水盐动态试验研究[J]. 土壤学报，2011，48（3）：524-531.

[10] 王荣莲，龚时宏，于健，等. 地下滴灌抗根系入侵堵塞的研究进展[J]. 节水灌溉，2012（1）：66-68.

[11] 张国祥，丁苏疆. 对微灌滴头水流流态若干问题的思考及补偿机理的探索[J]. 农业工程学报，2012，28（1）：78-81.

[12] 孙怀卫，杨金忠，王修贵，等，大棚控制排水对土壤水氮变化的影响[J]. 农业工程学报，2012，27（5）：37-48.

[13] 王康. 灌区水均衡演算与农田面源污染模拟[M]. 北京：科学出版社，2012.

[14] J. Leonardo Reyes-Acosta，Maciek W. Lubczynski. Mapping dry-season tree transpiration of an oak woodland at the catchment scale，using object-attributes derived from satellite imagery and sap flow measurements[J]. Agricultural and Forest Meteorology. 2013，27（8）：184-201.

[15] King B. A.，Bjorneberg D. L. Characterizing Droplet Kinetic Energy Applied by Moving Spray-Plate Center-Pivot Irrigation Sprinklers[J]. Transactions of the ASABE，2010，53（1）：137-145.

[16] Li H.，Yuan S.，Xiang Q. Theoretical and experimental study on water offset flow in fluidic component of fluidic sprinklers. J. Irrig[J]. Drain. Eng，2011，137（4）：234-243.

[17] Meijian Bai，Di Xu，Yinong Li，Luis S. Pereira. Stochastic modeling of basins microtopography analysis of spatial variability and model testing[J]. Irrigation Science，2010，28（2）：157-172.

[18] M. D. Dukes，D. L. Bjorneberg，N. L. Klocke，Advances in irrigation：select works from the 2010 decennial irrigation symposium[J]. Transactions of the ASABE，2012，55（2）：477-482.

[19] Xie，X. and Y. Cui. Development and test of SWAT for modeling hydrological processes in irrigation districts with paddy rice[J]. Journal of Hydrology，2001，396（1-2）：61-71.

撰稿人：段爱旺　孙景生　齐学斌　王景雷　樊向阳　吕谋超　李益农　李久生
栗岩峰　杨金忠　王修贵　胡铁松　王　康　伍靖伟　李光永

作物病虫害

一、引言

（一）学科概述

1. 农业昆虫学

昆虫的种类多达 100 万种以上，绝大多数以植物为寄主，是自然生态系统的重要组成部分。在农作物生长过程中，一些种类的昆虫通过取食作物、获取营养而显著降低农产品的产量和品质，成为制约农业生产的重要因子。近年来，随着人类的生产活动和科学试验以及其他基础学科的发展和学科间的交叉渗透，昆虫学已由描述阶段、实验阶段进入分子生物学阶段，正朝着宏观和微观两个方向发展。在学科发展过程中，昆虫学逐渐形成了自己的许多分支学科。按照基础昆虫学科的类别，可以分为昆虫分类学、昆虫生理与分子生物学、昆虫生态学、药剂毒理学；根据应用对象不同，可以分为农业昆虫学、林业昆虫学、医学昆虫学。

近年来，农业昆虫学在害虫成灾机制与防控基础理论以及高效、持久、安全的农业害虫监测预警、应急处理与可持续治理的技术体系的建立等方面取得了可喜的成就。

2. 植物病理学

植物病害是在生物因子或非生物因子持续作用下，植物的正常生理和生物化学功能受到干扰和破坏，从而表现出各种不同症状的现象。植物病理学（plant pathology）就是阐述植物病害发生发展规律及其防治的一门应用学科。植物病理学研究的主要目的是保护植物免受或减轻病害的为害，保障农作物的高产、优质、安全。该学科以植物学、微生物学和生态学等为基础，同时又与作物栽培学、育种学、土壤学、农业气象学、农业昆虫学、农药学等学科有着密切的联系。近年来，随着学科的相互渗透，植物病理学在理论技术上有了极大的突破，有力促进了植物病理学的快速发展；同时植物病理学领域形成的新理论和新技术也极大地推动了相关学科的进步。

（二）发展历史回顾

1. 农业昆虫学

17 世纪显微镜的应用以及 18 世纪中叶林奈关于动植物分类双名法的创立，奠定了昆虫学的基础。此后所开展的害虫生物学与防治研究工作产生了农业昆虫学的萌芽。到 19 世纪中叶，哈里斯《植物害虫论说》一书的出版和德国学者黑克尔将生态学概念引入农业害虫防治，促进了农业昆虫学学科体系的形成。昆虫学是人类在长期认识自然与改造自然的历史过程中对昆虫知识不断积累的结果，但昆虫学作为一门独立的学科应从 17 世纪算起。农业昆虫学是从昆虫学发展起来的一门应用学科，它的演化和昆虫学基础分支学科以及化学等学科的发展密切相关。17 世纪，显微镜的出现，使人类更容易观察昆虫的外部器官、内部结构，由于当时条件的限制，该阶段人类还主要停留在对昆虫的描述阶段。昆虫的分类学科分支在这个阶段也逐渐形成。人类对昆虫进行观察、收集、饲养和试验，他们所进行的研究涵盖了整个生物学规律的范畴，包括进化、生态学、行为学、形态学、生理学、生物化学和遗传学等方面。这些研究的总体特征就是研究的生物体是昆虫。生物学家选择昆虫作为科学研究材料，从中揭开了很多自然之谜，最突出的例子就是以果蝇为材料发展起来的遗传学。以昆虫为研究材料的优点在于：昆虫易于饲养，生活周期短，能在短时间内获得大量个体；昆虫是开放循环的动物，器官和内分泌腺的移植比较容易，无脊椎动物的生理问题很多都是以昆虫为实验材料研究的；昆虫作为研究材料不像灵长类动物容易受到社会和道德约束。这些研究的突破都得益于人类对昆虫个体本身的观察和详细的了解。

人类除了从事对农业昆虫本身个体的观察和描述等方面的基础研究、揭示昆虫生长发育之规律、明确哪些是害虫、哪些是益虫外，在很多情况下主要从事有害昆虫的防治研究及有益昆虫的利用研究。人类的责任就在于掌握自然规律，控制昆虫、管理昆虫，使其“有害不害，有益更益”。随着人类的生产活动和科学试验以及其他基础学科的发展和学科间的交叉渗透，昆虫学已由描述阶段、前期观察阶段进入昆虫的宏观生态学研究，在学科发展过程中，昆虫学逐渐形成了自己的分支学科，如昆虫生态学学科，除形态描述外，人类也开始对昆虫的生活习性、生活史及发生规律等开展研究。农业昆虫学是研究农业害虫的发生、发展、消长规律及防治措施的一门科学。当人类广泛地开始调查昆虫的发生危害规律，标志着农业昆虫学学科正式从昆虫学学科中发展起来，并逐渐成为一门应用学科。

农业害虫预测预报主要是根据害虫发生发展规律以及作物的物候和气象预报等资料，进行全面分析并做出其未来害虫发生期、发生量、危害程度等估计，预测害虫未来发生动态并提前向有关植物保护部门、防治工作者提供虫情报告。很显然，全面掌握和了解害虫的发生发展规律是准确预测未来害虫发生危害程度的理论基础。在人们对某些重要的农业害虫的发生发展规律已完全了解的情况下，农业昆虫学学科的发展将自然地向害虫预测预报阶段全面过渡。

20世纪40年代，由于农药化学取得了突破性的进展，DDT的合成与应用以及有机氯和有机磷等农药相继问世，推动了害虫化学防治理论与技术的发展。此后，昆虫行为学、昆虫生态学、昆虫生理学和昆虫毒理学等分支学科的形成使农业昆虫学进入了快速发展阶段，综合防治理论体系的建立使害虫防治进入了综合应用多学科知识的新阶段。此外，农业昆虫学的发展和作物栽培学、作物育种学、土壤肥料学和农业气象学等学科有密切的联系。现代农业昆虫学的核心宗旨是通过系统阐明害虫灾变机制，建立早期监测预警体系和基于农业防治、生物防治、化学防治、物理防治等方法的持续治理理论技术体系。近代科学技术和农业生产的不断发展，正促使农业昆虫学进一步向着多学科综合与交叉的方向发展。害虫防治策略和技术的研究，已不仅是微观上的继续深化，而且还包括从农业生态系的整体出发，在研究分析生物与非生物两大类因素间有机联系的基础上，协调制定防治措施，并从经济和环境保护的观点设计和推行综合防治方案。随着分子生物学、转基因技术和信息技术等现代科学技术的发展和应用，农业昆虫学将进入一个新阶段，通过害虫防治理论的创新来开辟害虫防治的新途径、新技术。

2. 植物病理学

人类对植物病害的认识有着悠久的历史。早在公元前239年，《吕氏春秋》就已用文字记录植物病害，将小麦黑粉病说成“鬼麦”，外国人把锈病当成是“锈神作祟所致”。但是，由于古代生产力水平低下和科学文化水平的限制，人们对植物病害的认识长期以来都局限在对病害的观察和记载方面。

从18世纪起，西欧和北美近代工业的兴起和实验科学的建立为植物病理学科的形成奠定了基础。1755年，法国的Tillet证实了小麦腥黑穗病是由一种“黑粉”传染所致，但未揭示传染的本质。直到1807年，法国科学家Prevost通过试验证实黑粉菌是引起该病害的直接原因，并成为病原学说的创始人之一。1853年起，德国De Bary先后证明黑粉菌、锈菌和马铃薯疫病菌对植物的致病作用，肯定了真菌是导致植物病害的真正原因，并且提出锈菌有转主寄生的现象，建立了植物病原学说，成为病原学说的创始人，奠定了植物病理学的基础。稍后，德国的Kühn于1858年根据病害的传染性和控制方法，编写出版了历史上第一部关于植物病理学的教科书《植物病害的原因和控制》，标志着植物病理学的诞生。继植物病原真菌被发现之后，细菌、病毒以及线虫等病原也逐渐被人们认识和发现。对病原进行分析的过程中，诊断学也与之同步发展。1884年，德国微生物学家柯赫提出了延续至今的“柯赫氏法则”，成为诊断学的奠基人。

进入20世纪，植物病理学发展成一门成熟的科学。在发现和鉴定由各类不同病原生物引起的植物病害过程中，人们也逐步开展了对植物病害发生条件、发生发展规律的研究，丰富和发展了植物病理学的内容。1946年，Gämann出版了《植物侵染性病害原理》一书，书中表述的“侵染链”为植物病害发生规律研究提供了线索，为植物病理学建立了一个理论体系。1963年，van der Plank编写的《植物病害：流行与防治》，使得人们对植物病害发生规律的研究进入“动态—定量阶段”和“理论—综合阶段”。我国于20世纪初把植物病理学作为一门学科并在高等农林教学中设置植物病理学课程。戴芳澜、邹炳文、章祖纯、邓叔群、朱凤美、俞大绂、魏景超、裘维藩和方中达等先驱在我国植物病害的调查、真菌学和病害防治等方面作出了杰出贡献。

纵观历史，随着病害的大流行，病害的控制技术也在不断积累和发展。1755 年，Tillet 提出用种子处理的方法可以防治小麦黑穗病。1765 年，我国的方观承证实用开水浸种和草木灰拌种可以防治棉花病害。1885 年，Millardet 发现波尔多液可以有效地防治葡萄霜霉病，而该杀菌剂迄今还被广泛使用。1950 年，人们开始使用抗生素，揭开了抗生素防治植物病害的序幕。而我国在井冈霉素的生产和防治水稻纹枯病的方法应用方面居世界之冠。1972 年，New 和 Kerr 最早研制出用 K84 菌株防治癌肿土壤杆菌的生物防治新技术。20 世纪 70 年代以后，生态学迅速发展，我国提出了“预防为主，综合防治”的科学策略，与国际上常用的“有害生物综合治理”的内涵一致，意味着植物病理学迈入了成熟发展的阶段。

21 世纪以来，生物技术、遗传工程和分子生物学技术的发展极大地推动了现代植物病理学的发展，人们对植物与病原物的互作、病原物致病机制和植物抗病机制的研究也在不断深入，取得了前所未有的新进展。但是，目前仍有许许多多的问题需要阐明。我们应该以史为鉴，清醒地认识到每个植物病理学家都应该为植物病理学的发展编写新的篇章，为控制植物病害作出新的贡献。

二、现状与进展

（一）学科发展现状及动态

1. 农业昆虫学

（1）发育生物学

昆虫发育生物学涉及昆虫蜕皮与变态等生命活动现象，有关该领域的研究我国近年来多已上升至相关功能基因克隆与表达及内分泌调控层面，并取得了明显的进展。如中国科学院遗传与发育生物学研究所的科研人员研究发现，蜕皮激素可以通过蜕皮激素下游的早期反应基因 Br-C 促进蜕皮激素的合成，表明蜕皮激素可以通过其下游基因正向反馈调控自身的合成，这样可以很好的解释在昆虫蜕皮之前昆虫体内蜕皮激素快速升高的机理，同样也暗示在蜕皮之后昆虫体内的蜕皮激素快速降低也可能与这种反馈机制有关。果蝇是全世界广泛使用的模式动物，具有生活史周期短，繁殖快速；基因组小，只有 4×2 条染色体；遗传学操作技术成熟等特点。科研人员利用果蝇已经研究了很多与人类疾病有关的科学问题，在神经生物学和行为学领域果蝇也做出了巨大的贡献，但是人们往往忽视了果蝇是一种昆虫，目前利用果蝇的遗传学优势研究昆虫学的问题也越来越受到昆虫学家的青睐。利用果蝇的优势将为昆虫学的研究带来空前的革新。

另外，最近几年，昆虫变态发育激素和营养调控分子调控、基因组学、蛋白组学等方面相继取得新的研究进展和成果。比如，华南师范大学研究人员在家蚕变态发育的研究中取得了重要的成果：研究人员以鳞翅目模式昆虫家蚕为研究模型，深入研究了家蚕变态发育过程中翅原基发育和翅膀形成的过程，探讨了与翅膀发育相关的一系列翅原基表皮蛋白基因 BmWCPs 的激素调控分子机理，发现了细胞核转录因子 BmPOUM2 在受蜕皮激素调控的表皮蛋白基因 BmWCPs 的蛹期异性专一表达过程中起着重要的作用。研究详细分析了核转录因子 BmPOUM2 对 BmWCPs 基因表达调控的分子机制，并发现了另一个核转录因子 ABmAbd-A 与 BmPOUM2 共同作用参与了虫蛹变态的发育过程。这是首次发现与胚胎早期发育相关的核转录因子 ABmAbd-A 也参与了虫蛹变态发育过程的调控，表明在虫蛹变态过程中，成虫器官的发育与早期胚胎发育存在一定的相似性，该研究提出了 BmWCPs 基因表达的激素调控模型，为深入了解昆虫变态发育和翅膀形成的激素调控作用提供了一个新的视野，并为实现长蛹期家蚕新品种培育、提高蚕丝品质的应用提供了理论基础和技术指导。同时，昆虫是陆地上最大和最多样化的生物类群，对昆虫变态发育的分子机理研究对于阐释昆虫的多样性、对环境的适应性和协同进化具有重要的科学和应用意义。

（2）种群遗传控制

20 世纪 50 年代，美国科学家发明了辐射不育法。自从伦琴于 1895 年首先发现 X 射线后，人们发现电离辐射在较高剂量的情况下，会引起生物体发生病变甚至死亡。于是，美国科学家决定尝试用辐射来杀虫。他们用人工的方法饲养了一些羊皮螺旋蝇，并对这种害虫进行辐射试验。研究发现，经过一定剂量辐射后的雄性害虫，它们的精子被杀死，输精管发生堵塞。随后，科学家把这种丧失生育能力的雄性害虫释放到田间，让它们与雌虫交配，使它们无法产生后代。经过一段时间的观察，他们发现害虫种群密度果然大幅度降低。到了 80 年代后期，全世界利用辐射不育法能够控制或消灭的害虫有秋家蝇、红铃虫、舞毒蛾等 70 ~ 80 种。

到了 21 世纪初期，科研人员开始采用遗传转化为主体的遗传调控技术。这种新一代害虫防治技术首先在蚊类昆虫中得以尝试。蚊类是传播人类和动物疾病（如疟疾、登革热、黄热病、嗜睡病等）的媒介，随着世界人口的增加，这些虫媒的传染病成为威胁人类健康的重要公共卫生问题。2008 年，英国一家生物公司通过培育一种转基因雄蚊，实施“以蚊灭蚊”的方案。这种转基因雄蚊具有正常的生存和交配能力，可与野外的雌蚊交配并导致下一代雌虫发育异常或死亡，而雄虫则能够正常发育。经过世代繁殖，具有这种能力的雄虫逐渐增加，自然种群中的雌虫比例下降，使害虫种群密度逐渐降低，从而达到控制害虫种群的目的。该方法不同于传统的辐射不育技术，成功释放少量经过遗传转化的目标雄虫就能够达到种群控制的目的。目前害虫遗传调控技术主要在医学昆虫方面得到很好的应用，而在农业昆虫方面的应用，目前国内还处于起步阶段，仅中国科学院上海植物生理生态研究所等少数几家单位开展了部分前期基础研究工作，应用方面研究较少。

（3）监测预警信息技术

农业虫害的监测和预警是防控的关键所在。传统的监测和预警方法费时费力、实效性差且准确度低。随着农业昆虫学学科发展，我国科学家利用 3S 技术建立了多种农业害虫的监测预警系统，显著地提高了监测预警水平与能力。佳多自动虫情测报、佳多生物远程实时监测系统研究以及基于 PDA 的病虫害监测数据采集系统的开发，实现了虫情测报工具自动化，解决了测报工作者劳动强度大、效率低的问题。开发了农作物虫害疫情地理信息系统，建成全国农作物虫害监控中心信息网络和信息系统、分布式虫害预警预报 Web-GIS 系统、迁飞性害虫实时迁入峰预警系统，解决了田间昆虫数据采集和计算机网络化的数据传输和管理技术、田间小气候实时监测技术和影响农作物虫害的关键气候因素和预警指标的分析提取技术和中长期预测预报技术等关键技术问题。

中国农业科学院植物保护研究所组建了由 5 台昆虫雷达组成的我国昆虫雷达监测网络系统，研制成功了我国首台毫米波扫描昆虫雷达系统和后台数据处理系统、首台首发置多普勒昆虫雷达系统以及旋转极化的垂直昆虫雷达系统。利用将 4 台昆虫雷达分布于我国具有代表性的观察地点形成的小雷达监测网，开展了主要迁飞性害虫的长期监测研究；组建了毫米波昆虫雷达和多普勒昆虫雷达，解决了稻飞虱等微小昆虫迁飞行为的监测难题；利用厘米波昆虫雷达和垂直监测昆虫雷达，在山东、内蒙古、东北地区等监测了棉铃虫、黏虫、小地老虎、草地螟等多种害虫的长期迁飞行为，获得了大量的重要害虫的迁飞活动数据，为这些害虫的预警预报和防治决策提供了非常重要的依据。2012 年 8 月上旬，三代黏虫在我国华北北部和东北部分地区突然爆发，发生面积和为害程度为近十年罕见，通过探照灯和雷达轨迹数据分析，成功监测到三代黏虫迁飞路线，获得了大量的迁飞数据，明确了三代黏虫 2012 年在我国东北和华北局地地区大发生的主要原因，为未来黏虫的预警预报和防治措施提供了非常重要的信息。

（4）转基因抗虫作物

分子生物学技术的飞速发展和应用，给害虫综合防治提供了新的发展机遇。转基因抗虫植物自 1997 年商业化种植以来，到 2012 年，全世界种植转基因抗虫作物的国家已经达到 28 个，主要是 Bt 棉花和玉米，种植面积达 4500 万公顷，成为害虫综合防治中的一个重要手段。我国自 1997 年开始种植转基因抗虫棉花，到 2012 年种植面积已经达到 380 万公顷，占棉花总种植面积的 70%。种植 Bt 棉花已经成为防控棉花害虫的关键措施，对有效控制棉铃虫和红铃虫的为害发挥了重要作用。Bt 棉花的大规模商业化种植破坏了棉铃虫在华北地区季节性多寄主转换的食物链，压缩了棉铃虫的生态位，不仅有效控制了棉铃虫对棉花的危害，而且高度抑制了棉铃虫在非转基因的玉米、大豆、花生和蔬菜等其他作物田的发生与危害。随着转基因育种高新技术和交叉学科的发展，近年来，转基因抗虫作物也由原来的抗虫或抗病等单性状改良向第二代复合性状改良发展。同时，随着 RNA 干扰技术的发展，植物介导的 RNA 干扰技术被应用到转基因抗虫作物的改良，可以有效、特异地抑制昆虫基因的表达，从而抑制害虫的生长。

（5）生态调控技术

忽视生物多样性保护、种植单一作物品种和过度依靠化学农药而导致生态系统自调节能力低下，是作物虫害严重发生的主要原因之一。通过作物品种多样性、生态系统多样性和诱集植物的利用，我国发展了主要农作物重大害虫生物生态调控技术体系，应用效果十分显著。针对烟粉虱的发生规律和对寄主植物苘麻的嗜好趋性，利用早播苘麻诱集 5 月初从越冬温室迁往棉田的烟粉虱，进而切断虫源；利用中播和晚播苘麻配合药剂防治和人工去除虫株，持续有效地压低烟粉虱田间种群数量，减少为害的技术体系。试验示范表明，该技术控制效率达 87% 以上。小麦与油菜、小麦与蔬菜套种田，使天敌数量增加 2.6 倍，小麦害虫得到明显控制，且农药防治减少两次。另外，通过化学信息物质成分分析，相继研究出了有效成分活性更强、释放期更长的缓释型引诱剂，利用害虫对诱集物质的趋性调控害虫的种群动态，并配合其他调控措施降低害虫的数量。蚜虫是农业的主要害虫之一，种类多数量大，危害相当严重。传统上对蚜虫的防治主要以化学防治为主，环境污染和害虫抗药性等问题已成为昆虫学家关注的问题，研究发现，当蚜虫受到天敌侵袭或其他干扰而感到危险时，就会从腹管分泌出一种化学物质，该物质可以使周围其他蚜虫感知危险并从它们的栖息地逃散，这种物质称为报警信息素，该信息素属于蚜虫自身代谢产物，具有专一性强、无公害、保护天敌等特点，利用蚜虫报警信息素控制其行为或与化学杀虫剂有机结合起来使用，可有效调控蚜虫危害，减少化学农药的使用，有利于生态环境保护。同时，报警信息素的研究对其他农业害虫生态调控也具有很好的参考价值，相关研究目前取得较好的进展。

2. 植物病理学

（1）植物与病原物互作机理

植物与病原物互作的核心事件是识别（recognition）及成功识别后的防卫反应激活。如果植物能成功将病原物识别为“非我”（non-self），就能迅速激活一系列抗病防卫机制，最终表现为抗病结果；否则病原物可以成功侵入植物，形成病害。近年来，我国在植物与病原物互作机理方面的突出进展表现在以下几方面。

1）识别的分子机理和抗病信号传导网络解析。植物至少能在两个层次上识别病原物，从而产生不同水平的抗性 / 免疫（immunity）。植物通过分子模式识别受体（pattern recognition receptor，PRR）和病原物关联分子模式（pathogen-associated molecular pattern，PAMP），引发产生 PTI（PAMP-triggered immunity）抗性；植物还能通过抗病（resistance，R）蛋白受体识别病原物无毒（avirulence，Avr）/ 效应（effector）蛋白，引发产生 ETI（effector-triggered immunity）抗性。我国在抗细菌 PRR-FLS2 的结构 - 功能分析、FLS2 和 CERK1 识别复合物的激活分子机理等方面取得重要进展：阐明了 FLS2 识别 flg22 的结构基础；明确了 AtCERK1 在识别几丁质 PAMP 时形成二聚体从而激活 PTI；揭示了 BAK1 和 BIK1 等类受体蛋白激酶在 FLS2 等 PRR 触发 PTI 中的重要作用。另外，发现了抗病受体蛋白在积累水平上的调控机制，探明了番茄抗叶霉病 R 蛋白——Cf 蛋白的积累水平可能受 Cf 基因转录水平、ACE35 等内质网蛋白质量控制（ER quality control，ERQC）体系调控的 Cf 蛋白成熟和正确定位等层次上的调控。水稻抗白叶枯病 R 基因 xa13 等也是在 R 基因转录水平调控抗病性。克隆和鉴定了一批植物 ETI 抗病 R 基因，包括数个水稻抗白叶枯病 Xa 基因、水稻抗稻瘟病基因等，分析了一批 R 基因结构 - 功能关系，明确它们介导产生 ETI 抗性的分子机理。分离和鉴定了一批 PTI 和 ETI 抗性信号传导重要基因，分析了其作用机理，解析了 PTI 和 ETI 抗性信号传导网络。

2）互作的分子共进化机理解析。最近几年关于 PTI 抗性研究的重大进展，进一步证实了植物与病原物的共进化现象。这种共进化在分子互作层面可以用“之”字形模型（zigzag model）来解释。在长期共进化过程中，植物先通过 PRR 受体识别病原物中的保守分子模式 PAMP，引发产生对所有携带该 PAMP 的病原物的广谱 PTI 抗性；病原物随后进化形成多种 effector 蛋白，克服 PTI，从而成功侵染植物并形成病害。此后，植物形成抗病 R 蛋白受体，特异性识别病原物 Avr/effector 蛋白，引发产生针对那些携带该 Avr 的病原物的特异性 ETI 抗性。而病原物随后会形成新的 effector 蛋白克服该 ETI，植物则形成新的针对性 R 蛋白激发形成新的 ETI，如此不断产生病原物 effector 蛋白 – 植物 R 蛋白分子共进化。

最近几年，我国已经在植物与病原物，特别是在植物与病原细菌（尤其是 *Pseudomonas* 和 *Xanthomonas*）、植物与病毒（尤其是双生病毒）互作的分子共进化现象和机理的研究等方面取得了重要进展。研究明确了一批病原物 effector 蛋白的植物靶标，许多 *Pseudomonas* 和 *Xanthomonas* 的 effector 蛋白直接结合并抑制植物的抗病受体蛋白以及关键的抗病信号途径因子；一些病毒蛋白则能抑制植物的抗病毒基因沉默体系因子。发现有些病原物 effector 蛋白能在翻译后修饰水平抑制植物靶标的抗病功能。

3）在研究方法和技术方面，蛋白晶体结构生物学等技术被应用于植物 PRR 受体与病原物 PAMP 识别复合体以及植物 R 蛋白受体与病原物 Avr 识别复合体的活化的生化机理解析，促使 AtCERK 和 Pto 识别作用机理得到阐述。蛋白质组学、基因组学和转录组学等各种组学技术越来越普遍地被应用于互作相关基因的鉴定及其功能分析中。

（2）抗病基因资源的鉴定与分子评价

我国学者对主要农作物抗病基因资源开展了系统的挖掘、鉴定与评价工作，获得了一大批水稻、小麦、大麦、玉米等农作物及其近缘野生种质材料中控制稻瘟病、白叶枯病、锈病、白粉病、赤霉病等重要病害的抗病基因资源和抗病数量性状位点，同时，采用分子标记、基因表达谱、全基因组关联分析等技术方法明确了一批优异抗病基因资源的染色体定位，并精细定位了一些抗病基因，为克隆鉴定具有应用价值的新抗病基因奠定了基础。通过开展主要农作物抗病基因的克隆鉴定、作用机制及其应用评价研究，分离鉴定了一批水稻、小麦等主要作物中针对稻瘟病、白叶枯病、锈病、白粉病等重要病害的主效显性抗病基因，研究发现水稻中两个抗病主效基因共同作用控制稻瘟病抗性的现象，研究揭示了抗病基因的作用机制；在水稻等作物中发现并鉴定了针对白叶枯病的主效隐性抗病基因（如 *xa13*），明确隐性抗病基因的作用机制不同于显性抗病基因，证明了不同抗病基因的抗病机理多样性，丰富了对植物抗病基因本质的认识；挖掘获得了一批针对稻瘟病等重要病害的广谱抗性种质资源，分离鉴定了水稻、小麦等作物中控制稻瘟病、锈病等病害的广谱主效抗病基因（如水稻 *Pi1* 等）和抗病 QTLs，发现水稻、大麦等禾本科作物中抗病 QTLs 存在共线性关系，为培育广谱抗病作物品种提供了依据；研究了抗病基因在作物不同生育期的抗性转换机制，发现遗传背景和发育阶段能调控水稻主效抗病基因 *Xa3*/*Xa26*

的表达水平，从而影响主效抗病基因的抗性水平和全生育期抗性，而且这种抗病基因的抗性转换调控机制具有代表性，为提高作物抗性水平并实现全生育期抗性提供了新思路；利用分子标记辅助育种等遗传转育手段，利用分离获得的主效抗病基因和抗病 QTLs 开展了抗病新品种的培育，部分育成品种在生产上得到应用，为主要农作物抗病性的分子改良奠定了基础；开展抗病基因介导的抗性机制研究，分离获得一批水稻、麦类等作物的抗性调控基因，并明确了其作用机理及其所涉及的抗病信号途径。我国在水稻等主要农作物抗病基因资源的鉴定与利用方面处于国际先进水平，部分内容达到国际领先，获得国外同行的高度评价。

（3）病原物遗传结构、寄生适应性变异及致病力分化研究

病原物群体遗传结构及其变异直接影响植物病害的发生、流行及其防治。自 20 世纪 80 年代起，人们就重视研究病原物的群体遗传结构和致病力分化，各国学者试图通过对病原物群体抗药性、生理小种等表现型监测，分析主要品种抗性丧失和化学农药抗药性的风险。此外，各国学者还在分子水平上研究病原物的群体结构，分析不同区域、不同年份病原物群体遗传结构的时空变化，解析病原物的起源中心、繁殖方式、传播途径、遗传迁移以及病原物群体遗传进化机制等。例如，以往人们研究发现水稻稻瘟病菌在自然界以无性繁殖为主，缺少有性阶段。最近中法学者合作通过生物和群体遗传学手段分析全世界收集到的 3800 多种株稻瘟病菌的群体遗传结构，结果发现：在中国云南稻瘟病菌的 CH1 群体中，两种交配型菌株的比例基本相近，而且该地区雌性可育菌株的比例高达 50%，但雌性可育菌株在亚洲以外的其他稻区很少发现；亚洲分离到的雌性可育菌株与对应的交配型菌株共培养可产生成熟的子囊壳和子囊孢子，表明稻瘟病菌在云南稻区存在有性阶段。再如，*Leptosphaeria maculans* 引起的油菜黑胫病是油菜重要的真菌病害，世界各地均有发生。法国多个研究小组合作研究发现，携带 *Rlm7* 抗性基因的油菜在同一个试验田连续种植四年，可以导致高达 36% 的带有无毒基因 *AvrLm4-7* 的菌株在该基因上产生点突变或缺失突变，进而产生对携带 *Rlm7* 抗性基因的油菜品种表现强致病力的新小种，表明抗病品种选择压力可引起一些病菌无毒基因发生快速变异，改变病菌群体遗传结构。

近年来，虽然世界各国在病原物群体遗传学方面做了不少工作，但这些工作主要集中在稻瘟病菌（*Magnaporthe grisea*）、小麦条锈菌（*Puccinia striiformis West. f.sp tritici*）、小麦叶枯病（*Mycosphaerella graminicola*）、马铃薯晚疫病菌（*Phytophthora infestans*）等重要的作物病原物上。目前病原物群体遗传学研究总体上存在群体量小、样本来源范围窄、样本采集缺少系统性、科学性等问题，而且大部分工作只局限于对群体的遗传多样性及其地理分布进行简单分析，对群体遗传结构的时空动态及其进化机制的研究不够深入；很多研究关注单一病原物群体遗传变异，对不同病原物群体之间的互作关系的研究很少；这些研究内容将成为未来一段时期内群体遗传学的发展趋势。

（4）植物病害流行学研究与防治策略

近年来，信息和生物技术向病害流行学和病害防治领域的渗透，极大地推动了病害流行和防控技术的发展，宏观与微观方法的有机结合使得人们的研究思路更加清晰，许多传统的方法得到改进和更新，不少疑难问题得到或有望得到解决。例如，近年来，我国在小麦条锈病综合治理体系建立和应用方面取得突破性进展，创建了以生物多样性利用为核心，以生态抗灾、生物控害、化学减灾为目标的小麦条锈病菌源基地综合治理技术体系，在生产上大规模推广应用，为我国粮食“九连增”做出了重大贡献。在小麦条锈病的病害循环研究方面，西北农林科技大学学者首次证明在自然条件下，条锈病菌的冬孢子萌发产生的担孢子侵染转主寄主——小檗，在其上完成性孢子和锈孢子阶段，锈孢子侵染小麦完成其夏孢子和冬孢子阶段，从而构成了小麦条锈菌的完整生活史，相关研究工作将有助于揭示中国小麦条锈菌毒性变异和发生流行的重要原因。

在水稻稻瘟病防控新技术研发方面，中国农业大学彭友良团队在黑龙江多个农场将稻瘟病菌群体的无毒基因监测与抗病品种筛选有机结合，筛选出的品种能表现高水平抗病性，种植这些抗病品种完全可以不需喷洒防稻瘟病药剂，实现了优质生产、节本增收的目的。

在环境友好型新型杀菌剂研发方面，琥珀酸脱氢酶抑制剂成为近年的研发热点，全球各大农药公司都集中精力研发该类产品，目前已成功开发15种琥珀酸脱氢酶抑制剂，并广泛用于防治各种作物病害；而且这些新药剂研发工作注重将防病、抗逆、增产等需求有机结合，充分发掘农药促进作物增产的潜能。

在植物病害防控新技术研发方面，近年来利用RNA沉默技术创建抗病转基因作物材料已成为各国研发的热点。自从80年代初植物基因工程问世以来，科学家们就一直探索用基因工程的办法来改良作物的抗病性。目前，抗病毒基因工程发展已较为成熟，相继培育出多种抗病毒转基因作物并在生产上推广应用。在真菌病害研究方面，国际上已经开始利用RNA沉默技术创建抗真菌的转基因作物材料，即在植物中表达针对病菌侵染或生长发育相关基因的dsRNA，可以沉默病原物的关键基因使其不能在植物中生长繁殖，进而有效防治植物病害。另外，植物中只表达极小部分病原物序列，既提高了转基因植物的生物安全性，又不影响原有品种的各项特性。近来，德国和英国科学家联合研究发现，在大麦植株中表达针对白粉病菌效应因子的dsRNA能够有效抑制白粉病菌的侵染，提高植株对白粉病菌的抗性。美国科学家利用大麦条纹病毒诱导的基因沉默体系，在小麦上成功沉默了入侵的条锈病菌吸器特异性表达的致病相关基因，获得的转基因小麦材料对条锈病表现抗性。这些成功的事例表明，该项技术在植物病害防控上将具有广阔的应用前景。

（二）学科重大进展及标志性成果

1. 农业昆虫学

（1）蝗虫迁飞与居留型转化的调控机理

中国科学院动物研究所康乐院士带领的科研团队研究发现，利用代谢组技术和基因干涉技术并结合行为学测定，通过检测两型飞蝗的代谢谱差异和型变过程的代谢谱时相变化，发现脂类代谢途径在两型飞蝗间差异显著，并鉴定了二酰甘油、膜磷脂、肉碱等代谢物在群居型形成过程中起关键作用，蝗虫由散居型向群居型转变是导致远距离迁飞和蝗灾爆发的主要原因。蝗虫要实现远距离迁飞，须具备健美（瘦长）的体型和高效的能量代谢活动。干扰肉碱类合成的相关基因（CAT 和 CPT）和外源注射肉碱类化合物，可以诱导飞蝗两型间的互变。这项系统生物学研究证明了群居型蝗虫瘦长的体型以及迁飞中的能量代谢主要是靠调控脂肪代谢实现的。由于群居型和散居型飞蝗的运动模式差异，其血液的代谢谱与人类运动员和肥胖病患者之间的差异有着一定的相似性。因此，研究飞蝗两型转变调控机制，不仅为控制蝗灾提供了理论依据，也为人类代谢疾病的研究提供了很好的动物模型。最近，康乐院士研究组与美国科学家合作，发现放牧活动会降低植物的含氮量，蝗虫取食这样的植物有利于蝗虫种群的生长和发育，从而导致草原蝗灾的形成。如果未来能证明植物营养状态可通过调控脂肪代谢从而影响蝗虫群居型的形成，将是该领域的又一项重要发现。

（2）Bt 棉花生态系统昆虫种群的演化机制

中国农业科学院植物保护研究所吴孔明院士带领的科研团队于 1998—2007 年在河北省廊坊市系统研究了棉铃虫在 Bt 棉花和常规棉花田的种群动态，结合对华北地区 1992—2006 年 100 个观测点的棉铃虫种群监测数据的模型分析表明，Bt 棉花的大规模商业化种植破坏了棉铃虫在华北地区季节性多寄主转换的食物链，压缩了棉铃虫的生态位，不仅有效控制了棉铃虫对棉花的危害，而且高度抑制了棉铃虫在玉米、大豆、花生和蔬菜等其他作物田的发生与危害。这一研究成果为解释转基因抗虫作物对靶标害虫种群演化的调控机理提供了理论基础，为棉铃虫的可持续控制奠定了基础。对促进 Bt 植物的研发有重要价值，同时昆虫学、农学、生态学和分子生物学等学科发展也会从中得到启迪。再如，吴孔明院士带领的科研团队以非靶标害虫盲蝽象发生与 Bt 棉花种植的关系为研究对象，连续开展了十多年的系统研究。结果表明，在我国华北地区，盲蝽象一般于 6 月上中旬从早春寄主迁入棉田。由于此阶段为二代棉铃虫的防治期，普通棉花防治棉铃虫施用的化学农药间接地杀死了刚侵入棉田的此类害虫，从而使普通棉花成为盲蝽象的诱杀陷阱。Bt 棉花大面积种植有效地控制了二代棉铃虫的危害，棉田化学农药使用量显著降低，给盲蝽象的种群增长提供了场所，导致其在棉田的爆发成灾，并随着种群生态叠加效应衍生成为区域性多种作物的重要害虫。这一研究成果明确了我国商业化种植 Bt 棉花对非靶标害虫的生态效应，为阐明转基因抗虫作物对昆虫种群演化的影响机理提供了理论基础，对发展利用 Bt 植物可持续控制重大害虫区域性灾变的新理论、新技术有重要指导意义。最近，该科研团队在 Bt 作物生态系统天敌昆虫的演化机制领域又有重大突破。研究表明，种植 Bt 棉花、农药使用的减少使棉田捕食性天敌种群数量上升，天敌的增加不仅有效抑制了华北地区棉花蚜虫的发生和危害，而且天敌进入大豆、花生、玉米等相邻作物大田，显著提升了整个农业生态系统的生物防治功能。这是国际上首次从景观生态学的尺度对 Bt 作物生态服务功能和机制进行的系统研究，对深入阐明 Bt 作物对天敌昆虫的生态调控作用、发展利用 Bt 植物持续控制重大害虫区域性灾变的理论与方法有重要科学意义。

（3）小菜蛾基因组学

福建农林大学尤明生教授带领的科研团队成功破译重大农业害虫小菜蛾基因组，这是我国完全拥有自主知识产权的研究成果。该工作宣告世界上首个鳞翅目昆虫原始类型基因组的完成，同时也是第一个世界性鳞翅目害虫的基因组。小菜蛾是危害十字花科蔬菜的一种重要的害虫，被认为是分布最广泛的世界性害虫，全世界每年因小菜蛾造成的损失和防治费用高达40亿～50亿美元。小菜蛾在我国长江流域和南方沿海地区危害严重，给我国蔬菜生产和餐桌安全造成严重影响。这项研究成果对于揭示小菜蛾与十字花科植物协同进化及其抗药性的适应进化与治理等均具有重要的科学价值，同时也为鳞翅目昆虫的进化和比较基因组学研究提供了宝贵的数据资源，将为农业害虫的可持续控制提供新的理论依据和技术途径。

（4）棉铃虫对Bt棉花的抗性机制与治理

中国农业科学院植物保护研究所吴孔明院士带领的科研团队通过10多年的攻关研究，在国际上创造性地提出了利用小农模式下玉米、小麦、大豆和花生等棉铃虫寄主作物所提供的天然庇护所治理棉铃虫对Bt棉花抗性的策略；首次揭示了棉铃虫对Bt棉花产生抗性的分子机制，建立了棉铃虫抗性早期预警与监测技术体系，可分别进行抗性基因、抗性个体和抗性种群三个水平的抗性检测和监测。该研究是中国科学家通过科学理论创新，为农业部制定产业政策引领高技术产业发展提供决策依据的重大原创性成果。中国农业部在转基因生物安全评价法规制定、农业转基因生物安全检定及标准体系、检测体系建设过程中，已将上述成果用于中国Bt棉花安全性评价、商业化种植的安全性管理和检测体系建设。通过该项成果的应用，在大规模商业化种植Bt棉花10余年后，中国各地棉铃虫自然种群对Bt棉花的敏感性与商业化种植之前相比没有明显变化，Bt棉花对棉铃虫的抗性效率没有降低。此外，该成果还为农业部制定中国Bt作物发展战略提供了科技支撑，对推动中国转基因作物的健康发展有重大科学意义。该成果“棉铃虫对Bt棉花抗性风险评估及预防性治理技术的研究与应用”于2010年获国家科技进步奖二等奖。

南京农业大学植物保护学院吴益东教授带领的科研团队揭示了棉铃虫田间种群对Bt棉花的抗性基因存在遗传多样性，既有基于钙黏蛋白基因缺失突变的隐性基因，也存在基于钙黏蛋白氨基酸点突变或其他抗性机制的非隐性基因；首次发现并证实非隐性抗性基因在Bt作物抗性演化中具有关键性作用。上述研究结果对于合理设计靶标害虫对Bt作物抗性的治理策略和措施具有重要指导意义。该论文的发表标志着Bt抗性研究已由实验室品系抗性规律的研究转入田间种群抗性分子遗传机理的研究，并为该方向的研究提供了一套示范性的解决方案。

（5）烟粉虱入侵机制和防控技术

浙江大学刘树生教授带领的科研团队发现，当B型烟粉虱到达新的地域与土著烟粉虱共存后，虽然它们之间并不能真正完成交配，但相互之间孕育发生一系列的求偶行为及相互作用使B型烟粉虱的交配频率迅速增长，卵子受精率增加；同时，B型烟粉虱雄虫又重复向土著烟粉虱雌虫求爱，滋扰土著烟粉虱之间的交配，使后者交配频率下降。由于这种求偶互作在B型烟粉虱与土著烟粉虱之间的作用使对一方有利而对另一方有害，将这一行为机制称之为“非对称交配互作”。这一发现展现了动物入侵的一个极具威力的行为机制，这种机制是入侵者的一种重要内在潜能，当入侵者到达新地域与土著近缘生物共存孕育发生互作，引发这一潜能迅速发挥作用，驱动其入侵和对土著生物的取代历程，从而阐明了B型烟粉虱入侵的一个重要机制，揭示了害虫的普遍入侵并取代土著烟粉虱的征象和规律以及对其进一步入侵和地域扩张的预警提供了重要的理论基础。在烟粉虱应用基础研究及防控技术方面，中国农业科学院蔬菜花卉研究所张友军研究员带领的科研团队取得重要进展。经过近10年的刻苦攻关，率先揭示了B型和Q型烟粉虱在我国的入侵分布现状、入侵来源、扩散路径和入侵特点，阐明了入侵烟粉虱发生、危害规律及其扩散爆发的生物生态学机制，开发出具有自主知识产权的环保型捕虫黄板，年生产能力达100万片；建立了烟粉虱天敌——丽蚜小蜂的产品质量标准、生产技术规程和规模化生产线，丽蚜小蜂的年生产能力达到10亿头；筛选出来噻嗪酮等10余种对天敌安全、对环境友好的高效低毒药剂，创造性地提出了与我国设施栽培条件相适应、以“隔离、净苗、诱捕、生防和调控”为核心技术的烟粉虱可持续控制技术体系，在有效控制害虫危害的同时，可减少杀虫剂使用量70%。该项成果获2008年国家科技进步奖二等奖。

（6）害虫抗药性机制与治理技术

中国农业科学院植物保护研究所冯平章研究员带领的科研团队经过20年的潜心研究，明确了棉铃虫、小菜蛾、稻飞虱等重大害虫抗药性主导机制和抗性早期预警技术体系及其抗药性种群遗传特性；制定了抗药性治理策略。通过杀虫剂三级分散体系、活性成分控制措施及药剂分散行为和影响因子研究，明确了杀虫剂在药液中分散度与生物活性关系，雾滴在空气、作物、害虫不同部位沉积分散行为、分布规律及助剂在杀虫剂使用中的增效减量规律。研制的杀虫剂新品种共毒系数超过200，甚至高达500以上，增效显著，减少了药剂用量；产品质量稳定，热分解率≤2%；微乳剂中有机溶剂用量<20%，减少有机溶剂田间投放量10000多吨。应用多分子靶标位点治理抗性害虫的策略所研制的20%斑潜净微乳剂、3%高氯甲维盐微乳剂、20%菊马乳油、15%阿维毒乳油等系列杀虫剂新品种，在棉铃虫、斑潜蝇、水稻螟虫、稻飞虱等抗药性严重的害虫相继爆发过程中，表现出突出防治效果。仅中国农科院植保所农药中试厂在1993—2007年推广使用的多分子靶标位点杀虫剂就达24500多吨，防治面积73350万亩，减少使用高毒农药60000吨，实现经济效益1404.5亿元，近3年实现经济效益390多亿元。该系列成果在北京顺义农药厂、广东化州第一农药厂等全国30多家企业转化，累计推广应用200多万吨，取得了巨大的经济和社会效益。同时，构建了以抗性害虫大发生时空动态为线索，以科研成果示范推广为先导，以植保专家专业技术服务为纽带，以及时有效解决抗性害虫防治需要为宗旨的覆盖全国的推广体系，加快了成果推广速度，提高了农民用药水平。该项成果获2008年度国家科技进步奖二等奖。

（7）捕食螨的规模化生产技术

福建省农业科学院植物保护研究所张艳璇研究员主要研究了胡瓜钝绥螨（天敌）在不同温湿度条件下以危害柑橘、棉花、茶、毛竹等20多种作物上的10多种害螨为猎物的生物学、生态学特性，在国际上第一个证明并确定了胡瓜钝绥螨可作为有效天敌控制上述作物的害螨危害，为我国害螨的综合治理提供了一个优良天敌品种；研制成功胡瓜钝绥螨人工饲料配方和工厂化生产工艺流程（发明专利），解决了困扰我国40年来的捕食螨工厂化生产—产品包装—贮存—长途运输—使用技术与环境相互协调五大难题，建成我国第一个年生产能力达到8000亿只的捕食螨商品化生产基地；根据不同生态区域内目标作物的栽培管理特点，结合分析害螨（虫）发生规律，集成农业、物理、化学、生物等技术建成“以螨治螨”为核心的绿色防控体系；研制成功捕食螨田间慢速释放器，提高了天敌田间控害效能。为我国生物防治提供了一个成功的案例，有力推动了我国天敌商品化的进程。该项成果获2008年度国家科技进步奖二等奖。

由中国农业科学院植物保护研究所徐学农研究员牵头申报的“捕食螨繁育与大田应用技术研究”于2009年获农业部公益性科研专项支持，该项目是我国迄今为止所有农业行业科技专项中唯一以有益天敌昆虫为研究对象的行业专项，经过近四年的研究，组建了一个稳定的国内捕食螨天敌昆虫研究团队，并取得多项重要成果：申请捕食螨规模化生产相关专利14项，发表论文42篇；培养博士后1人，博士12人，硕士50人；共采集捕食螨36179头，190种，制作玻片标本10208片，对发掘中国本地有利用价值的捕食螨资源奠定了研发基础；已成功突破捕食螨大规模繁育技术，特别是在捕食螨人工饲料方面取得重要突破；建立捕食螨释放示范基地37个，核心示范区6个，示范面积达5000公顷，推广应用面积5万公顷；将吸汁性有害生物的为害损失率控制在10%以下，减少农药使用量60%，保护了田间的天敌；柑橘、苹果、板栗平均每亩减少农药用量1千克，减少劳动用工5个工日/亩，平均减少防治费用250元/亩，平均提高产值300元/亩。初步统计总的经济效益达到1.12亿元；在蔬菜上，平均每亩减少农药用量0.5千克，减少劳动用工3个工日/亩，平均减少防治费用80元/亩，平均提高产值200元/亩，初步统计总的经济效益达到1.36亿元。该项目在国内首次把捕食螨应用于保护地蔬菜害虫生物防治上，减少了农药的使用，对重塑老百姓对蔬菜安全食用的信心同样起到了极大的推动作用。

（8）**农业害虫灯光诱杀技术**

由佳多科工贸责任有限公司和全国农业技术推广中心等单位联合完成的农业害虫监测系统，由佳多自动虫情测报灯、小气候信息采集系统和生物远程实时监测系统组成，各部分又可单独使用。利用光控、时控及微处理技术，可实现连续8天完成诱灯、杀虫、收集、按天存放自动化，解决了测报工作者劳动强度大、工作效率低的问题；采用远红外和可控硅技术处理害虫，解决了有毒物质对测报人员及环境的危害和识别率低的问题；采用微电子、数字、网络技术，解决了病虫信息传递、远程实时监控的问题。该系统诱集昆虫190多种，数量和识别率、预测准确率分别比普通测报灯平均提高66%和38%、6%，采集气象参数比国内外同类系统多3项；对病虫可实施远程实时监控，实现了全国各病虫测报站信息共享。佳多频振式杀虫灯采用新工艺，根据昆虫对不用光源的趋性，研制出不同波长的光源，结合频振技术，解决了杀虫灯选择性差的问题；采用升压器梯形绕制技术，确保了杀虫灯使用安全；单灯日均诱虫量和单灯控害面积分别是其他杀虫灯的2～5倍和3～4倍；采用风能、太阳能作为该项目能源，适应范围广泛，符合节约型社会的要求；

建立了企业、科研院所、大专院校、推广部门、用户相结合的研究、生产、示范、推广、应用一体化技术体系，加速了科研技术的物化利用。

2. 植物病理学

（1）小麦条锈病菌源基地综合治理技术体系的构建与应用

小麦条锈病是一种高空远距离传播的毁灭性病害，严重影响小麦生产和粮食安全。病害大流行可造成小麦减产 40% 以上，甚至绝产，其有效防控是长期的国际难题。中国农业科学院植物保护研究所陈万权研究团队联合国内有关单位从 1991 年起开展全国大协作，对中国小麦条锈病菌源基地综合治理技术体系进行了连续 18 年的科技攻关，取得重大创新与突破。发现中国小麦条锈病存在秋季菌源和春季菌源两大菌源基地，查清了菌源基地的精确范围与关键作用，明确了病害源头与治理重点区域，研发出病害早期定量分子诊断和以菌源基地秋季菌源数量为基础的病害大区流行异地测报技术，预测预报吻合率 100%；系统揭示了基因突变、异核作用和遗传重组是条锈菌毒性变异的主要途径，病菌毒性小种的产生和发展是导致品种抗锈性“丧失”的关键，寄主抗病基因筛选是前提，生态环境胁迫是诱因；建立了品种抗锈性鉴定评价与病菌毒性变异监测的技术平台；首次提出“重点治理越夏易变区、持续控制冬季繁殖区和全面预防春季流行区”的病害分区治理策略，创建了以生物多样性利用为核心，以生态抗灾、生物控害、化学减灾为目标的小麦条锈病菌源基地综合治理技术体系。该成果在生产上大规模推广应用，防病保产效果极其显著。2009—2011 年在全国 8 省（市、区）累计推广应用 2.31 亿亩，有效控制了条锈病的爆发流行，增收节支 93.32 亿元，为国家粮食生产“九连增”做出了重大贡献。同时，丰富和发展了植物病害分子流行学和植物生态病理学理论、技术和方法，为国家小麦条锈病的防控决策提供了重要科学依据和技术支撑，作为“公共植保、绿色植保”的典型范例，为研究其他气传病害提供了借鉴和参考。总体研究处于国际领先地位，经济、社会和生态效益巨大。该成果获 2012 年度国家科技进步奖一等奖。

（2）重要作物病原菌抗药性机制及监测与治理关键技术

水稻恶苗病、小麦赤霉病和油菜菌核病等重大流行性真菌病害一直以来危害着水稻、小麦和油菜的生产，特别是小麦赤霉病近年来多次大规模爆发更是对粮食生产造成了较大影响。20 世纪 70 年代初发明的多菌灵等苯并咪唑类高效、低毒、无公害选择性杀菌剂，一直以来被广泛应用于这些真菌病害防治。然而，这些杀菌剂使用不久，许多国家就发生了抗药性病害突发性流行事件，不仅给农业生产造成重大损失，而且导致人们增加农药用量和盲日混用，进一步造成了药害、残留等生产、环境和食品安全等重大问题。南京农业大学周明国教授团队自 20 世纪 80 年代中期开始，连续 20 多年采集和检测了 10 多万分标本，探明了水稻恶苗病菌、小麦赤霉病菌和油菜菌核病菌抗药性群体发展规律，通过田间试验研究发现，抗药性病菌发展成优势群体是我国局部地区多菌灵防治失败、病害猖獗的原因；探明了抗药性发生的机制，发现了小麦赤霉病菌对多菌灵的抗药性基因——β2- 微管蛋白基因；依据抗药性病原群体发展规律及抗药性机制，开发了一系列抗药性高效治理新技术，并与企业和技术推广部门合作，全部实现了产业化和大面积推广应用；发明了防治小麦赤霉病的“氰烯菌酯”原创性新型杀菌剂，氰烯菌酯抑制小麦赤霉病菌的活性高于传统农药多菌灵3倍以上，田间用药量可减少50%，减少小麦谷粒中的镰刀菌毒素污染90%，同时具有易降解、低残留、显著延缓小麦衰老和增产的作用。该产品自2007年产业化以来，在全国试验示范和大面积推广应用2000多万亩，被证明是目前防治小麦赤霉病和降低赤霉病菌毒素污染、保障小麦生产安全和食品安全最好的无公害杀菌剂。从工业消毒剂中筛选并研发出稳定性适度、用量极低的特高效（防效95%以上）、超广谱、无残留、毒性低、对种子特别安全的二硫氰基甲烷10%和4.2%乳油及5.5%可溶性乳油新制剂。近20年来，该杀菌剂已用于防治水稻恶苗病和干尖线虫病累计4亿多亩，提出的水稻控温催芽和催芽至露白播种的配套农事操作技术也被全国广泛采用，为旱育秧高产栽培技术推广、确保我国20年来没有发生恶苗病爆发做出了重大贡献。该成果累计获授权发明专利10项和地方标准1项，研发并获国家登记的8个新产品/品种累计应用5.1亿亩次，挽回粮油损失1645万吨，增加社会效益128亿元，其中近三年增收31.2亿元。发表论文92篇（SCI25篇），被引用936次。出版病虫抗药性专辑和学术会议论文集5卷。为我国保持20年来没有发生重大抗药性病害流行、提高植物病害绿色防控和农药创制的科技水平做出了重要贡献。该成果获2012年度国家科技进步奖二等奖。

（3）柑橘病毒类和检疫类病害分子检测及无病毒三级繁育体系技术

西南大学周常勇教授团队建立并优化了我国7种柑橘病毒类和检疫类病害的分子快速检测技术，创新了柑橘分子检测微量取样制备技术和柑橘茎尖脱毒微量快速评价技术。通过快速鉴定技术的大规模应用中试，实现了柑橘容器育苗技术的工厂化生产，建立了柑橘无病毒良种三级繁育体系。制定了《柑橘苗木脱毒技术规程》、《柑橘无病毒苗木繁育技术规程》、《重庆市百万吨优质柑橘深加工产业化工程苗木繁育标准及规程》、《重庆市柑橘苗木繁育技术规程》4个行业标准和技术规程，发表论文47篇，培养研究生20名，培训技术人员8780人次。有机整合了科研院所、农技推广部门、龙头企业和农民等各方优势，实现了基础研究与生产应用的结合，形成了繁育柑橘无病毒容器苗1730万株的能力，新建柑橘无病毒良种示范基地44万亩，促进企业和农民增收15351万元，促进了柑橘无病毒良繁技术的产业化，推动了我国柑橘产业的可持续发展。该成果获2012年度国家科技进步奖二等奖。

（4）作物多样性在抗病增产中的作用

在过去的100年间，世界种植的农作物品种急剧减少。单一品种大面积种植，增大了对病虫的定向选择压力，加速了寄生适合度强的病虫数量迅速扩增，导致病虫害严重流行，不仅大面积减产，而且大幅度增加了农药用量，对粮食安全和生态环境造成了潜在危机，成为植物保护领域的重大难题之一。云南农业大学朱有勇教授团队基于农田生态系统层面，从栽培角度提出了作物多样性优化配置解决难题的新途径，即从时间上和空间上优化配置异质作物群体，增加农田作物多样性丰度，解决单一作物大面积种植病虫害流行的难题。构建了作物多样性时空优化配置控制病虫害的技术体系，包括玉米与马铃薯、玉米与魔芋、玉米与大豆、红苕与玉米、玉米与白云豆、小麦与蚕豆、大麦与蚕豆、烟草与玉米、烟草与大豆、甘蔗与玉米、甘蔗与大豆、玉米与辣椒等作物多样性时空优化配置技术。通过不同生态区禾本科与豆类、禾本科与薯类等36个作物品种搭配的384组控制病虫害的试验研究，结果表明对主要病虫害控制效果为16% ~ 88%，确证利用作物多样性能够有效控制病虫害。如马铃薯与玉米条带套种与对照单作相比，马铃薯晚疫病和玉米大斑病分别平均降低病情指数43.37%和26.96%；玉米与大豆条带套种与对照单作相比，玉米大小斑病和大豆叶斑病（锈病、炭疽病和细菌性斑疹病）分别平均降低病情指数21.68%和19.41%；小麦与蚕豆条带套种与对照单作相比，小麦条锈病和蚕豆褐斑病分别平均降低病情指数16.75%和23.64%；烟草后期与玉米搭配套作处理与对照净栽相比，烟草赤星病病情指数与对照无差异，玉米大斑病平均降低18.42%；甘蔗前期与玉米搭配条带种植与对照净栽相比，甘蔗黄斑病与对照无差异，玉米大斑病平均降低病情指数52.71%；魔芋与玉米条带种植能有效地阻隔魔芋软腐病的传播蔓延，与对照净种魔芋相比，发病中心向四周传播病害速度明显呈梯度降低，其发病率从发病中心至2米、4米、8米和16米的最高发病率分别为64.5%、46.2%、40.6%、31.1%和21.4%，而对照为62.5%、62.8%、61.5%、62.2%和62.3%，发病率分别降低-0.03%、26.5%、35.0%、50.2%和65.6%。

（5）植物天然免疫机制

野油菜黄单胞菌野油菜致病变种（*Xcc*，*Xanthomonas campestris pv campestris*）是一种在全球范围内引起十字花科植物黑腐病的重要病原细菌。AvrAC是一个广泛存在于*Xcc*菌株中的效应蛋白，利用*Xcc*和拟南芥互作模式系统，中国科学院遗传与发育生物学研究所植物基因组学国家重点实验室周俭民研究员团队和海南大学合何朝族教授团队合作揭示了AvrAC独特的生化功能和分子机制。发现AvrAC通过与拟南芥天然免疫信号通路中两个重要胞质类受体激酶BIK1和RIPK直接互作，可强烈抑制植物天然免疫反应，增强病原细菌在宿主植物上的致病性。进一步研究发现AvrAC是一个尿苷单磷酸转移酶，特异修饰BIK1和RIPK激活环中保守的丝氨酸和苏氨酸，而这两个氨基酸恰好是BIK1和RIPK的磷酸化位点，对激酶的激活和信号转导功能必不可少。受到AvrAC修饰后，磷酸化位点被UMP占据，这两个激酶无法激活免疫信号通路，植物变得更感病。AvrAC是目前报道的唯一具有尿苷单磷酸转移酶活性的细菌效应蛋白，该研究结果阐明了病原细菌是如何利用一种独特的生化和分子机制来精确攻击植物免疫系统的。

（6）病原真菌致病机理

近几年，我国在稻瘟病菌致病性分子机制研究取得较大进展。发现了一系列调控稻瘟病菌形态发育与侵染致病过程中的重要调控因子，其中bZIP转录因子MoAp1是一个全局性调控因子。该因子通过调控胞内活性氧（reactive oxygen species，ROS）平衡来调控病菌的生长发育；该因子与其调控的转录因子MoAtf1调控胞外过氧化物酶的产生，清除水稻和稻瘟病菌互作早期水稻细胞中产生的ROS，破坏ROS介导的水稻防卫反应，从而帮助病菌侵染水稻；此外，MoAp1调控一系列致病相关因子控制稻瘟病菌对水稻的致病力。

cAMP/PKA 信号途径是调控稻瘟病菌形态分化和致病性的重要途径之一。在稻瘟病菌中发现 8 个 G 蛋白调控因子（regulator of G-protein signaling，Rgs），其中 4 个是真菌中新发现的 Rgs 蛋白，MoRgs7 和 MoRgs8 与拟南芥的 Rgs1 蛋白结构相似，含有 1 个 GPCR 结构域。不同 Rgs 蛋白作用于 cAMP/PKA 信号途径上游，精准调控稻瘟病菌的生长发育，在致病过程中行使不同的功能，Rgs 和 PdeH 通过调控胞内 cAMP 水平来调控稻瘟病菌的生长发育，同时通过其他途径调控稻瘟病菌有性 / 无性发育、附着胞分化及对水稻的致病力。稻瘟病菌 MoRic8 是一个鸟苷酸交换因子（GEF），它与 G 蛋白 α 亚基 MagB 互作，作用于 cAMP/PKA 信号途径上游调控病菌形态分化与致病性。此外，在稻瘟病菌 cAMP 信号途径下游鉴定到两个新的转录调控因子 MoSom1 和 MoCdtf1，并证明 MoSom1 可分别与 MoCdtf1 和 APSES 转录因子 MoStu1（MoStuA/Mstu1）互作，共同调控该病菌形态分化和致病性。几丁质由几丁质合成酶催化合成，是真菌细胞壁的主要成分。通过对稻瘟病菌的 7 种几丁质合成酶基因进行功能分析，发现 *CHS1*、*CHS6* 和 *CHS7* 对病菌侵染寄主十分重要，*chs6* 突变体完全丧失了致病性，同时解析了这些几丁质合成酶基因在稻瘟病菌生长发育、产孢中的作用。比较分析了 2 个田间分离的稻瘟病菌菌株的基因组，发现单一拷贝基因的获得或丢失、DNA 复制、基因家族扩大、类似转座子的频繁转位是稻瘟病菌基因组变异的重要原因。此外，证实 SNARE 蛋白通过调控膜泡运输控制稻瘟病菌的胞吞和分泌，从而参与调控病菌生长发育及其致病性。上述研究结果有助于理解其他作物真菌病害致病分子机理，对该病害的控制具有重要的实践指导意义。

（7）卵菌致病机理

卵菌包括疫霉、腐霉和霜霉等，许多种类都是重要的植物病原菌，每年给全球的农作物以及林木的生产造成高达数百亿美元的经济损失。南京农业大学王源超教授团队克隆了一个新的大豆疫霉无毒基因 Avr3b，发现 Avr3b 可通过 C 端缺失或降低转录水平，逃避抗病基因 Rps3b 识别；Avr3b 对大豆疫霉的致病过程是必需的，该蛋白含有植物免疫抑制因子 nudix 水解酶功能域，可以利用 NADH 和 ADP-ribose 为底物，抑制植物的抗病反应，促进病菌侵染。发现马铃薯晚疫病菌等多种疫霉菌基因组中都编码具有分泌能力的 nudix 水解酶类效应分子，结果表明模拟植物防卫反应抑制因子 nudix 水解酶的作用，破坏植物的抗病反应，是疫霉菌抑制植物抗病性的一种共有机制。发现疫霉菌的效应分子可以模拟植物防卫反应抑制因子 nudix 水解酶活性干扰植物的抗病反应，这是病原菌抑制植物抗病反应的一种新机制。将卵菌无毒基因的转录和序列多态性等特征与传统的图位克隆技术结合，成功克隆了新无毒基因 PsAvr3b，为其他真核病菌无毒基因的克隆提供了新的思路。发现多数 RxLR 类效应分子可以抑制植物抗病反应，病菌对效应分子的转录进行精确编程，效应分子之间以“团队作战”的方式抑制植物的抗病反应，为认识卵菌的致病机理提供了新的知识。

（8）双生病毒致病机理

双生病毒是一类基因组为单链环状 DNA 的植物病毒，危害极大，全球 50 多个国家的番茄、棉花、木薯、豆类、小麦、玉米等作物均遭受过该病毒的毁灭性危害。双生病毒蔓延迅速，控制困难。DNA 甲基化是植物、动物以及真菌中比较保守的一类表观遗传修饰，在调控基因表达、基因组印记、X 染色体失活、转录水平基因沉默（Transcriptional gene silencing，TGS）以及防御 DNA 病毒的侵染中发挥重要作用。植物可以通过 DNA 甲基化修饰及抑制 TGS 来抵御双生病毒的侵染，干扰病毒的复制和转录；而双生病毒需要逃脱植物的甲基化修饰及 TGS 才能致病，因此双生病毒如何克服植物甲基化修饰及 TGS 的机制一直是病毒学领域的研究热点。浙江大学周雪平教授团队以伴随有卫星 DNA 的中国番茄黄曲叶病毒（TYLCCNV）为研究对象，解析了病毒克服植物甲基化修饰及 TGS 反应的分子机制。发现双生病毒 TYLCCNV 并不能有效地抑制甲基化或 TGS，病毒基因组 DNA 在病毒侵染的植物中普遍发生甲基化，通过对病毒全基因组的甲基化水平测定，发现甲基化主要集中于病毒的启动子区；但当双生病毒 TYLCCNV 与病毒的卫星 DNA 共同侵染时，卫星 DNA 能够显著降低 TYLCCNV 全基因组的甲基化水平；卫星 DNA 能够有效抑制 TGS，并使本氏烟中转录水平沉默的 GFP 转基因表达，而卫星 DNA 抑制 TGS 主要由其编码的 βC1 蛋白发挥作用；βC1 还能回复 TGS 本氏烟中转录水平沉默的 GFP 转基因的表达，能够激活拟南芥中 F-box 等内源表观沉默位点的表达，并显著降低拟南芥基因组的甲基化水平。进一步的研究表明，βC1 能够在体内与甲基循环中的关键酶 S- 腺苷高半胱氨酸水解酶（SAHH）互作，βC1 与 SAHH 互作后能够使 SAHH 的活性降低 80% 左右。SAHH 是甲基循环过程中参与甲基化介导的 TGS 的核心组分，βC1 通过与 SAHH 的互作来降低 SAHH 的活性，从而达到抑制甲基化和 TGS 的目的。该研究对诠释作物抵御双生病毒侵染及双生病毒逃避作物防御的分子机制具有重要意义，并为植物抗病毒提供了新理论和新策略。中科院遗传与发育生物学研究所谢旗研究员团队采用反向遗传学策略，结合分子生物学和生物化学等方法，发现双生病毒甜菜严重曲顶病毒（BSCTV）能够通过编码的 C2 蛋白与植物宿主蛋白腺苷甲硫氨酸脱羧酶 1（SAMDC1）相互作用，并抑制 26S 蛋白酶体介导的 SAMDC1 蛋白降解。功能研究发现，C2 蛋白对植物宿主蛋白 SAMDC1 的这一正调控过程能够影响植物宿主对自身基因以及病毒基因组的从头甲基化过程，进而影响植物宿主基因沉默介导的抗病毒防御反应和病毒 DNA 在植物宿主中的积累。该研究结果反映了病毒与植物寄主在长期协同进化过程中的其中一种博弈场面，也揭示了 SAMDC1 在甲基化介导的基因沉默途径中的重要作用，对诠释 26S 蛋白酶体介导的蛋白降解途径调节通过调控寄主 de novo 甲基化介导的基因沉默信号过程具有重要意义。

（三）本学科与国外同类学科比较

1. 农业昆虫学

欧美等发达国家高度重视害虫治理新理论与新技术的研究工作。进入 21 世纪，随着以生物技术和信息技术为代表的第二次农业技术革命的到来，害虫防治的理论和方法得到了进一步的发展。近年来基因组学和蛋白质组学的发展和突破，又推动了分子生物学和生物技术的迅猛发展，并衍生出抗虫转基因植物、转基因昆虫、杀虫基因重组微生物、作物害虫的分子检测与诊断技术，并交叉融合形成了分子昆虫学等学科。地理信息系统、全球定位系统等信息技术和计算机网络技术的应用，提高了对害虫种群监测和预警的能力和水平。这些技术的突破和新学科的产生，为现代农业昆虫学注入了新的活力，正引领害虫防治学的发展方向。

我国农业昆虫学科研队伍主要分布于国家和省属农业科学院、高等院校和中国科学院三大系统。多数农业科学院下设植物保护研究所。此外，中国农业科学院水稻、棉花、麻类、甜菜、蔬菜花卉、油料作物、果树、柑橘、茶叶等专业研究所均设有农业昆虫实验室。在全国高等院校中，中国农业大学等约 50 家农业类院校设有农业昆虫教研室，中国科学院动物研究所和上海植物生理生态研究所等也设有农业昆虫研究机构。目前，我国从事农业昆虫研究的科技人员约 5000 人。“十一五”以来，国家自然科学基金、科技部“973”计划、“863”计划、科技支撑计划以及农业部公益性行业科研专项等分别对农业昆虫立项资助。科技部 2006 年启动“973”项目“重大农业害虫猖獗危害的机制及可持续控制的基础研究”，在科技支撑计划“农林重大生物灾害防控技术研究”项目中有 13 个课题涉及害虫防治研究。2007—2012 年，农业部公益性行业科研专项对近 30 种（类）主要害虫进行立项研究。此外，在“863”计划、国家自然科学基金重点项目和面上项目中，也有很多相关的研究课题。在这些项目的资助下，我国科学家研究建立了水稻、小麦、玉米、蔬菜、果树和棉花等主要作物的重要害虫监测预警与控制技术体系。对蝗虫、烟粉虱、棉铃虫，蚜虫、小菜蛾等农业害虫的基础研究取得了多项拥有国际重大影响的科研成果，在 *Science*，*Nature*，*PNAS* 等国际顶尖科学刊物上发表了一批重要研究论文。

近年，我国农业昆虫学已有很大发展，有的研究、技术或分支学科已达到国际先进水平和国际领先水平。但总体上与发达国家相比，在高新技术研究、产学研结合、国家科研投入机制等方面还存在较大的差距，主要表现为：高新技术、原创性研究、前沿科研手段与欧美发达国家相比，还存在很大的差距；科研产品市场意识薄弱，专利意识淡薄，缺乏研究集成单项技术成果和大规模应用的配套技术，缺乏上规模的害虫防治、资源昆虫利用企业，产学研结合不紧密；我国科研投入有效机制欠缺，缺乏研究的系统性，由于我国科学研究体制的独特性和经费资助的非连续性和相对投入不足，很少有围绕同一主题长期深入研究的，连续发表高水平论文的实验室不多；昆虫基因组与功能基因组研究相当滞后，在已经完成测序的 7 种昆虫中，仅家蚕和小菜蛾是我国独创的。然而，我国目前尚没有对代表性种类开展相关工作。而且，国外非常重视利用模式昆虫深入开展昆虫的生长发育和调控研究，但我国利用模式昆虫开展的研究仍然偏少。

2. 植物病理学

多年来，在国家自然科学基金，科技部“973”计划、“863”计划和科技支撑计划以及农业部公益性行业（农业）科研专项等项目的资助下，我国植病工作者在病原物致病机制、病害发生流行规律及其成灾机理、病原物与寄主互作、寄主抗病性以及病害控制的理论和技术方面开展了富有成效的研究，基本形成了一支以中青年为主的植物病理学研究队伍，一批学者先后当选为国际植物病理学会、亚洲植物病理学会及相关国际学术组织的负责人，或担任本学科领域国际刊物的主编与编委。近年来，我国在植物病理学基础和应用方面的研究水平得到迅速提升，围绕我国主要农作物重大病害如水稻稻瘟病、水稻病毒病、小麦条锈病与赤霉病、作物卵菌病害和细菌性病害等进行了比较系统的研究，一批重要研究成果发表在 *Nature*、*Science*、*Plant Cell*、*PNAS* 和 *PloS Pathogens* 等国际高水平杂志上；“中国小麦条锈病菌源基地综合治理技术体系的构建与应用”、“重要作物病原菌抗药性机制及监测与治理关键技术”等一批项目在理论和应用方面取得重大突破，研究成果在生产上进行了大规模推广应用，为我国作物病害防控提供了有力的科技支撑。

近年来，中国植物病理学取得的学术成绩已得到国际同行的广泛关注与认可，中国植物病理学会于 2013 年 8 月在北京承办了第 10 届国际植物病理学大会（ICPP），这次申办的成功是我国植物病理学工作者几代人不断努力的结果，也充分体现了我国植物病理学的国际影响力。

与欧美等发达国家相比，我国植物病理学研究的整体水平仍存在较大差距，主要表现为：缺乏在国际舞台上有重大影响的领军人才和能够引领植物病理学科研究方向的专家；研究工作的原创性不强，许多研究工作还处于跟踪效仿国际发展前沿领域、追踪别人研究热点的阶段；没有真正将新技术与我国农业生产和学科发展需要有机地结合起来，使得研究工作缺乏我们自己的特色；主攻研究方向不够稳定持续，不少研究人员的注意力常常随资助项目发生变化，使得研究领域宽泛，难以形成长期的科研积累和沉淀，因而也难以取得具有特色的创新性成果。

三、展望与对策

（一）未来几年发展的战略需求、重点领域及优先发展方向

1. 农业昆虫学

（1）重要农业昆虫的基因组学

选择我国重要农业害虫及其重要天敌，系统开展其基因组与功能基因解析研究，为深入研究害虫成灾与天敌控害作用的机制揭示以及害虫控制新理论与新方法的创新奠定基础信息；综合运用基因组学、转录组学、蛋白质组学、生物信息学等现代生命科学理论以及包括基因工程技术、转基因技术、RNA 干扰技术等在内的现代生物技术，系统深入研究重要农业害虫及其天敌的遗传、化学行为、免疫防御、生长发育、生殖、抗逆性（抗农药、抗极端气温等）等生命活动本质的机制，为害虫成灾机制的揭示以及害虫控制与天敌利用提供理论依据。在研究角度上，要从原来的单一基因功能分析转向多基因或基因家族的功能分析；另一方面，要关注基因转录与表达的调控研究。可喜的是，目前我国在家蚕、小菜蛾等重要农业昆虫基因组研究上已取得重大突破，接下来深入探索相关基因功能

的研究将成为未来一段时间内一个重要的工作。

（2）天敌与害虫协同进化机制

天敌与害虫之间的营养互作关系是当今进化生态学和化学生态学研究领域的前沿课题，也是寻找害虫可持续控制途径的重要基础。从天敌寻找和调控寄主的角度，明确虫害诱导的重要植物挥发物对天敌行为的影响，探讨寄生性天敌适应寄主的免疫机理，阐明昆虫病毒的潜伏感染和诱发的分子机制及疾病流行规律，定量评价天敌对主要农业害虫的控害潜能，为增强天敌自然控害作用、人工繁育和释放天敌控制害虫等提供重要的理论基础与技术储备。

（3）植物对害虫的抗性机制

寄主植物在与昆虫长期的协同进化中形成了一系列的防御措施，以减轻昆虫对其造成的伤害。害虫治理中，化学农药大量使用带来了一系列环境问题。因此，如何发挥植物自身的防御能力，利用自然资源减少或代替化学农药的使用，充分发挥有害生物综合治理的作用具有十分重要的意义。未来几年内，将重点开展寄主植物对昆虫的抗性机制，为有效利用抗性品种及新型杀虫剂、减轻昆虫对农作物造成的损失提供科学理论依据。

（4）产业结构调整对农业昆虫发生规律的影响

研究农业产业结构调整和种植制度变革（如保护地的增加、免耕技术和秸秆还田等）后，棉花、蔬菜和主要粮食作物有害生物的演变和发生危害新特点，研究种植制度改革对主要农业害虫发生规律的影响，制定和提出关键控制对策和治理技术。

（5）全球气候变化对农业害虫的作用机制

在全球气候变暖对农业生产的影响以及大气温室气体对害虫种群发生的影响效应方面，应从目前研究仅关注响应特征转到响应的机制研究、再到模拟分析；从单个种群转到多个种群到食物链、再到地上和地下的互作研究；从 CO_2 影响分析转到 O_3 影响分析、再到 CO_2 与 O_3 等温室气体综合影响分析，以全面揭示温室气体对农业害虫及其天敌的效应及其机理。

（6）害虫灾变监测预警技术

研究利用昆虫雷达、卫星遥感和地理信息系统等先进手段，实时监测害虫种群动态的早期预警技术。研究计算机网络化的信息收集、发布技术和远程诊断平台，提高害虫监测、预警和治理的信息化水平。通过遥感监测，结合全球定位系统和地理信息系统，结合气象信息进行整合和综合分析，建立重大迁飞害虫的发生和危害的信息识别模式，揭示害虫种群的区域性灾变发生规律。网络普及使信息传播更为便捷，利用因特网可以根据实时天气数据和预报对害虫发生进行实时预报，并利用计算机辅助决策系统进行实时决策咨询，为害虫防治决策提供科学的支撑。

（7）害虫抗药性治理技术

靶标害虫对农药和转基因抗虫作物的抗性是国内外研究的主要方向之一，我国在这方面研究已有良好的基础，未来继续加强开展深入研究，既有助于对主要害虫的持续控制，也可以形成我国农药和转基因生物安全性研究的特色。以转基因抗虫作物为例，继高剂量、庇护所策略之后，近年来国际上又提出了一些新的可能预防甚至消除靶标害虫产生抗性的新策略或方法，对这些方法的有效性和安全性的研究是我们下一步需要研究的新任务。例如，Tabashnik 等 2010 年在 *Nature Biotechnology* 上报道了其在美国亚利桑那州连续 4 个生长季节的田间试验结果，田间释放雄性不育棉红铃虫与种植转基因抗虫棉花品种相结合，可以有效替代种植非转基因普通棉花的庇护所策略，预防害虫产生抗性，促进 Bt 作物品种的持续应用。这一新策略一经发表，立刻引起了学术界和产业界的重视，这一技术的进一步研究必将成为未来几年的一个热点。此外，目前已有基因的转基因抗虫品种或化学农药种类在时间和空间上进行合理布局或轮换使用等，害虫对这些基因或农药的抗性机理、交互抗性和抗性监测与治理技术的研究，也势在必行。

2. 植物病理学

当前，我国正处于传统农业向现代农业转型跨越的关键时期，建设现代植保是确保国家粮食安全及主要农产品有效供给的重大举措，也是适应农业生产经营方式变化的客观需要，更是确保农产品质量安全的有效途径和促进农业可持续发展的必然选择。根据国家战略需求，未来 5 ~ 10 年植物病理学重点研究领域和优先发展方向如下：

（1）植物病原生物比较基因组

我国在稻瘟病菌、白叶枯病菌、小麦赤霉病等重要病原物的基因组测序及其致病基因功能方面已有良好的研究基础，也已经完成麦类锈病、作物枯萎病等重要病害病原物的基因组测序工作。在植物病原生物比较基因组方面，应重点开展以下研究：选择目前国内外尚未进行基因组测序的作物重要病害病原物开展测序研究，解析其基因组序列的结构特征，在国际上抢占有利地位；在基因组测序基础上，利用全基因组插入突变或基因敲除等技术手段，通过致病突变体筛选等途径系统分离鉴定稻瘟病、赤霉病等病原物的关键致病基因和致病力基因，深入研究其作用机理，构建致病基因和致病力基因的作用网络，进一步巩固和提升我国在重要病原物致病基因及致病机制研究方面的已有优势；选择水稻稻瘟病和白叶枯病、麦类锈病和赤霉病、作物枯萎病、白粉病等病原物，利用生物信息学、比较基因组学等技术，通过比较不同毒力、不同来源的多个或系列菌株基因组结构特征与变异，研究这些重要病原物的致病性分化与变异的规律与分子机制，包括病原物专化型、生理小种、致病型的形成，致病性变异途径与规律，病菌群体结构与毒力组成等；利用比较基因组学、代谢组学技术构建重要病原物的代谢网络，从系统生物学的角度筛选鉴定病原物中致病性必须基因或代谢途径，有选择地研究重要病原物致病蛋白的结构及其与致病性的关系，探索病原物中致病必须基因或代谢途径作为高效杀菌剂设计靶标的潜力。

（2）重大植物病害的发生规律

气候变暖及极端气候的频繁发生显著改变了我国植物病害的发生规律，如小麦赤霉病以往在黄河流域很少发生，但近几年多次在黄淮麦区大面积流行成灾，引起巨大产量损失和质量安全问题。因此，未来一段时间需要重视研究大气 CO_2 浓度升高、高浓度臭氧、气温上升、降雨分布不均等气候变化因子对我国重要植物病害发生规律的影响，为病害有效防控提供科学依据。

随着机械化程度的提高，我国大田作物普遍推广了免耕播种、秸秆还田、跨区机械作业等新的耕作制度，显著提高了效率，农田生态条件也随之发生了巨大变化，因此，植物病害的发生规律也随之改变。例如，秸秆还田在提高土壤的有机质含量及通透性的同时，也将病原菌带回土壤，使土传病害加重；跨区机械作业加快了病害的扩展速度。因此，新型耕作制度下植物病害发生规律将成为未来几年我国植物病理学研究的重要任务。

随着农业发展的全球化必然趋势，加之我国地域辽阔，不同的气候带分布使得来自世界各地的外来物种都可能在国内找到合适的栖息地，因此，评估外来入侵病原物引起的作物病害的发生风险、研究病害发生规律将成为保障我们农业生产和生态安全的重要课题。

媒介昆虫—病毒—植物互作关系复杂多样，寄主植物对病毒的敏感性和对媒介昆虫的适合性、媒介昆虫对寄主的适应能力等因素影响三者互作关系，阐明三者之间的互作关系将成为研究植物病毒病害和虫害的流行成灾规律的重要内容。

（3）病原菌与寄主植物互作机理

病原物与寄主植物的互作是植物病理学核心内容之一，其互作机理的分子解析是分子植物病理学的前沿和重点研究内容。病原物与寄主植物互作要回答的核心问题是：植物如何识别病原物并激活防卫反应？病原物又是如何逃避植物的“非我”识别？植物与病原物如何共进化？目前，病原物的 PAMP、植物 DAMP 及其植物 PRR 受体还只有少数几种获得鉴定。植物 PRR 和 R 蛋白受体对病原物 PAMP 和 Avr/Effector 以及植物 DAMP 的分子识别机理的研究还处于初级阶段。对植物与病原物共进化的分子机理认识还很肤浅。对 PTI 和 ETI 抗性产生的信号传导网络解析还不够深入。鉴于上述研究现状，鉴定新的病原物 PAMP、植物 DAMP 及其植物 PRR 受体，阐明 PRR 识别 PAMP 和 DAMP 以及 R 蛋白识别 Avr/Effector 的分子机理，深入分析植物与病原物共进化的分子机理，系统解析 PTI 和 ETI 抗病信号传导网络等，将是揭示病原物与寄主植物互作机理的核心内容和制高点，是未来几年系统深入理解病原物与寄主植物互作机理、发展植物病理学的战略需求。

根据目前研究现状，结合将来的发展趋势，未来几年病原物与寄主植物互作机理研究的重点领域和优先发展方向包括：①对来自更多病原物、新类型的 PAMP 的鉴定；对来自更多植物的新类型 DAMP 的鉴定；对这些新的 PAMP 和 DAMP 的植物 PRR 受体的鉴定、识别作用机理分析；②综合运用结构生物学、生物化学、分子生物学、细胞生物学等多种技术；从蛋白结合、细胞定位等不同角度和转录、翻译和翻译后修饰等不同水平；进行经典 PRR 受体 FLS2、EFR、CERK1 等的识别作用机理的进一步解析；③从病原物 Effector 的植物靶标鉴定、植物对病原物 Effector 的作用靶标的保卫机制分析等方面开展对植物与病原物共进化分子机理的解析；④综合运用遗传学、生物化学、分子生物学和各种组学技术，分离鉴定 PTI、ETI 的关键调控因子，研究其作用机理，开展对 PTI、ETI 产生分子机理的深入解析。

（4）植物抗病毒机制的研究

病毒的生命周期离不开寄主，病毒自身功能的实现势必会对寄主造成不利影响，而寄主植物本身存在的防御体系也会作用于病毒。植物病毒的致病性与寄主植物的抗病性是一个矛盾的两个方面。病毒进入一个未受侵染的植物细胞后是否发生病害主要取决于病毒的致病性与植物抗病性。解析寄主植物抗病毒机制，可为建立有效及持久的防治病害措施提供理论依据。

最为有效的植物抗病毒防御机制是显性抗病（R）基因介导的，植物显性抗病基因介导的抗性常伴随着过敏性反应，这种抗病毒方式也被称之为“基因对基因”假说。每个R基因只能识别一类特异的病原物分子（称为无毒因子），通过相互作用产生的表型包括侵染点细胞的程序性细胞死亡和其他表型正常组织上的不连续坏死斑。因此，鉴定和发现新的病毒抗性基因，明确其参与抗病的机制，将为有效控制重大农作物病毒病害提供新基因资源和新策略。

植物抵御病毒侵染的另一重要途径是RNA沉默机制。RNA沉默是以21 ~ 30nt长度大小的siRNA为作用中心，从诱导切割双链RNA产生小分子干扰RNA（siRNA），进而指导沉默复合体切割靶标RNA，最后siRNA的扩增增强作用等一系列过程。利用RNA干扰策略在水稻中抑制水稻条纹病毒、水稻矮缩病毒和水稻黑条矮缩病毒的病毒复制关键基因表达后，能强烈抑制病毒在水稻中的复制，从而创制了稳定的能正常生长发育又能抗病毒病的水稻新种质。另外，植物内源的微小RNA（miRNA）也能干扰含有miRNA靶标的重组病毒RNA，通过人工合成miRNA也已应用于抗病毒的分子育种。由于病毒在寄主植物中的侵染有赖于病毒的复制这个关键环节，因此通过人工RNAi和miRNA干涉病毒复制关键因子，将会是一种目前比较有效的抗病策略，值得研究和探讨。

（5）植物抗病资源挖掘与抗病性合理利用

我国在主要农作物抗病基因资源的挖掘、鉴定与利用方面已经具备很好的研究基础，同时我国具有丰富的生物种类和种质资源，在抗病资源挖掘与抗病性合理利用方面，应重点开展以下研究：利用分子手段，系统挖掘、鉴定、评价主要农作物及其近缘物种资源中针对重要病害的高效抗病基因及其利用价值，特别是广泛挖掘针对目前缺乏高水平抗性品种的病害（如作物纹枯病、麦类赤霉病等）的优异种质资源和材料，开展分子定位与克隆鉴定；分离鉴定主要农作物中主效抗病基因，重点是广谱和持久抗病基因和抗病QTLs，利用组学技术，研究作物抗病性的分子机制及其抗病信号途径，发现作物抗病性的全局性调控关键基因，研究抗病基因的作用机制与基因网络及其与作物生长发育、产量等农艺性状的关系；探索高效利用具有广谱和持久抗性的优良基因改良水稻抗性的途径，开展新型抗病基因的分子设计，通过抗病基因的聚合转化/转育、分子标记辅助育种等手段，培育多抗作物新品种和抗谱上互补性较强的多系品种，解决生产上抗病品种抗病性快速丧失的问题；深入研究主要病原物毒性变异的机制及其致病型的时空分布规律，探索抗病品种多样性和合理布局控制作物重大病害的新理论和新途径，研究制定针对水稻稻瘟病、小麦条锈病等主要粮食作物重大病害的抗性品种布局方案；开展抗病基因的转基因研究，培育高水平、宽抗谱的抗病转基因主要农作物新品种，进行安全性评价，为抗病转基因作物新品种的推广应用和产业化生产提供技术储备。

（6）植物病原生物检测与病害诊断技术体系的研究

随着植物病原生物组学研究，人们越来越认识到病原菌的检测靶标必须与其基因组学相联系，好的检测靶标必须是目标菌的核心基因。因此，以核心基因为基础，设计通用分子探针，建立以核心基因为靶标的基于 PCR 和 PCR—基因芯片的分子检测技术是发展趋势之一。通用探针与芯片结合 DNA 阵列技术最初用于研究基因的表达情况和进行 SNP 检测。在植物病原菌分子检测中，这种方法已经被应用于卵菌、线虫、细菌和真菌纯培养中提取的 DNA 检测以及几种病毒的鉴定，但是这种检测尚不能定量。PRI-lock 探针结合实时定量 PCR 技术，可同时检测含多种病原菌的样品并能准确定量。国内也报道了基于锁式探针的滚环扩增方法与基因芯片结合的检测技术，研制出了小麦矮腥黑穗病快速检测、诊断试剂盒。及时快速准确地对植物病原生物进行检测是植物病原生物预警体系的核心内容之一。过去，我国大多使用传统的形态学、免疫学检测技术，这些技术往往效率较低、检测时间长、灵敏度和准确度也不够高。目前，随着生物技术在这一领域的应用和发展，以 PCR 技术为代表的分子检测方法得到了迅速发展。大多数基于 PCR 技术的分子检测方法对检测靶标的研究不够，所以，在实际应用中经常出现假阳性或假阴性的现象，也无法满足同时对不同检测对象进行大批量检测的需要。因此，以高信赖度的核心基因为检测靶标的多位点和高通量分子检测技术可以实现对不同有害生物同时进行快速、高效、灵敏、准确的检测，这对有效防止检疫性有害生物的传入扩散、及时准确对生产上的生物灾害进行监测和防控、保护我国农业生产安全和国际贸易正常往来均具有重要意义。

（7）植物病害的预测预报及防控技术

植物病害预测预报的研究重点包括：利用遥感技术、地理信息系统及全球定位技术，系统研究植物真菌病害发生的时空变化动态、传播蔓延与流行规律；建立重要病害的早期快速监测与诊断技术，结合气象信息和田间小气候因子，建立重大农作物重大病害发生监测与预警技术体系。

植物病害防控技术的研发重点包括：利用现代分析分离和仿生合成技术，发掘新型农药先导化合物和信息化合物；根据作物病虫害统防统治的需求和发展趋势，加强药剂高效使用技术的研发，推广高效、低毒、低残留、环境友好型农药，优化集成农药的轮换使用、交替使用、精准使用和安全使用等配套技术；建立植物病原真菌对主要杀菌剂抗药性的评价与监测技术体系，开展抗药机理及治理对策研究；挖掘作物植物病害生物防治资源，研究其利用途径与生防机理；重点针对土传病害和根茎部病害等难以防治的作物病害，充分利用多种技术手段（包括转基因技术），发掘植物抗病种质资源，培育抗病品种；研发重要农作物病害的生态调控技术，采取推广抗病品种、优化作物布局、培育健康种苗、改善水肥管理等健康栽培措施，并结合农田生态工程、作物间套种等生物多样性调控技术，改造病害发生源头及滋生环境，增强自然控害能力和作物抗病能力；构建重要作物病害绿色防控技术体系，集成生态调控、生物防治、物理防治和科学用药等环境友好型措施控制农作物病害体系，促进农产品质量安全和农业生态环境安全。

（二）未来几年发展的战略思路与对策措施

1. 加强人才队伍建设，提高我国植物保护学的整体学术水平

针对我国植物保护学高层次创造性人才缺乏等问题，通过国家杰出青年基金和青年基金等人才项目，实施以高层次人才和青年学者为重点的培养计划，造就一批高水平的学科带头人，培养一批学术基础扎实、具有创新能力和突出发展潜力的中青年学术骨干。加强植物保护学学术团队建设，建成一批能够承担学科建设重大攻关任务的学术团队，提高我国植物保护学的整体学术水平。

2. 加大基础研究投入比例，增加对植物保护学研究的科技投入

近年来，国际上的先进国家高度重视农作物有害生物治理新理论、新技术的研究，加强了基因组学、蛋白质组学、分子遗传学等方面的基础研究。与之相比，我国在植保基础研究的系统性、连续性和深入性等方面仍存在差距。因此，未来需进一步加强有害生物种群演化规律、致害和成灾机理、监测预警以及新理论、新方法、新技术研究，提高我国在植物保护领域的原始创新和自主创新能力以及生物灾害防控技术水平。

3. 加强协作，促进植物保护学科的交叉融合

加强与国际和国内优势单位的科研协作，促进植物保护学科的交叉融合。特别是在外来入侵有害生物防控方面，需要国际间协作开展起源与入侵地间地理分布、生理生态适应性和种群遗传结构以及到起源地引进天敌等工作。因此，建议优先合作领域包括：重要农业病虫害的功能基因组学、转录组学、蛋白质组学和代谢组学；基于生态调控、遗传防治、转基因作物与转基因昆虫利用等新技术；具有跨境转移危害的稻飞虱、草地螟和蝗虫等重大害虫的区域性监测与治理研究；外来入侵病虫害生物学与治理技术等。

4. 加强实质性国际合作，积极推进植物保护学国际科技合作与交流

我国植物保护学的基础研究还整体上落后于西方发达国家，国际合作和交流有助于提高我国的基础研究水平。此外，一些重要病虫害存在跨国界的多边危害，其发生规律和防控研究需要相关国家的参与。其中，需要加强国际合作与交流的政策需求和保障措施包括：①从国家层面与国际水稻研究所等国际性科研机构、国际生命科学研究中心（CABI）、美国农业研究局和澳大利亚科学院等国家农业科研机构建立双边或多边合作关系。与国家重大科技计划和国家与部门重点实验室等相结合，依托有优势的大学、研究院所与国外合作建立一批高水平的农业昆虫联合实验室；②鼓励并支持我国昆虫科学家和科研机构参与或牵头组织国际和区域性的昆虫学会议，提供稳定的、高强度的国际合作基金以支持双边或多边合作项目；③选派科研人员到国际先进实验室或周边相关国家开展学术

交流和合作研究，聘请一批高水平的海外昆虫学家和优秀科技人才团队到国内从事合作研究、学术交流、技术培训或工作任职。

5. 加强产学研结合，突出我国植物保护学科研究特色

产学研结合是当前农业科技创新体系的有效举措，也是国家层面大力提倡的一种新合作方式，一些科研院所和农业高校也正在进行这方面的有益实践。特别在植物保护学科，应重点加强以下三个层次的产学研结合方式：一是院所与地方之间的合作，如近年来在不同地区出现的院（校）县合作、院（校）市合作等。另外，植保科技特派员、专家大院等农业技术扩散形式也是由地方政府与院校联合展开的，也可纳入此范围；二是院所与企业之间的合作，这又可分为两种具体形式，一种是院所作为一个单位整体与企业上的植物保护技术合作，另外一种是院所中的某些专家与企业针对技术问题开展的多种形式的合作，如院士工作站、专家试验站等形式；三是院所的研究人员或农业高等学校的植保专家直接为农户提供技术指导和支持。

6. 建设科技基础设施与平台条件，强化共享机制

加强植物保护学国家和部门相关重点实验室和野外台站建设工作，提升植物保护学科研试验基地的规模和标准，实现科研设施的配套完善。此外，还要制定完善各种平台管理办法和技术措施，打破部门单位封闭格局，促进全国性的交流共享，吸引国内外有关单位、优秀科学家参与平台建设，努力使相关平台成为在国内外具有重要影响、引领我国农业科技发展方向的重要创新基地。

参考文献

[1] Arianne J，Elser J，Ford C，Hao S，et al. Heavy Livestock Grazing Promotes Locust Outbreaks by Lowering [J]. Plant Nitrogen Content. Science, 2012（335）：467–469.

[2] Deng H，Zhang J，Li Y，Zheng S，et al. Homeodomain POU and Abd–A proteins regulate the transcription of pupal genes during metamorphosis of the silkworm [J]. Bombyx mori. PNAS, 2012（109）：12598–12603.

[3] Dong S，Yin W，Kong G，Yang X，et al. Phytophthora sojae avirulence effector Avr3b is a secreted NADH and ADP–ribose pyrophosphorylase that modulates plant immunity [J]. PLoS Pathogens, 2011，7（11）：e1002353.

[4] Feng F，Yang F，Rong W，Wu XG，et al. A Xanthomonas uridine 5 '–monophosphate transferase inhibits plant immune kinases [J]. Nature, 2012，485（7396）：114–149.

[5] Guo M，Chen Y，Du Y，et al. The bZIP transcription factor MoAP1 mediates the oxidative stress response and is critical for pathogenicity of the rice blast fungus Magnaporthe oryzae [J]. PLoS Pathogens, 2011，7（2）：e1001302.

[6] Kong LA，Yang J，Li GT，Qi LL，et al. Different chitin synthase genes are required for various developmental and plant infection processes in the rice blast fungus Magnaporthe oryzae [J]. PLoS Pathogens, 2012，8（2）：e1002526.

[7] Lu Y，Wu K，Jiang Y，Xia B，et al. Mirid bug outbreaks in multiple crops correlated with wide–scale adoption of

Bt cotton in China [J]. Science, 2010 (328): 1151-1154.

[8] Lu Y, Wu K, Jiang Y, Guo Y, et al. Widespread adoption of Bt cotton and insecticide decrease promotes biocontrol services [J]. Nature, 2012 (487): 362-365.

[9] Liu S, De Barro PJ, Xu J, Luan J, et al. Asymmetric mating interactions drive widespread invasion and displacement in a whitefly [J]. Science, 2007 (318): 1769-1772.

[10] Wang Q, Han C, Ferreira AO, Yu X, et al. Transcriptional programming and functional interactions within the Phytophthora sojae RXLR effector repertoire [J]. Plant Cell, 2011 (23): 2064-2086.

[11] Wu K, Lu Y, Feng H, Jiang Y, et al. Suppression of cotton bollworm in multiple crops in China in areas with Bt toxin-containing cotton [J]. Science, 2008 (321): 1676-1678.

[12] Wu K. No refuge for insect pests [J]. Nature Biotechnology, 2010 (28): 1273-1275.

[13] Wu R, Wu Z, Wang X, Yang P, et al. Metabolomic analysis reveals that carnitines are key regulatory metabolites in phase transition of the locusts [J]. PNAS, 2012 (109): 3259-3263.

[14] Xue M, Yang J, Li Z, Hu S, et al. Comparative analysis of the genomes of two field isolates of the rice blast fungus Magnaporthe oryzae [J]. PLoS Genetics, 2012, 8 (8): e1002869.

[15] Yan X, Li Y, Yue X, Wang C, et al. Two novel transcriptional regulators are essential for infection-related morphogenesis and pathogenicity of the rice blast fungus Magnaporthe oryzae [J]. PLoS Pathogens, 2011, 7 (12): e1002385.

[16] Yang DL, Yao J, Mei CS, Tong XH, et al. Plant hormone jasmonate prioritizes defense over growth by interfering with gibberellin signaling cascade [J]. PNAS, 2012, 109 (19): 1192-1200.

[17] Yang XL, Xie Y, Raja P, Wolf JN, et al. Suppression of methylation-mediated transcriptional gene silencing by ?C1-SAHH protein interaction during geminivirus-betasatellite infection [J]. PLoS Pathogens, 2011, 7 (10): e1002329.

[18] You M, Yue Z, He W, Yang X, et al. A heterozygous moth genome provides insights into herbivory and detoxification [J]. Nature Genetics, 2013 (45): 220-225.

[19] Yuan M, Chu ZH, Li XH, Xu CG, et al. The bacterial pathogen Xanthomonas oryzae overcomes rice defenses by regulating host copper redistribution [J]. Plant Cell, 2010, 22 (9): 3164-3176.

[20] Zhang HF, Tang W, Liu KY, Huang Q, et al. Eight RGS and RGS-like proteins orchestrate growth, differentiation, and pathogenicity of Magnaporthe oryzae [J]. PLoS Pathogens, 2011 (7): e1002450.

[21] Zhang H, Tian W, Zhao J, Jin L, et al. Diverse genetic basis of field-evolved resistance to Bt cotton in cotton bollworm from China [J]. PNAS, 2012 (109): 10275-10280.

[22] Zhang ZH, Chen H, Huang XH, Xia R, et al. BSCTV C2 attenuates the degradation of SAMDC1 to suppress DNA methylation-mediated gene silencing in Arabidopsis [J]. Plant Cell, 2011, 23 (1): 273-288.

撰稿人：高玉林　周雪平　马忠华　王源超　吴孔明

作物栽培

一、引言

（一）学科概述

作物栽培学是作物学科重要组成部分，是作物生产管理的理论与技术基础。作物栽培学是研究作物生长发育、产量和品质形成规律及其与环境条件的关系，探索通过栽培管理、生长调控和优化决策等途径，实现作物高产、优质、高效及可持续发展的理论、方法与技术的科学。本学科的发展直接服务于作物生产，关系到粮食安全、农民增产增收。

我国作物栽培特别重视作物高产高效的研究，在产量形成与资源利用的研究规律基础上，创新了一系列的关键技术与区域特色的技术体系，有效地保障我国粮、棉、油的生产能力的提升。我国粮食生产能力确保了我国粮食自给率一直达到较高水平，2012 年我国粮食总产达到了 5.896 亿 t，创历史新高。其中玉米种植面积 5.24 亿亩，总产量 2.08 亿 t，成为第一大作物。水稻一直保持世界第一大生产国，2012 年总产达到 2.04 亿吨，单产达到 449.5kg/ 亩，成为世界水稻生产、消费和技术发展的中心。我国小麦也在世界上占有举足轻重的地位，2012 年总产达到 1.21 亿 t，特别是优质高产技术的发展为小麦产业的发展提供有力支撑。与此同时，我国经济作物生产也相应有了新的发展。

作物栽培学是一门综合性很强的农业应用科学，与之发生关系的学科很多。就作物生长发育和产量与品质形成规律来说，其与作物形态、解剖、生理、生态、生化学科密切相关；涉及作物的生活环境及栽培技术措施的学科有土壤学、农业化学、肥料学、农业气象学、作物病虫害防治、耕作学、农业机械学以及环境科学等。作物栽培学的研究还要利用生物统计、田间试验、信息技术等学科的知识。经过我国作物栽培学家几十年的探索，作物栽培学形成了区别于其他农业基础学科的具有自身规律的理论体系。特别是近年来我国农业生产正在向良种良法的结合、农机农艺的融合、生产生态的兼顾、高产与高效同步的现代农业技术发展，其中作物栽培起到了关键作用，体现出学科综合性优势。作物栽培学正在向机械规模化、信息精确化、可持续简化、气候变化适应性、抗逆稳产等技术方向发展，为实现现代农业发挥了越来越重要的作用。

（二）发展历史回顾

作物栽培有着悠久的发展历史，可划分为不同特点的3个阶段。

（1）古代作物栽培学的发展。早在春秋战国（公元前770年）时期的《吕氏春秋》中就有农事种植的记载，《氾胜之书》（西汉）、《齐民要术》（后魏）、《农桑辑要》（南宋）、《授时通考》（清代），记载着古代作物栽培中的精耕细作、用地养地、抗逆栽培、因地适时农作等经验，在当时农业生产中发挥了重要的推动作用，其中许多内容至今对农业生产仍有指导价值。在中国近代农学史中，主张中国新兴农业发展之路，并出版了《农学丛书·中国作物论》（原颂周，1923）、《作物学通论》（黄绍绪，1925）、《作物学概论》（翁德齐，1937，1947）等一系列有关作物栽培总论的著作。

（2）作物栽培学科体系的形成。新中国成立后作物栽培从作物学的体系中独立出来，成为作物栽培学，形成了特色理论与技术体系。20世纪50年代末，我国出版了第一本《作物栽培学》，此后各地区根据作物生长发展的区域生态特点，陆续出版了不同类型的作物栽培学教科书和专著。虽然中国作物栽培学从作物学独立出来的时间晚于前苏联和日本，但中国的作物栽培学研究形成了中国特色的学科体系并在许多研究方面取得了重要成果。

（3）现代作物栽培学发展。近年来，随着现代科学技术在作物生产上的应用，作物栽培学进入传统作物栽培学与现代新技术融汇发展的阶段。作物栽培学融入了以信息技术、生物技术和新材料等为特色的栽培学新内容，丰富和发展了作物栽培体系。如计算机和3S技术、化控工程、纳米肥料、微生物技术、地膜覆盖、转基因作物与基因诱导技术等，虽然这些技术目前还不能在中国作物栽培中起主导作用，但随着新技术不断完善与成熟，将来会在作物生产上发挥一定作用。

新中国成立以来，作物栽培学在理论建设、技术创新和技术体系构建等方面取得了显著成效。新中国成立60余年作物栽培技术发展经历了具有明显变化特征的三个过程：第一阶段为20世纪50年代至70年代，其特征为以总结群众经验为主，主要依靠农业科技人员深入农村，学习、总结和推广农民丰产栽培经验、改进栽培技术，开始作物高产栽培理论的研究，推动粮食亩产从不足70kg提高到150kg以上；第二阶段为20世纪70年代至90年代，其特征为从经验技术型向理论技术型发展，重点研究作物生育规律、器官建成、产量形成、立体多熟、高效抗逆高产综合理论与技术，推动粮食单产从150kg提高到300kg；第三阶段为20世纪90年代以来，其特征为传统栽培向现代技术发展，从单一目标向高产、优质、高效、生态、安全多目标发展。主要依靠稀植高产、吨粮田、高稳低栽、化控栽培理论与技术和生物、信息、新技术和资源节约与精准定量栽培理论与技术相结合的栽培技术模式，推动粮食单产从300kg提高到344kg左右。不同作物的生长发育具有各自的特点，栽培技术也表现出明显不同的特征。

60多年来，我国作物栽培学在理论建设、技术创新和技术体系构建上不断进步，创新成果不断涌现与应用，形成了较完善的科技创新体系和产业发展体系。创建了以器官相关与肥水效应为核心的叶龄促控的理论与技术，在小麦叶龄指标促控法栽培管理技术上取得了显著突破。创建了以中低产田改良为核心的抗逆丰产理论与技术，在南方区的祁阳，冬干鸭屎泥水稻“坐秋”及低产田改良技术上取得重大突破。在黄淮区的曲周，开展了黄淮海平原中低产地区综合治理的研究与开发，形成以地膜覆盖增温保墒为特点的多形式覆盖栽培技术，特别是棉花覆盖栽培技术的研究和应用均均居世界领先地位。揭示了作物器官建成与产量、品质形成的协同规律和栽培技术效应，建立了作物高产与优质协同提高的栽培调控理论与技术体系，有效地指导作物大面积丰产。在玉米高产优质高效生态生理及其技术体系研究与应用，小麦品质生理和优质高产栽培理论与技术，冬小麦根、穗发育及产量品质协同提高关键栽培技术与应用上均取得了显著成效。建立了作物群体质量控制高产栽培理论与技术，以信息化为特征的现代规模化精准作业方面成效显著，在上海、北京、江苏、新疆农垦、黑龙江等建立了基于信息化的大规模生产技术。形成了中国特色的现代精准栽培生产体系。一系列区域性丰产高产集成配套技术体系的推广应用为我国粮食生产实现“九连增”做出了重要贡献。

二、现状与进展

（一）学科发展现状及动态

作物栽培学科发展是理论、关键技术与技术集成不断创新的过程，是作物栽培学对生产指导与应用不断加强的过程。

1. 作物栽培学理论创新

作物栽培理论是作物栽培学发展的重要基础，也是作物栽培发展的重要标志。作物栽培技术的发展越来越依赖于理论突破，特别是产量形成、生长发育规律、作物与环境等成为作物重要栽培理论的研究方向，有效地指导作物高产、优质、高效、生态、安全的技术创新。

（1）作物生育过程中器官相关与肥水效应理论

作物各器官生长发育具有一定的相关性，如营养生长与生殖生长的关系，地上部生长与地下部生长的关系，作物器官的同伸关系等。根据不同器官之间的相关关系，创建了以器官相关与肥水效应为核心的叶龄促控的理论与技术，即以不同叶龄时期的肥水效应为依据，用主茎叶龄作为形态指标，制定因地制宜、因苗管理的相应促控措施。该理论在小麦叶龄指标促控法栽培管理技术上取得了显著突破。凌启鸿等（1983）也在水稻上应用叶龄模式指导水稻生产，随后在其他作物上也相继运用，如玉米上的“见展叶差”、大麦上的“叶位指标”等。随着作物栽培技术的发展，器官同伸理论的应用更加广泛：黄德社等（1995，1996）、潘华等（2002）按“叶龄模式”指导杂交水稻制种，并制成叶龄判断示意图。李存东等（2000）揭示了小麦叶龄、叶龄余数、叶龄指数与穗分化进程的相互关系，为作物栽培调控和生长模拟提供了依据。刘喜珍等（2001）采用计算机辅助手段开展了水稻叶龄模拟模型的验证研究，认为模拟结果适合于指导水稻生产。在我国还采用“叶龄指标促控法”进行肥水管理。杨海生等（2002）进行了依叶龄运筹氮肥的研究，达到了经济用肥和提高产量的双重目标。

（2）作物高产形成定量化理论

提高作物产量是作物栽培学的重点任务，在高产和超高产产量目标下，研究作物产量提高过程与“产量构成、光合性能、源库关系”三个作物产量的理论特点和内在联系，明确产量形成“源”、“库”性能的数量向质量过渡规律，形成作物高产超高产理论体系。赵明等（1995）在分析“产量构成、光合性能、源库关系”三者之间的内在联系基础上，将其整合统一构建了“三合结构”模式理论，该理论以源库理论为主题，源与光合性能相连，库与产量构成理论相连，构成了源库不同层次和数量质量性能的产量分析框架。张宾、赵明（2007）根据“三合结构”模式二级结构层中各因素间的关系，对其进行数学表达，建立定量表达式，提出作物产量性能 $\mathrm{MLAI} \times \mathrm{D} \times \mathrm{MNAR} \times \mathrm{HI} = \mathrm{EN} \times \mathrm{GN} \times \mathrm{GW}$ 的定量方程，并通过动态特征分析，建立了平均叶面积［MLAI $y=(a+bx)/(1+cx+dx^2)$］和平均净同化率以及等产量性能的穗数（EN $Y=\mathrm{axe}bx$）穗粒数（GN $Y=ax^2+bx+c$）和粒重［GW $y=a/(1+be-cx)$］等动态模型，这些模型通过参数积累，可有效地进行动态模拟，可通过不同产量条件下产量性能构成分析，提出不同产量目标的定量化。“三合结构”模式及定量表达式的建立使作物产量形成过程得以系统、清晰地展现。

（3）作物营养高效平衡理论

作物必需的各种养分同等重要，相互不可替代，缺乏任何一种元素作物都不能正常生长。作物产量受土壤中作物必需的某种有效养分含量相对最低的营养元素控制。所有养分都最优，产量可达最高，缺少一种养分就否定了其他所有养分的价值，使产量损失。平衡施肥的原理是在土壤养分状况评价和测土推荐施肥中，综合考虑各大、中、微量营养元素的缺素临界指标，在提出作物施肥推荐时，根据土壤测试和吸附试验结果、作物类型和产量目标等确定各营养元素的施肥量，形成一套完整的土壤养分综合评价系统和平衡施肥推荐技术，促进作物的增产增收。

2. 作物关键技术创新

（1）密植高产技术

进一步提高作物的潜力在于提高品种的耐密性和抗逆性，逐步增加种植密度应是我国作物高产育种和技术发展的方向。通过增加种植密度，充分挖掘群体生产潜力是玉米单产不断提高的重要途径。20 世纪 80 年代，陆续选育出一批高产、稳产、抗逆性强的优良玉米杂交种在生产中推广应用。1998 年我国紧凑型玉米种植面积达到 1.3 亿亩。与此同时，陈国平等围绕紧凑型品种，研究配套增密栽培技术。随着紧凑型玉米的成功培育以及玉米栽培管理水平的提高，栽培科研工作者依据地域的气候生态条件、品种特征、土壤条件、耕作栽培管理水平因地制宜地研究确定合理种植密度。20世纪五六十年代，我国棉花大多采用稀植（每亩2000株左右），随着棉花品种的不断改良，种植密度不断增大，新疆棉区种植密度达到每亩10000 ~ 13000株，进而结合生长调节剂的广泛应用，逐步发展成为“密、矮、早”的种植技术体系，对确保棉花早发早熟和增产稳产有重要作用。

（2）土壤耕层优化技术

耕层变浅，犁底层加厚，耕层有效土壤数量明显减少，耕层土壤理化性状趋于恶化的问题在全国农田普遍存在，在东北地区尤为突出。深松和深翻是打破犁底层、加厚耕层最直接有效的方法。通过深松可以使板结的土壤结构达到蓬松，打破犁底层，实现改土、蓄水保水、抗旱除涝、减少水土流失，保护生态环境和增产增收。赵明等人（2010）根据玉米农田普遍存在的耕层浅、犁底层紧硬和有效土壤量少的实际情况，发明了条深旋精细播种技术，是一项增产效果明显的简化栽培技术，创新与优化条带深旋技术，分析深松、深翻、振动深松、常规旋耕等不同土壤耕作方式的效应，并确定条深旋是耕层调控优化的关键技术，是解决土壤障碍，实现玉米高产的重要途径。为了改善根层、冠层环境，提高光温水肥等资源利用效率，山东农业大学将小麦—玉米传统平作方式改起垄种植。根据垄作机械的宽度和牵引动力大小，设置了垄作的宽度。垄面宽度可设置45厘米、60厘米和90厘米，垄高13 ~ 15厘米，沟宽30厘米；根据垄宽设计小麦、玉米适宜行距；沟内进行肥水管理；收获后，将粉碎的秸秆覆盖在垄沟内。与传统平作相比，该技术实现了增加土层厚度、改善根系环境；改善冠层通风透光条件；提高水肥利用效率。水分生产效率提高10% ~ 15%，氮肥利用效率提高15%以上，田间透光率增加10% ~ 15%，周年产量提高10% ~ 15%，经济效益增加显著。

（3）作物定向化控技术

化学调控技术是指在作物生长发育的不同阶段，根据气候、土壤条件、种植制度、品种特性和群体结构要求，连续数次使用植物生长调节物质（激素类）进行定向诱导，塑造理想株型、群体冠层结构的技术。化学调控技术在玉米上的推广应用，发挥了其广适应性、高抗逆、高产稳产的技术优势，是一项玉米稳产增产高效抗逆的定向调控栽培技术。建立的以化学调控技术为核心的“缩株增密”、“壮株扩穗”和“双重调控”超高产栽培技术，在吉林省和辽宁省连续5年7地9点次创出春玉米亩产超1000kg典型。针对水稻生育前期低温、倒伏和后期早衰等问题，以激素类似物、金属蛋白酶、次生代谢物为主要成分，研制出水稻生长调节剂。水稻施用化控剂后水稻有效穗数、穗粒数、结实率、千粒重和亩产都有不同程度的提高。有效穗数提高0.54% ~ 3.89%；穗粒数提高1.18% ~ 9.42%；结实率提高0.24% ~ 3.71%；千粒重提高0.2% ~ 1.79%；亩产提高2.68% ~ 12.5%。针对冬小麦早春季易发生冻害、中后期倒伏、后期干热风等生产问题，以激素类似物、金属蛋白酶、次生代谢物为主要成分，研制出小麦生长调节剂。实现抗冷（分蘖快、冬前有效分蘖多）、抗倒伏、抗高温和干热风、抗早衰（高温条件下，灌浆强度高、不孕籽率低、千粒重增高、品质改善）的效果。

（4）配方施肥技术

配方施肥是综合运用现代农业科技成果，根据作物需肥规律、土壤供肥特性与肥料效应，在以有机肥为基础的条件下，提出氮磷钾和微量元素适当用量、比例及相应的施肥技术。配方施肥技术的推广应用，改以往盲目施肥为定量施肥，同时也改变了单一施肥为以有机肥为基础、氮磷钾等多种元素配合施用，特别是对化肥结构调整起着更重要的作用。在农业生产中增产、改善农产品品质、节肥、增收和平衡土壤养分效果十分显著。玉米测土配方施肥是我国改革开放以来玉米施肥科学化快速发展的开端。测土配方施肥形成了用土壤养分丰缺指标法、养分平衡法、肥料效应函数法和玉米营养诊断法对玉米进行推荐施肥的技术体系。据各试验、示范资料统计，实施配方施肥，玉米增产幅度一般为8% ~ 20%，平均每亩增产玉米 25 ~ 50kg，每亩可降低化肥成本 10 ~ 15 元，提高化肥利用率 5% ~ 10%。进入 21 世纪，玉米施肥进入一个崭新的发展阶段，玉米施肥开始了按需要设计肥效期长短、养分用量和比例，玉米精准施肥专家系统和变量施肥机具研究也取得了一定的进展。水稻测土配方施肥比常规施肥具有明显的增产和增收作用。应用测土配方施肥和玉米秸秆还田技术是夺取冬小麦丰收的重要措施，也是提高土壤有机质含量的有效途径，还是合理利用肥料资源、培肥地力、提高农业生产效益的主要渠道。

（5）资源优化配置技术

针对我国粮食作物两熟制气候资源配置不合理、限制高产高效的障碍因素难以克服导致的两季产量不平衡、周年产量低、资源利用效率低等问题，在两熟制作物光热资源优化配置理论定量分析、高产高效技术创新以及不同种植模式完善与应用方面取得显著成效。以同步提高两熟制产量和资源效率及攻克障碍因子为目标，通过资源优化创新研发了增加夏玉米光热分配的小麦晚播玉米晚收（双晚双高）技术，创建玉米 / 水稻，玉米 / 玉米新模式，实现了周年高产高效；在麦作两熟制中，完善集成了冬小麦—夏玉米“双晚双高”种植模式，在稻作两熟制中，完善集成了双季稻资源优化配置植模式；在玉作两熟制中，完善集成了玉米—水稻旱水协同管理和粮饲型双季玉米周年化高产高效的种植模式。

3. 作物栽培技术集成创新

（1）作物高产优质高效栽培技术集成

作物栽培重要的特点是基于理论指导和关键技术创新，进行技术集成与示范。经过多年的研究，我国在不同的作物与不同的区域技术集成出了不同的技术模式，为各种作物的高产高效、增产增收起到了重要技术支撑作用。根据国家粮食丰产科技工程统计，在东北、黄淮海与长江中下游三大平原，针对玉米、小麦和水稻三大作物的丰产高效进行了技术集成与创新研究，组装出 180 套具有地方区域特色的栽培技术体系，其中在长江中下游建立了湖南双季稻、江西双季稻、湖北双单季稻、江苏粳稻、四川盆地单季籼稻、安徽稻麦等丰产高效技术 79 套；黄淮海区域建立了河南、河北、山东冬小麦夏玉米周年丰产高效技术体系 14 套；在东北平原建立黑龙江、吉林、辽宁春玉米丰产高效技术体系 35 套。

这些技术体系的集成为主产区生产能力的提升、确保粮食安全起到了积极的推动作用。在玉米方面通过构建了玉米产量差（潜力）模型，明确了我国主要生态区玉米高产潜力突破和大面积高产高效生产的主要制约因素及技术优先序，提出了增穗、增加花后物质生产与高效分配的高产突破途径与关键技术，并构建了多个技术体系；在水稻方面，建立了单季稻“壮苗、足穗、大粒”群体构建理论和双季稻周年高产理论，揭示了水稻群体构建及产量形成规律，集成形成了低碳高产简化、周年高产高效、中低产田抗逆稳产、优质无公害高产、区地膜水稻高产等栽培技术模式。在小麦方面揭示了黄淮区小麦春化发育基因型及其与表现型的对应关系基础，明确了半冬性小麦品种安全越冬、壮蘖大穗适期提早播种的机理和玉米壮根强株防早衰途径，创建了小麦“双改技术”与夏玉米“延衰技术”，实现了周年光热水资源高效利用。通过明确海河平原高产小麦冬前积温和行距配置的光、温利用效应，揭示了高产玉米生育期调配的光、温利用规律，提出了小麦“减温、匀株”和玉米“抢时、延收”的光、温高效利用途径，通过探明海河平原高产小麦玉米农田耗水特征，建立了麦田墒情监测指标，创新了水资源最为匮乏地区小麦玉米两熟“减灌降耗提效”水分高效利用综合技术。

（2）作物精准、简化、高效栽培技术集成

作物栽培定量化、精确化、数字化技术已成为作物生产和作物栽培科技发展的新方向。发达国家作物生产实行定量化设计、精确化与数字化栽培管理。我国近年来开展了精确定量栽培、数字化农作技术和作物生产信息化服务技术的研发，在作物生产管理中正在发挥重要作用。玉米以产量性能动态为指导，以耕层与冠层优化为核心，构建了东北春玉米缩株增密化控高产技术体系、黄淮海麦茬条深旋直播密植高产技术体系、西北地膜大小行密植高产技术体系。确定了水稻土壤供氮量、目标产量需氮量与氮肥利用率 3 个关键参数的适宜值及确定方法，明确了基蘖肥与穗肥的精准比例以及穗肥高效施用叶龄期，率先提出氮肥后移技术，并配套建立了以早搁田为特征的“浅、搁、湿”精确定量灌溉模式；进而创立了“三定量”的原理与方法，构建了以“三适宜”为核心的水稻丰产精确定量栽培技术体系，使水稻生产管理“生育依模式、诊断有指标、调控按规范、措施能定量”，促进了我国水稻栽培技术由定性为主向精确定量的跨越。

（3）生态安全、环境友好型作物栽培技术集成

我国是世界上人口最多、粮食消耗量最大的国家，又是世界上人均水资源量最贫乏和粮食生产投入较大的国家之一。水肥资源利用效率低是制约我国粮食生产的主要瓶颈。因此，通过多种策略和技术途径，科学合理保护、利用水肥资源，转变农业生产方式，集成农田水肥一体精准化管理技术，探索出一条不以牺牲粮食和环境资源为代价之路，是实现作物栽培可持续发展的必然选择。近年来，在科技支撑计划支持下，开展了主要粮食作物丰产节水节肥技术集成与示范、玉米膜下滴灌节水高产高效技术，主要粮食作物高产栽培与资源高效利用的基础研究等研究工作，集成作物丰产节水栽培模式十余套，制定技术规程 1 套，实现节水 10% 以上，节肥 15% 以上，提高肥水利用效率 18% 左右，增效 100 多亿元。此外，针对作物施肥操作费工费时，肥效低，研制出了多种技术的“缓控释肥”。

针对地膜高产污染的问题进行了多种技术的可降解地膜。近年来，随着作物生产对气候变化的不断深入，以高产低排为目标的新技术不断发展。这些技术有效地集成了不同作物的生态安全、环境友好型作物栽培技术体系。

（4）作物机械规模化生产技术集成创新

实现作物生产规模化和全程机械化，装备研发农业装备数字化、智能化以及绿色制造等核心技术，为粮食生产管理提供简便适用、节本节能、大面积应用的机械化作业新机具及其配套技术，是实现作物增产的重要措施，是作物栽培可持续发展的重要途径。近年来，在玉米、水稻、小麦等主要粮食作物相继开展了机械化技术研究，如玉米条深旋精量播种一体化保全苗技术，适应玉米全程机械化作业的高产高效栽培技术，超高产夏玉米机械化高质量播种技术，油后中稻机播、机插配套技术体系研究，小麦、玉米周年垄作高产栽培技术等，集成机械化栽培技术多套，制定机械化生产技术规程。为推进我国作物机械规模化生产提供技术支撑。

4. 作物栽培技术应用与推广

（1）以丰产高效栽培为核心的粮食丰产科技工程应用与推广效果显著

在国家粮食科技重大支撑项目——国家粮食丰产科技工程支持下，紧紧围绕三大平原三大作物高产高效目标，开展了技术集成与创新研究，“十一五”期间 5 年共增产粮食 4866.48 万吨，亩产平均增加 58.26kg，单产增长率为 11.58%，增加经济效益 852.92 亿元。与全国同期粮食生产相比，增产粮食占全国同期增产量的 17.04%，亩增产是全国平均亩增产 21.45kg 的 2.72 倍，为保障国家粮食安全提供了技术支撑。同时使化肥和灌溉水利用率提高了 10%以上，灾害损失降低了 15%左右，农药用量减少 25%以上，每亩节本增效 110 元左右，有力推动了农业增效、农民增收。

（2）以核心技术集成高产创建在粮食安全方面发挥了重要作用

基于关键技术创新与区域生产特点，在万亩创建连片高产，采取统一整地播种、统一肥水管理、统一技术培训、统一病虫防治、统一机械收获的五统一的方式，2012 年在水稻上，建设 4300 个万亩连片示范片，其中早稻 650 片，双季晚稻 650 片，一季稻 3000 片。东北、长江中下游单季稻区高产创建亩产 700kg 以上，双季稻区两季亩产 900kg 以上，其他地区亩产 600kg 以上，小麦建设 2400 个万亩连片区，河北、江苏、安徽、山东、河南 5 省小麦亩产 600kg 以上，其他地区亩产 500kg 以上，在玉米上，建设 3545 个万亩连片区，东北、华北、黄淮海地区玉米亩产 800kg 以上，其他地区亩产 600kg 以上。高产区创建在粮食安全上发挥了重要作用。

（二）学科重大进展及标志性成果（2011—2012 年）

近两年来，继续实施了国家粮食丰产科技工程、作物高产创建、科技入户等一批以作物栽培为核心的重大项目，有力地推动了我国作物栽培学创新与发展，显著提升了作物栽培技术与理论的研究应用水平，使我国粮食实现了半个世纪以来的“九连增”，创造了新的历史纪录。

1. 作物高产高效栽培重要进展与成果

在玉米高产高效方面，中国农业科学院李少昆主持完成的“玉米高产高效生产理论及技术体系研究与应用”获 2011 年度国家科技进步奖二等奖。该项目构建了玉米产量差（潜力）模型，明确了我国主要生态区玉米高产潜力突破和大面积高产高效生产的主要制约因素及技术优先序，提出了增穗、增加花后物质生产与高效分配的高产突破途径与关键技术，建立了 13 套适应不同生态区域的玉米高产高效生产技术体系，发布实施地方标准 9 部，10 项技术模式被遴选为农业部主推技术，创造了一批玉米高产纪录。项目成果通过构建科技推广网络和信息化服务平台，探索了农业科技进村入户的新模式，依托全国农业科技入户示范工程项目实施，在全国 16 个玉米主产省 76 个科技入户示范县推广，取得显著社会、经济效益。

在水稻高产高效方面，华中农业大学曹凑贵主持完成的“湖北省水稻区域丰产高效关键技术创新与集成应用”获 2012 年度湖北省科技进步奖一等奖。该项目针对湖北省水稻生产表现水稻产量整体不高、优质化程度低、生产成本高、环境压力大的特点，根据水热资源分布特点、农民种植习惯及社会市场需求，明确了水稻生产技术区域发展重点和方向，通过技术集成形成了鄂东南低碳高产简化、鄂中北粮食周年高产高效、江汉平原中低产田抗逆稳产、鄂中优质无公害高产、鄂西北山区地膜水稻高产等栽培技术模式。建立了单季稻“壮苗、足穗、大粒”群体构建理论和双季稻周年超高产理论，揭示了水稻超高产群体构建及产量形成规律，提出了精确定量的调控指标，在核心试验区创造了中稻亩产 907.8kg、双季稻亩产 1320kg 的纪录。以湖北水稻生产的各种主要种植模式为对象，对稻田厢沟免耕体系进行系统研究，建立了新型低碳、简化、高效栽培技术模式。具体包括：麦稻免耕直播，油稻双免简化、中稻机械直播、双季稻早直晚抛、油稻“三杂三高”等。以优质水稻品种为材料，以稻鸭、稻鱼、稻虾共育生态种养技术为依托，以优质稻混播为特色，建立了优质稻无公害生态种养技术体系。明确了不同耕作模式下水稻抗旱、耐高温生理机制，构建了杂交中稻耐高温鉴定方法，完善了高山寒地水稻地膜覆盖保水技术，形成了抗旱、抗热、抗倒伏等抗逆关键技术创新，建立了湿地水稻抗逆高产栽培技术模式。创建的 5 项技术模式在湖北省累计推广面积达 2320 万亩，增产 119.6 万吨，新增纯收入 21.5 亿元，具有显著的社会、经济和生态效益。

2. 两熟制周年协调高产重要进展与成果

围绕作物资源高效利用以进一步挖掘作物周年高产潜力，在一年两（熟）协调高产高效关键技术上取得了重大的突破，建立了进一步挖掘资源内涵两（多）熟制协调高产高效理论与技术体系，有效地提高资源利用率和作物周年产量。在小麦夏玉米一年两熟方面，河南农业大学尹钧等人完成的“黄淮区小麦夏玉米一年两熟丰产高效关键技术研究与应用”获2011年度国家科技进步奖二等奖。该成果针对黄淮区光温等资源特点，在揭示黄淮区小麦春化发育基因型及其与表现型的对应关系基础上，研明了半冬性小麦品种安全越冬、壮蘖大穗适期提早播种的机理和玉米壮根强株克服早衰延长生育期10～15天的途径，创建了小麦“双改技术”与夏玉米“延衰技术”，实现了周年光热水资源高效利用；探明了基于土壤—作物水势理论的小麦—夏玉米高产节水原理，研制出智能化节水灌溉技术体系，实现了高产与节水同步；研制出适合两熟作物氮素需求的缓/控释肥专利产品，建立了两熟一体化土壤培肥施肥技术体系，实现了施肥技术简化高效。明确了黄淮区小麦、玉米超高产生育和养分吸收特征，创建出小麦—夏玉米两熟亩产吨半粮栽培技术体系，创造了百亩连片亩产小麦751.9kg、夏玉米1018.6kg和一年两熟1770.5kg三个超高产纪录，集成出适合不同生态区小麦—夏玉米两熟丰产高效栽培技术体系，实现了小麦夏玉米均衡增产，“十一五”期间累计增产粮食674.2万吨，创造社会经济效益95.08亿元，为河南粮食持续增产提供了重要的科技支撑。

河北农业大学马峙英主持完成的“海河平原小麦玉米两熟丰产高效关键技术创新与应用”获2011年度国家科技进步奖二等奖。该项目针对海河（河北）平原比相同熟制的黄淮平原的光温等资源更为短缺（≥0℃光合辐射少200～240MJ/m^2、≥0℃积温少500～900℃、年降水少150～200mm、亩占有量少55～192m^2），实现小麦亩产600kg、玉米700kg的技术难度更大现状，围绕提高资源利用效率，探明了海河平原高产小麦冬前积温和行距配置的光、温利用效应，揭示了高产玉米生育期调配的光、温利用规律，提出了小麦“减温、匀株”和玉米“抢时、延收”的光、温高效利用途径，探明了海河平原高产小麦玉米农田耗水特征，建立了麦田墒情监测指标，创新了水资源最为匮乏地区小麦玉米两熟“减灌降耗提效”水分高效利用综合技术。自主研制了新型小麦玉米播种机和关键部件，突破了种肥底肥双层同施、小麦匀播和高产麦田大量秸秆还田后玉米精播等技术难题，实现了关键农艺创新技术的农机配套。集成创新了3套不同生态类型区的丰产高效技术体系，连创海河平原小麦、玉米大面积高产纪录。2008—2010年，在冀、鲁、豫、津应用7261万亩，增产469.1万吨，增加经济效益76.2亿元，年节水8亿～10亿立方米。通过上述光温资源高效利用、节水节肥、农艺农机配套和丰产高效理论与技术的创新，支撑了河北小麦、玉米单产大幅度提升，总产连续7年创历史新高。

3. 作物精确定量栽培重要进展与成果

随着生育进程、群体动态指标、栽培技术措施的精确定量的研究不断深入，推进了栽培方案设计、生育动态诊断与栽培措施实施的定量化和精确化，有效地促进栽培技术由定性为主向精确定量的跨越，为统筹实现作物“高产、优质、高效、生态、安全”提供了重大技术支撑。扬州大学张洪程主持完成的“水稻丰产精确定量栽培技术及其应用”获2011年度国家科技进步奖二等奖。该项目针对我国优质劳力转移、水稻栽培管理粗放化，肥水等投入盲目增加，污染加重等制约水稻增产增效与持续发展的重大技术问题，在系统剖析了水稻高产群体产量构成因素之间、光合面积与光合效率之间、物质生产积累和分配之间、冠根之间、源库之间的矛盾与协同关系基础上，明确了不同地区、不同栽培方式、不同水稻品种类型高产形成规律，创立了水稻高产共性生育模式与形态生理精确定量指标及其实用诊断方法，实现了栽培方案优化设计与生产过程实时实地准确诊断；率先研明了土壤供氮量、目标产量需氮量与氮肥利用率 3 个关键参数的适宜值及确定方法，攻克了应用差减法公式、精确计算水稻施氮量的难题，同时研明了基蘖肥与穗肥的精准比例，以及穗肥高效施用叶龄期，率先提出氮肥后移技术，并配套建立了以早搁田为特征的“浅、搁、湿”精确定量灌溉模式，突破了高产、优质、高效协调的水肥耦合技术瓶颈；进而创立了水稻生育进程、群体动态指标、栽培技术措施“三定量”的原理与方法，构建了以作业次数、调控时期、投入数量“三适宜”为核心的水稻丰产精确定量栽培技术体系，使水稻生产管理“生育依模式、诊断有指标、调控按规范、措施能定量”，促进了我国水稻栽培技术由定性为主向精确定量的跨越，被农业部列为全国水稻高产主推技术。该技术应用后，比对照技术增产 10% 以上，节工 20% 以上，节氮 10% 以上，节水 20% 以上，增效 20% 以上。在 20 多个省（市、区）示范，累计应用 9918 万亩，增稻谷 640.1 万吨，增效益 163.5 亿元。并创造了江苏稻麦两熟制条件下水稻亩产 937.2kg、云南亩产 1287kg 的世界纪录。

4. 作物信息栽培重要进展与成果

作物栽培学与新兴学科领域的交叉与融合，使作物栽培正向信息化和智能化的方向迈进。通过对作物栽培学所涉及的对象和过程进行数字化设计、信息化感知、动态化模拟，从而实现作物栽培智能化管理。近两年来，在作物栽培方案的定量设计、作物生长指标的光谱监测、作物生产力的模拟预测以及相关的软、硬件产品研发等方面取得了显著的进展，推动了我国数字农作的发展。北京农业信息技术研究中心赵春江主持完成的“数字农业测控关键技术产品与系统”获得了 2010 年度国家科技进步奖二等奖。该项目在作物与环境信息传感探测上，研究了农作物个体生命信息无损监测方法，研制了叶片 / 茎秆 / 果实等 7 种生命信息传感器，开发了农作物营养、病害、水分胁迫等监测技术产品和诊断系统；提出了集光学传感 / 农学模型于一体的作物群体生物量 / 叶面积指数、氮素 / 水分营养生理指标的监测方法，研制了小麦 / 水稻便携式作物综合长势信息测定仪，可实现作物群体长势信息的无损探测及诊断，填补了国内空白。研制了集成 GPS 便携式 X 荧光土壤重金属测定仪，可同时快速原位测定 Pb、As、Cr、Hg、Cu、Zn 等多种土壤重金属元素含量，填补了国内空白。在生产管理智能决策控制上，研发了基于作物生长发育模型的 5 款环境监控产品，可对不同农业生产类型进行决策控制。建立了植株含水量光谱探测模型，提出了植株水分光谱探测和土壤湿度传感测定结合的灌溉决策方法，建立了植株水、土壤水、ET 值为指标的灌溉决策模型；成果在设施农业和大田生产的环境监控 / 灌溉 / 施肥 / 施药等方面大面积应用，节能 20% ~ 30%，节肥水药 20% ~ 50%。在全国 14 个省市累计应用 560 万亩，技术培训 1.3 万人次，增收节支 21.2 亿元。

（三）本学科与国外同类学科比较

近年来全球出现了新一轮粮食、能源与经济多重危机，粮食、能源价格持续大幅上扬，经济不断波动，世界各国均把提高作物生产作为粮食安全、经济稳定的重中之重。近两年来，我国农业发展取得举世瞩目的成就，粮食实现九连增，其中作物高产栽培技术的普及应用发挥了不可替代的作用。作物栽培学科是中国特色的学科体系，与国际多数国家的作物生产管理和农学与作物生理等学科相一致。国际上作物生产上重视高产与高效同步，环境友好型可持续发展，高效率生产技术和高粮食生产能力成为本学科国内外共同的发展技术趋势，与此同时还要面临全球的激烈的市场竞争，面对气候变化和经济发展波动的多种挑战。总体上来看，我国作物栽培学科在作物高产、资源高效的理论与技术创新上，在同区域不同作物的高产高效技术模式上取得了重要进展。但在规模化机械化生产、资源高效利用上，在生产效率上与先进国家相比有较大的差距。与欧美发达国家相比我国人均耕地少，一方面想法利用一切有效土地，农田的生产条件差且差异大，自然灾害频繁，栽培技术研究难度大。另一方面除高寒地区外，多是一年二熟或多熟，经济薄弱，集约化规模化程度低，难以大规模实现专业化和大型机械化，劳动生产率难以达到欧美发达国家的水平。因此，我国作物生产要兼顾高产、优质和高效，主攻单产的提高，进一步缓解人地矛盾。随着世界和我国粮食等作物产品的持续增长需求，作物栽培以高产、优质、高效、生态、安全为综合目标，形成了超高产技术、优质高产协调技术、精准定量技术、资源高效利用与节能减排技术、全程机械化技术、轻简技术、大面积均衡增产技术等重要研究内容和主攻方向。

三、展望与对策

（一）未来几年发展的战略需求、重点领域及优先发展方向

作物栽培学科以实现作物高产、优质、高效、生态、安全为研究目标，关系到国家粮食安全和社会、经济稳定。尽管 2012 年全国粮食总产量 58957 万吨，实现了“九连丰”，创下了新中国成立以来的新纪录，达到了 2020 年粮食产能规划水平。但从中长期发展趋势看，受人口、耕地、水资源、人力资源、气候、能源、国际市场等因素变化影响，长期面临着粮食消费需求呈刚性增长，耕地与水资源紧缺与减少，作物间、区域间、田块间产量和增产潜力差异巨大等问题，导致我国粮食和食物安全面临严峻挑战。

作物栽培学应对未来战略需求，重点领域及优先发展方向应关注以下几个方面。

1）作物超高产栽培理论与技术。主攻水稻亩产 1000kg、小麦 800kg、玉米 1200kg 以及其他作物超高产栽培理论与技术，挖掘作物更高产潜力，并转化为作物大面积高产的新途径，为作物高产创建提供强有力的技术支撑。

2）优质高效协调栽培理论与技术。农产品的外观品质、加工品质、营养品质和适口品质等和高产之间既有一致性，又有矛盾性和复杂性。既要主攻高产、又要改善品质，要解决品质和高产的统一，实现专用化栽培、标准化栽培。

3）农作物安全栽培理论与技术。针对当前作物高产过多依赖化学投入品，破解农产品安全和高产的重大难题，提高肥药利用效率，把生产过程中产品的有害物含量控制在对人体健康、环境安全的范围内，在作物无公害、绿色、有机栽培关键技术上有突破。

4）作物机械化、轻简化栽培技术。作物机械化栽培是现代作物生产发展的基本方向。按高产要求研发新型农业机械，研究农艺、农机配套技术，建立作物优质高产高效的全程机械化高产栽培技术体系，大幅度提升生产集约化程度和生产经营规模。随着我国农村劳动力的转移，作物要高产、技术要简化，已成为我国新时期作物生产目标和技术的基本要求。运用作物高产生态生理理论，借助于现代化工、机械、电子等行业的发展，研究轻简栽培原理与技术精确定量化，建立"简少、适时、适量"轻型精准的高产栽培技术体系。

5）节水和抗旱栽培技术。研究作物高产需水规律与水分胁迫的生长补偿机制，建立减少灌水次数和数量的技术途径和高效节水分管理模式，促进我国华北、西北和西部等的广大地区的旱农可持续发展与南方水资源的高效利用。

6）化学控制新技术。根据作物高产、优质、抗逆的要求，重点研究开发适应各种定向诱导调控要求的各类新型调控剂与安全使用技术。

7）作物信息化栽培技术。重点开发作物实用化栽培管理信息系统，作物设施栽培管理信息系统，远程和无损检测诊断信息技术，作物生长模拟与调控等，研发集信息获取、处方决策、精准变量作业（GPS-RS-DS—ES 系统）于一体的农业机械，推动我国作物精确栽培与数字农作的发展。

（二）未来几年发展的战略思路与对策措施

针对我国国民经济发展的重大需求，立足国际作物栽培研究前沿，以解决中国粮食安全和作物栽培可持续发展等重大问题为目标，注重加大研究深度和广度，提高研究成果水平，承担起在保障我国粮食安全和农业可持续发展方面的责任，为实现作物栽培高产、优质、高效、生态、安全研究目标做出贡献。

1. 加强作物栽培过程全程机械化、信息化与简化高效

加强稳步提高粮、棉、油等作物生产能力的高产优质高效栽培关键技术研究，加强大面积丰产高效简化栽培技术的集成创新，加强作物机械化简化生产、精确定量化的高效栽培技术和数字化农作技术的研究与创新，重点开展作物全程机械化、生长信息快速获取与智能化处理、作物生产的定向数字化设计与管理，农田作物精准作业导航与变量作业控制、知识网络等数字农业技术研究，集成建立作物生产精准作业系统和标准化生产水平，实现作物栽培过程的高产、简化、高效。

2. 不断强化低产田改良和作物大面积均衡增产

全面建立适合我国不同区域特点的中低产田粮食综合生产潜力提升的配套技术体系，力争在干旱缺水型、盐碱地、土壤瘠薄型等类型的中低产田改造关键技术方面取得突破性进展，促进作物栽培、土壤、农田水利、生态学等学科的人才队伍建设，提升相关研究的理论水平和解决实际问题的能力。通过良种良法配套、抗逆减灾、轻简机械化和农田地力提升等技术集成，建立并完善我国水稻、小麦、玉米三大粮食作物科技创新体系，以技术集成创新带动大面积均衡增产。

3. 加强挖掘资源利用潜力和提高作物资源生产效率

加强农业资源高效利用技术研究创新，重点开展作物节水高效栽培技术、旱作农业技术、保护性耕作技术和土壤培育与作物高效施肥技术创新研究和集成转化，提高作物水、肥及投入资源的利用效率。通过以上栽培技术创新与集成转化，提高作物资源生产效率和作物产量水平，保障国家粮食安全和农产品有效供给，提供可靠的技术支撑和储备。

参考文献

[1] 中国科学技术协会，中国作物学会. 作物学学科发展报告（2011–2012）[M]. 北京：中国科学技术出版社，2011.

[2] 凌启鸿. 精确定量轻简栽培是作物生产现代化的发展方向 [J]. 中国稻米，2010，16（4）：1–6.

[3] 曹卫星，朱艳，田永超，姚霞，汤亮，刘小军，倪军. 作物精确栽培技术的构建与实现 [J]. 中国农业科学，2011，44（19）：3955–3969.

[4] 潘晓华，石庆华. 新形势下作物栽培理论与技术体系的构建 [J]. 江西农业大学学报，2010，32（3）：468–471.

[5] 龚金龙，张洪程，李杰，戴其根，霍中洋，许轲. 水稻超高产栽培模式及系统理论的研究进展 [J]. 中国水稻科学，2010，24（4）：417–424.

[6] 官春云，陈社员，吴明亮. 南方双季稻区冬油菜早熟品种选育和机械栽培研究进展 [J]. 中国工程科学，2010（2）：4–10.

[7] 张宾，赵明，董志强，陈传永，孙锐. 作物产量“三合结构”定量表达及高产分析 [J]. 作物学报，2007，33（10）：1674–1681.

[8] Libin Jin，Jiwang Zhang，Shuting Dong，Effects of integrated agronomic management practices on yield and nitrogen efficiency of summer maize in North China [J]. Field Crops Research，2012（134）：30–35.

[9] Xin–Ping Chen，Zhen–Ling Cui，Peter M. Vitousek，Kenneth G. Cassman，Pamela A. Matson，Jin–Shun Bai，Qing–Feng Meng，Peng Hou，Shan–Chao Yue，Volker Römheld，and Fu–Suo Zhang. Integrated soil-crop system management for food security [J]. PNAS，2011，108（16）：6399–6404.

[10] Nicola's Wyngaard，Herna'n E. Echeverri'，et al. Fertilization and tillage effects on soil properties and maize yield in a Southern Pampas arguidoll [J]. Soil & Tillage Research，2012（119）：22–30.

撰稿人：赵　明　李从锋　李少昆　章秀福　马　玮

耕作学与农作制度

一、引言

耕作学（cropping system & soil management）是研究建立合理耕作制度的技术体系及其理论的一门综合性应用科学，注重整体性、综合性，强调技术环节有机衔接与技术组装集成。农作制度（farming system）也称耕作制度，是农业生产的基本性制度，指一个地区或生产单位作物种植制度以及与之相适应的养地制度的综合技术体系，内容包括熟制、作物布局、种植方式、轮连作等种植制度以及土壤耕作、地力培育、农田保护等养地制度。从原始农业的撂荒农作制到传统农业的休闲耕作制、轮种耕作制，再到现代农业的集约耕作制，耕作制度每次大的变革既是人类社会文明和科学技术进步的重要标志，也是农业发展水平和生产力的大幅跨越。

作物种植制度（cropping system）包括一个地区作物组成、配置、熟制与种植方式等内容，决定着区域农作物种植结构与布局、种植模式及生态经济效益等，是促进农业增产增收的根本性措施和重要标志。我国地域广阔，各地的气候、地形地貌、土壤及社会经济条件等差异显著，区域种植制度特点非常明显，形成了丰富多样的作物生产模式和种植制度类型。随着我国农村经济快速发展和现代农业建设步伐加快，需要从持续提高农业综合生产能力和农业生产效益及农民增收角度，构建高产优质高效和生态安全的种植制度和新型种植模式，进一步挖掘高产潜力、降低生产成本、提高资源利用效率和生产效益，有效推进农业结构优化和产业升级。

农田养地制度是与种植制度相适应的以地力培育及保护为中心的技术体系，包括土壤耕作制、施肥制、农田灌溉制及作物病、虫、杂草防除制等内容，轮作技术也有养地功能。农田养地制度主要目的是为农作物生长发育提供所需的水、肥、气、热等生活因素，保证地力常新和作物持续高产。在农业发展过程中，农田养地制度主要经历了四个发展阶段：原始农业主要靠撂荒等自然措施恢复地力；在传统农业阶段主要靠有机肥、绿肥、轮作、耕作等措施进行养地；在传统农业向现代农业过渡阶段是靠有机肥和化肥结合的养地措施；在现代农业中，主要是靠化肥、农药和保护性耕作等进行养地。随着农田生产力水平的持续提高，对养地技术的需求越来越大，保持和提升农田土地肥力，是支撑农作物生产可持续发展的重要基础。

耕作制度有很强的地域性，其形成与发展取决于自然环境条件、社会经济与科学技术水平，以及人类对农产品需要的变化。一个区域耕作制度合理与否，首先，要看是否充分利用了当地的农业资源与生产、技术条件，区域比较优势是否得到体现；其次，是否最大限度地提高经济效益和农民收入，满足社会经济发展需求；最后，是否具有可持续发展能力，资源环境与生态能否保持良性循环。任何一个地区，随着社会经济环境变化、生产条件和科技水平提高，耕作制度都需要不断调整和优化。

当前，我国农业和农村经济发展正面临一个历史性的变革时期。农业生产目标由追求产量增长向追求效益提高转变；农村产业结构由单纯种养业向一、二、三产业全面发展；农业增长方式开始由劳动、资源密集向技术、资金密集转变。耕作学作为一门综合性应用学科，核心将围绕推进农业结构调整和转变农业生产方式，努力建设有中国特色和符合区域社会经济发展需求的现代农作制。包括围绕生产发展和保障国家粮食安全的战略目标，从持续提高农业综合生产能力和农业生产效益角度，构建和发展高产高效种植制度和新型种植模式，并通过生产要素优化、地力培育、高产潜力挖掘等关键技术突破，切实降低生产成本和提升效益；围绕资源节约高效利用和保障国家生态安全的战略目标，构建和发展资源高效型、节约型及保护型农作制，协调生产发展与资源环境可持续的关系，有效缓解耕地减少、水资源短缺和生态环境不断恶化对我国农业发展的严峻制约，并为解决农村环境的脏、乱、差和农业面源污染做出贡献；围绕农民增收和农村经济发展的重大需求，构建新多功能型农作制，积极拓展农业产业领域和农民增收渠道，从开发农业多功能和延长产业链着手，有效推进农业结构优化和产业升级，从传统的种养业向现代生物产业、食品产业、新能源及环境产业拓展；围绕提高农产品质量和保障农业公共卫生安全，构建和发展优质高效和生态安全农作制，有效控制农业生产环节的污染及农药残留超标、有毒有害物质等问题，保障食品安全和增强国内外市场竞争力。

二、现状与进展

（一）气候变化对种植制度的影响研究进展

气候变化与气候波动对种植制度和作物生产的可能影响已经引起了科学家的高度关注。中国气温明显升高也已成为科学界的共识，种植制度、作物结构和品种布局也将随着发生改变。近两年，中国农业大学（杨晓光、陈阜等）根据相关历史气候资料和未来情景分析，对我国气候变化背景下的种植制度变化趋势进行了研究，初步结果表明：多熟种植北界北移，变化区域内复种指数提高，单位面积周年作物产量增加；作物早熟被中晚熟品种替代，作物的生长季延长，作物单产有所增加。

1. 气候变暖对我国多熟种植北界和粮食产量的影响

采用该指标利用历史和未来气候气候资料，定量评价了气候变暖背景下 1981—2007 年，2011—2040 年和 2041—2050 年我国一年两熟和一年三熟种植北界的空间位移。结果显示：随着温度的升高，积温的增加，我国一年两熟制以及一年三熟制的种植北界都较之 1950—1980 年有不同程度北移。一年两熟种植北界空间位移最大的省（市）为陕西东部、山西、河北、北京和辽宁，其中在山西省、陕西省、河北省境内平均向北移动了 26km。基于未来 A1B 气候情景的 2011—2040 年和 2041—2050 年气候资料分别确定的一年两熟种植北界空间位移最大的省（市）为陕西省和辽宁省，其中在陕西省境内分别向北移动了 130km 和 160km。未来情景 2011—2040 年一年两熟种植北界可移动到辽宁省的绥中、锦州、营口、熊岳、瓦房店和皮口附近，未来气候情景 2041—2050 年一年两熟种植北界可移动到辽宁省东南部的沈阳、本溪、鞍山、岫岩、丹东以南地区及锦州和黑山以东地区。一年三熟种植北界空间位移最大的省为湖北省、安徽省、江苏省和浙江省境内，且在浙江省内，分界线由杭州一线跨越到江苏吴县东山一线，向北移动了约 103km；安徽巢湖和芜湖附近向北移动了 127km，安徽其他地区平均向北移动了 29km；湖北省钟祥以东地区向北移动了 35km；湖南沅陵附近向北移动了 28km。由未来 2011—2040 年和未来 2041—2050 年气候资料分别确定的一年三熟种植北界空间位移最大的区域在云南省、贵州省、湖北省、安徽省、江苏省和浙江省境内。其中在云南省和贵州省境内，分别向北移动了 40km 和 70km，长江中游平原区的湖北省境内，分别向北移动了 200km 和 300km，长江下游平原区（浙江省、江苏省、安徽省一带），分别向北移动 200km 和 330km。在种植制度界限变化敏感区域，若不考虑品种变化、社会经济等方面因素的前提下，由一年一熟变成一年两熟，陕西省、山西省、河北省、北京和辽宁省单位面积周年粮食产量可增加 82%、64%、106%、99% 和 54%；由一年两熟变成一年三熟，湖南省、湖北省、安徽省、浙江省单位面积周年粮食产量分别可增加 52% 、27%、58% 和 45%。

2. 气候变暖对中国冬小麦种植北界的影响

全球气候变暖背景下我国中高纬度地区冬季温度明显升高，特别是冬季最低温度的升高表现得更加明显，为冬小麦的安全越冬提供了热量保障。与 1950—1980 年相比，1981—2007 年近 30 年，2011—2040 年和 2041—2050 年由于气候变暖造成的我国冬小麦安全种植北界北移西扩空间位移。具体结果为：与 1950—1980 年相比，最近 30 年的冬小麦种植北界空间位移最大的省为辽宁省、河北省、山西省、陕西省、内蒙古、宁夏、甘肃省和青海省。辽宁省东部平均向北移动 120km，西部平均向北移动 80km；河北省平均向北移动 50km；山西省平均向北移动 40km；陕西省东部变化较小，西部平均向北移动 47km；内蒙古、宁夏一线平均向北移动 200km；甘肃西扩 20km；青海西扩 120km。冬小麦种植北界在未来 2011—2040 年将北移至黑山—鞍山—岫岩—丹东一线，在 2041—2050 年将移至黑山—鞍山—岫岩—丹东以北地区，在东部地区北移约 200km，在西部地区北移约 110km；在河北省境内，2041—2050 年的冬小麦种植北界向北移动 100km；山西省东部地区，2041—2050 年的冬小麦种植北界向北移动 160km，山西省西部地区，2041—2050 年的冬小麦种植北界向北移动 210km；在陕西省境内，2041—2050 年的冬小麦种植北界由吴旗—延安一带向北移动到内蒙古境内，平均向北移动约 330km；在甘肃和宁夏境内，未来情景 2011—2040 年冬小麦种植北界由甘肃和宁夏的乌鞘岭—松山—景泰—同心一带北移到内蒙古北部地区，未来情景 2041—2050 年向北移动约 500km；在青海省境内，未来气候情景 2011—2040 年和 2041—2050 年的冬小麦种植北界分别西扩约 80km 和 100km。

气候变暖冬季升温为冬小麦冬春性品种可种植区域变化带来了热量保障，其种植南界北移趋势远小于北界北移趋势，中国北部地区界限北移大于南部地区，东部地区界限移动大于西部地区。与 1951—1980 年相比，1981—2010 年冬小麦强冬性品种种植北界在宁夏—甘肃地区北移 200km，在河北—辽宁地区北移 100km，可种植面积可增加 36.24 万平方千米，新疆地区可增加 19.42 万平方千米；冬小麦冬性品种种植北界在山东—河北地区北移 $310km^2$，可种植面积可增加 17.75 万平方千米；冬小麦弱冬性品种种植北界在安徽、江苏、河南和山东交互之处北移 120 ~ 370km，可种植面积可增加 15.70 万平方千米；冬小麦春性品种种植北界在江苏、安徽和河南地区北移 230km，可种植面积可增加 23.44 万平方千米。

3. 气候变化对东北三省玉米种植界限和产量的影响

东北地区过去 50 年年平均气温以每 10 年 0.38℃的速率升高；≥ 10℃积温每 10 年增加 66℃ · d；这为玉米种植北界北移提供了热量保障（Liu Zhijuan et al.，2012）。东北地区由于热量增加，玉米潜在生长季的起始时间提前，终止时间延后，生长季长度的延长，使替换生育期较长的品种成为可能。最近 30 年东北地区早熟玉米品种的安全种植北界可由 1961—1980 年的北纬 49.3 ~ 50.6° 北移到北纬 52°；玉米中熟品种在黑龙江省南部向北移动约 0.8° N，在吉林省东移约 1.0° E；晚熟玉米品种分别北移 0.5° N，东移 1.3° E。区试实验数据表明，晚熟品种比早熟及中熟品种生育期长，产量高。在界限变化敏感地区，不考虑其他影响因素的前提下，若用中熟品种替换早熟品种，可使得玉米增产 9.8%，晚熟品种替换中熟品种，玉米将增产 7.1%，即生育期每延长 1 天，玉米产量增加 0.8% ~ 1.2%，相当于每平方千米增产 90kg。在品种种植界限敏感地带，由于中晚熟品种替代早中熟品种，生育期延长，玉米干旱和低温灾害发生风险增加。

4. 气候变化对热带作物种植界限和柑橘适宜区的影响

在气候变暖背景下，中国热带作物可能种植北界变化明显。与 1950—1980 年相比，最近 30 年种植北界可北移 0.86 个纬度，适于种植热带作物区域的面积增加了 0.81×10^4km。在 80% 气候保证率下，可种植界限变化敏感区域的寒害明显重于非敏感区域，其发生寒害和发生重度以上寒害的风险分别比非敏感区域高 3.0 倍和 3.5 倍。与 1950—1980 年相比，最近 30 年我国柑橘最适宜种植区、适宜种植区、次适宜种植区和可能种植区的北界线分别平均北移了0.66、0.80、0.91和0.63个纬度；四个区北界线东段的北移程度均明显大于其西段。与1950—1980年相比，最近30年柑橘最适宜种植区和适宜种植区的面积分别增加了$1.16 \times 10^5 km^2$和$8.4 \times 10^4 km^2$，而次适宜种植区、可能种植区和不能种植区的面积分别减少了$1.6 \times 10^4 km^2$、$5.9 \times 10^4 km^2$和$1.25 \times 10^5 km^2$。

（二）高产低碳农作技术模式构建

农田生产系统的减排增汇技术对缓解全球气候变化有重要意义。相关研究证实，农业生产和土地利用变化排放的温室气体大约占全球总温室气体量的三分之一，其中作物生产系统的碳源与碳汇的总量也很大，具有巨大的固碳减排潜力。紧密围绕保障粮食安全、资源生态安全和增强农业综合生产能力等国家重大需求和任务，积极探索作物生产系统低碳栽培耕作技术体系构建和推广应用，是农作制度近年来研究的重要内容。

1. 作物高产与资源高效农作技术

通过改善土壤质量、实现水肥资源投入与作物生长调控以及应用综合管理模式来挖掘作物产量潜力，可达到作物高产与资源高效的双重目标。具体技术措施包括以下几个方面。

1）秸秆还田技术。秸秆还田具有培肥地力，促进土壤有机质及氮、磷、钾等含量的增加，提高土壤水分的保蓄能力，改善植株性状，提高作物产量等优点。秸秆还田增肥增产作用显著，一般可增产5%～10%。同时，秸秆还田减少了秸秆焚烧造成的二氧化碳排放对大气的污染。但是目前生产中存在秸秆粉碎程度不够、翻压质量低等问题，秸秆不能充分腐解，影响后季作物的播种质量和苗期生长。

2）无机肥和有机肥配合深施。无机肥和有机肥配合集中深层施用，施后立即覆土和灌水，使二者优势互补，互为增效，以加大局部土壤中的养分含量，便于作物尽早吸收，减少养分损失，可提高肥料利用率15%～20%，达到用地与养地相结合，实现土壤可持续利用。同时可明显减少化学肥料的投入，降低农田碳投入。

3）测土配方、平衡营养。氮、磷、钾是作物生长的三要素，在作物生长过程中起着不同的生理作用，是不可以互相代替的。当其中某一种元素缺少时，就会成为作物生长的限制因素，其他肥料施得再多，作物生长也会受限制。运用测土配方技术，根据不同作物的需求，对三要素的需要量和比例进行合理配置，施肥时采取适宜的基肥和追肥比例，不但能保证作物营养最大效率期和整个生育期对养分的需要，为作物高产提供最好的养分条件；而且可以显著减少氮肥的损失，提高肥料的利用率，节省肥料。

4）选用缓控释肥。缓控肥具有提高化肥利用率、减少使用量与施肥次数、降低生产成本、减少环境污染、提高农作物产品品质等优点。缓控释肥技术主要通过各种调控机制，使养分缓慢释放，延长作物对其有效养分吸收利用的有效期，使其养分按照设定的释放率和释放期缓慢或控制释放。其突出特点是其释放率和释放期与作物生长规律有机结合，从而使肥料养分有效利用率提高30%以上。缓控释肥具有减少施肥量、节约化肥生产原料（煤、电、天然气）、提高肥料利用率、减少生态环境污染等优点。但目前许多地方存在缓控释肥施用不当的问题，主要表现在种肥混施或种（根）肥距离太近，造成烧根和烧苗现象；在作物生长中期追施缓控释肥或将控释肥进行撒施、冲施，使缓控释肥不能充分发挥肥效。

2. 水稻高产与 CH_4 减排农作技术

水稻是我国重要的粮食作物，总产量占我国粮食作物总产的 35% 以上。然而，稻田也是重要的 CH_4 排放源，我国水稻田 CH_4 排放量为 5.2Tg，占全球水稻生产 CH_4 总排放量的 22%，在全球主要水稻生产国中居第一位。因此采用农艺措施在保证水稻高产的前提下，实现稻田减排是我国低碳农作的重要问题。主要的农艺措施包括以下几个方面。

1）节水灌溉技术。淹水是稻田土壤产生 CH_4 的先决条件，通过调整水分管理方式减少水稻季土壤淹水时间是减少稻田 CH_4 排放的重要技术途径。“间歇灌溉”、“控制灌溉”、“浸润灌溉”、“半旱栽培”等节水灌溉方式可以使大气中的 O_2 扩散到土壤中改变土壤的还原状态，从而抑制 CH_4 的排放。与长期淹水相比，节水灌溉技术可显著降低 26% ~ 90% 以上的稻田 CH_4 排放。而且节水灌溉还可以减少水稻生产灌溉用水，提高水资源利用率。

2）堆肥或沼渣还田技术。在水稻生产中，秸秆还田有利于保持稻田土壤肥力、改良土壤结构，但秸秆在水稻季直接还田为 CH_4 的产生提供了充沛的易降解碳源，会显著促进稻田 CH_4 排放。研究显示，将秸秆堆腐或沼气化利用后，以堆肥或沼渣方式还田，则既有利于土壤培肥，又不会增加稻田 CH_4 排放。

3）水旱轮作技术等调整周年轮作方式也可以减少稻田 CH_4 排放。例如，在我国西南稻区，有大量冬水田，通过改善冬水田的排水设施，改一年一季水稻为水旱轮作，使冬季淹水改为小麦、油菜等旱作，不仅可以减少冬季淹水期 CH_4 排放，还可以降低水稻季的 CH_4 排放，使周年 CH_4 排放减少 40% 以上。

3. 旱作农田增产与 N_2O 减排农作技术

N_2O 是一种重要的温室气体，对全球温室效应的贡献为 6%，旱地农田生态系统是主要的 N_2O 排放源。通过改进氮肥管理模式可实现旱作高产与 N_2O 减排的协调，具体农艺措施包括以下几个方面。

1）实时氮肥管理技术。其基本的技术模式是根据当地土壤养分的有效供给量，结合当地土壤和气候特征以及品种特性确定作物的目标产量，然后确定作物对氮素的需求量和主要生育阶段施氮比例。实时氮肥管理不仅可以增产，而且减少 N_2O 的排放，一方面是由于减少了生长季氮肥的施用总量，降低了因氮肥施用造成的 N_2O 气体排放，另一方面则是基肥阶段的氮肥施用，避免了在此阶段氮肥的大量 N_2O 损失。进行实时氮肥管理的关键是土壤硝态氮测试和土壤氮素供应目标值的确定，虽然硝态氮测定技术成熟，但对作物氮素需求量的确定还需要深入研究，需要考虑不同地区气候环境和品种间的差异。

2）雨后趁墒追肥技术。氮肥施用条件下的旱地 N_2O 排放也受降水和灌溉的影响，常规追肥时期往往选择在雨前，以保证肥料在降雨时充分发挥肥效。然而，降雨后土壤水分有利于土壤微生物硝化反硝化作用，导致 N_2O 的大量排放。因此，可以在雨后趁墒追肥，与雨前追肥和雨时追肥相比，雨后追肥可使小麦拔节—成熟期 N_2O 排放量减少 37% ~ 67%，且不影响小麦产量。灌溉条件下的氮肥施用同样可改在灌溉之后进行追施。

3）条带深施肥技术。施肥方式也影响旱地土壤 N_2O 排放，在排灌条件较好的旱地农田，可采用条带状深施尿素技术，使土壤与养分混合均匀。与表面撒施尿素相比，该技术可显著降低 N_2O 排放，同时操作简易方便。

4）控释肥与化肥配施技术。控释肥管理技术模式与常规尿素施用类似，而且操作简单，只需当作基肥一次施入。大部分研究都证明，在相同氮素施用量下控释肥能够增产，但也有小部分研究表明会导致减产，因此为了达到高产减排的目标，基肥采用尿素与控释肥配合施用不失为一种有效的方法。

4. 作物高产与土壤增碳农作技术

土壤有机碳库储量是大气碳库的 3.3 倍，是陆地植被碳储量的 4.5 倍，而 IPCC 估计土壤和凋落物对大气 CO_2 年通量的贡献是化石燃料贡献的 10 倍。土壤有机碳库的变化直接影响到大气 CO_2 浓度的波动。采用合理的农作技术，在增加作物产量的同时，可以稳定提高土壤固碳能力，减少农田温室气体排放。主要包括以下技术措施。

1）有机肥还田技术。有机肥施用可显著提高作物产量，同时有利于增加土壤有机碳储量。化肥与有机肥 (稻草、猪粪) 配施能够增加表层土壤碳库，促进土壤对碳的固定作用，可使 SOC 增长 0.9 $t \cdot hm^{-1} \cdot a^{-1}$，“碳汇”效应明显。有机肥施用的增碳效果主要体现在两个方面，一是有机肥还田直接增加了土壤中的有机碳含量，二是有机肥有利于土壤团聚体的形成，降低了有机碳的分解速率。

2）化肥与生物碳（黑碳）配施技术。生物碳（黑碳）是木屑、农作物秸秆、动物粪便和一些城市生活垃圾经高温热解后形成的产物，在土壤土壤质量改良、土壤碳截留、温室气体减排及作物增产等方面具有潜在功效。化肥与生物碳配施条件下，作物产量可增加 10 % 以上，同时 SOC 增加显著。从生物碳原材料看，源自畜禽粪便的生物碳要比其他类型生物碳的增产增碳效应较高。生物碳的施用的增碳效果主要在于：一是生物碳具备较高的化学稳定性，可对碳素进行固定；二是生物碳有利于土壤团聚体的形成，通过团聚体的物理保护作用降低有机碳的分解，从而保持土壤有机碳库的稳定与增加。生物碳技术由于其应用简单，手段成熟，具备了在各地广泛应用的巨大潜力。

3）优化种植模式技术。采用合理的种植模式有利于实现作物增产增碳，但不同的区域应采用不同的种植模式。南方瘠薄红壤条件下，长期林粮轮作处理配合 , 合理施肥其地上部产量可达到纯林处理的 75%~100% 水平，有机碳含量可达（9–11）$g \cdot kg^{-1}$，而传统种植模式下有机碳含量仅为 7$g \cdot kg^{-1}$ 左右，林粮轮作的增产增碳效应显著。而在质地黏重排水不良的东北黑土上，玉米连作与玉米 - 大豆轮作相比，更有利于碳的累积和固定，是使农田黑土由 CO_2“源”变为“汇”的有效形式。

4）土壤轮耕技术。免耕有利于提高土壤表层有机碳含量，但长期免耕可能会对作物产量产生负面影响，而土壤轮耕相对于免耕可实现增产增碳的效应。南方双季稻区连续7年免耕后翻耕土壤，早晚稻产量分别比连续免耕增加21.6%和8.3%，并且长期免耕后翻耕土壤配合秸秆还田可改变有机碳在土壤中的分布特征，提高10～20cm有机碳储量，同时土壤有机碳累积较长期免耕具有一定程度的优势。

（三）保护性耕作研究进展

保护性耕作（conservation tillage）具有保水、保土、培肥地力等效应，在世界范围内得以广泛的应用和推广。尤其是在干旱、半干旱地区已经得到了广泛推广应用。截至2011年，保护性农业在世界上使用的面积1.25亿hm^2，占世界耕地面积的8.33%。全球范围内保护性耕作技术经过80多年的发展，尤其是近30年的发展，其研究已经相当深入，在保护性耕作技术模式、保护性耕作的生态效应及保护性耕作发展政策上开展了系统的研究，并得到了世界许多国家的认可。

1. 保护性耕作的国际研究现状与趋势

保护性耕作的产生源于20世纪30～40年代美国“黑风暴”，当时的主要目的是控制恶化的水土流失。但随着保护性耕作技术的研究和发展，当前国际上保护性耕作研究已经从单项技术的研究上升为一项系统工程的研究，更加注重技术的集成和综合应用，逐步向保护性农业的研究，具体变化趋势如下。

1）由以研制少免耕机具为主向农艺农机结合并突出农艺措施的方向发展。传统的保护性耕作技术重点是以开发深松、浅松、秸秆粉碎等农机具。目前的保护性耕作技术在发展农机具的基础上重点开展裸露农田覆盖技术、施肥技术、茬口与轮作、品种选择与组合等农艺农机相结合综合技术。

2）由单纯的土壤耕作技术向综合性可持续技术方向发展。保护性耕作已经由当初的少免耕技术发展成为以减少农田侵蚀、改善农田理化性状、减少能源消耗、降低土壤及水体污染、抑制土壤盐渍化、受损农田生态系统恢复等领域的保护性技术研究。近年来，国际有关协会又提出了保护性农业（conservation agriculture）的概念，主要以永久性土壤覆盖（绿色覆盖）、作物轮作（特别旱田轮作）和减少对土壤的人为干扰，在减少物质和能量投入基础上，保持和增加作物产量，增加农民的经济收入。

3）由单一作物、土壤耕作技术研究逐步向轮作、轮耕体系发展。越来越多的国家已经意识到轮作体系在保护性耕作的重要作用，保护性耕作的研究已经不是单纯土壤耕作技术及当季作物的生长，更注重一个种植制度的周期，作物轮作、土壤轮耕的综合技术配置及其效应。

4）由单纯技术效益向长期效应及理论机制研究发展。保护性耕作最初的研究主要集中在减少耕作、秸秆管理技术的效果，如水土流失的控制、保土培肥效果等，现在已经由单纯的技术研究逐步转向保护性耕作的长期效应及其对温室效应的影响、生物多样性等理论研究，为保护性耕作的长期推广提供理论支撑。

5）由简单粗放技术逐步向规范化、标准化方向发展。发达国家已经将保护性耕作技术与农产品质量安全技术、有机农业技术形成一体化，同时引入教育和金融机制，进一步提高了保护性耕作技术的规范化和标准化要求。

6）保护性耕作的环境效应及其应对气候变化成为研究的热点。随着全球气候变化越来越受到关注，保护性耕作也成为重要的固碳减排技术。保护性耕作的环境效应的研究，对保护性耕作土壤环境是“碳源”或是“碳汇”的研究以及保护性耕作的温室效应的研究也越来越深入。越来越多的学者从事保护性耕作的环境效应的研究，为其固碳减排缓解温室效应提供理论研究基础。

2. 我国保护性耕作研究现状与进展

20 世纪 70 年代由北京农业大学（现中国农业大学）等科研机构在国内率先系统地开展少、免耕等保护性耕作的研究，中国耕作制度研究会于 1991 年在北京组织并召开了全国首次的少、免耕与覆盖技术会议，对于少、免耕等保护性耕作的研究与推广起到了积极的推动作用。20 世纪 90 年代由我国农机部门开展了保护性耕作农机的研究，对保护性耕作的研究和推广发挥了较重要的作用；“十五”以来，在科技部、农业部等相关部门支持下，我国的东北平原、华北平原、农牧交错风沙区、长江流域均开展了均开展了相关的研究，取得了显著的经济、生态和社会效益。综观我国保护性耕作的研究主要体现在以下几个方面。

1）保护性耕作技术概念与内涵在发展中得到规范。国内外对保护性耕作的概念有着不同的认识和提法。随着研究的深入，保护性耕作的概念也逐步清晰。刘巽浩先生认为“保护性耕作是有利于保土保水节能并维持改善土地生产力的不同耕种措施的组合（体系）”，这一概念丰富了保护性耕作的概念和内涵，对我国进一步开展保护性耕作研究和推广具有重要的指导作用。

2）形成了适合我国区域气候资源与种植制度的保护性耕作技术及模式。我国各地生态类型差异明显，耕作模式各具特色，传统耕作制以翻耕为主，而保护性耕作模式呈多样化。总体来看，我国主要粮食产区总体保护性耕作制类型以少耕为主，免耕、秸秆覆盖等其他方式相结合。其中，东北平原以少耕为主，成都平原以免耕为主，西北绿洲和华北平原多为秸秆处理和综合措施相结合的耕作方式。

3）我国保护性耕作机理研究不断深化。在研究适宜我国保护性耕作技术模式的同时，结合国内外的热点，我国保护性耕作的研究内容不断拓宽，其生态环境效应及其相应的机理研究越来越深入。各区域在保护性耕作在土壤的固碳减排、水热效应、地力培育、作物生长与产量效应及机理等方面进行了深入系统研究，并取得了一定的进展。研究表明，秸秆还田能够增加土壤有机碳，具有“碳汇”效应，实施少、免耕等保护性耕作措施，能够减少 CO_2 等温室气体排放，为构建“节能减排”的保护性耕作技术提供了理论依据。

总体来说，我国保护性耕作技术研究发展趋势主要体现在以下几点：①土壤少耕技术研究较多，但大面积免耕技术发展缓慢；②秸秆还田技术近年发展加快，但是大量还田下的稳产丰产配套技术没有突破；③裸露农田的地表高留茬、等高种植等技术有所发展，但是防沙固土效果明显的突破性覆盖技术研究储备不足；④保护性耕作区域性单项技术研究近年来得到不同程度的发展，但是缺乏对技术标准的统一规范和技术布局研究；⑤已有不少保护性耕作的定位试验基地，但是缺乏相对一致的试验方法和监测标准，试验基地很不规范，试验手段落后。

3. 我国保护性耕作研究重点与趋势

1）土壤耕作技术重点研究不同区域、不同耕作方式条件下的土壤耕层功能调节关键技术；不同地形土壤耕作的机械化/半机械化；不同区域少—免—松—旋—翻的轮耕模式。

2）秸秆覆盖还田保护技术重点是不同作物秸秆覆盖技术的规范化、定量化和标准化。裸露农田绿色覆盖技术重点研究东北和内蒙古冷凉地区高抗寒覆盖植物选择与覆盖保护；华北平原大面积棉田冬季裸露覆盖技术；南方冬季高效益牧草及经济作物覆盖技术。

3）关键环节适宜机具技术重点研究大量秸秆还田、多熟、丘陵地形等条件下的高保苗率的播种机，以适应不同区域特点，如东北垄作播种机、华北秸秆全量还田播种机、南方稻田免耕播种机等。

4）稳产、保产增效关键技术要从技术上解决保护性耕作可能导致减产的问题。重点研究北方免耕条件下抗低温保苗技术，华北全量还田高保苗技术，黄土高原抗旱保苗技术，关键病虫草害防除技术及低成本、高效益水肥管理技术等。

5）加强不同种植制度连续大量秸秆还田长期效应研究。在全国有选择地建立10个左右的不同作物秸秆类型的长期定位基地，重点围绕土壤有机质动态监测、病虫草害变异规律、不同作物反应以及碳循环等环境效应方面开展研究，探明大量秸秆长期还田的负面效应并提出技术方案。

6）加强不同侵蚀类型区长期少免耕及不同耕法的长期效应研究。在全国有选择地建立10个左右的不同土壤类型的长期定位基地重点研究长期少免耕条件下的土壤结构、耕层质量、土壤水、微生物及作物反应等，探明少免耕作技术对土壤生态系统的作用机制。

7）加强保护性耕作的技术评价体系、技术推广的组织机制与配套技术政策研究。重点解决区域保护性耕作技术标准不一、技术分布零散、缺乏可行的评价技术和规划方案以及配套经济政策滞后等问题。

三、展望与对策

现代农作制的基本特点是体现综合性和可持续性，将农业生产与资源、环境、市场、技术、粮食安全等统筹协调，建立适应现代农业发展需求的生产模式及配套技术体系。随着我国经济社会高速发展，粮食安全与地方经济、农民增收，集约化高产与农产品质量安全，生产力持续提高与资源生态安全，农户生产模式与农业产业化等矛盾日趋突出，有效协调增加农民收入与保障国家粮食安全、集约化生产与农产品质量安全、提高农业生产力与资源生态安全、拓展农业新型产业与城乡统筹发展等，是现阶段农作制度发展重大任务和方向。

（一）应对气候变化与防灾减灾的农作制度调整优化

IPCC（2007）和 FAO（2008）的评估报告都将农业列为最易遭受气候变化影响、最脆弱的产业之一。气候变化使未来中国农业生产面临三个突出问题：一是使农业生产的不稳定性增加，产量波动加大；二是资源环境要素变化带来农业生产布局和结构的变动；三是引起农业生产条件改变，对农业技术提出新的要求，农业成本和投资大幅度增加。在全球气候变化大背景下，积极调整农作制模式与技术，提出应对气候变化的农作制适应策略与应对措施，研究探索趋利避害、防灾减灾的品种选择、种植模式和作物布局调整技术、农田综合管理优化技术，筛选和创新区域减灾避灾农作制模式及其配套技术等，是现阶段我国农作制发展的重要任务和方向。

1. 基于气候变化脆弱性和适应性评估的农作制应对策略研究

气候变化导致干旱、洪涝、高温、冻害等气象灾害的频率增加，并使农作物病虫草鼠害发生规律出现诸多新变化，对作物生产构成极大威胁。联合国政府间气候变化委员会（IPCC）的几份报告相继警告干旱和洪水的增加将改变作物系统，“抵御气候变化”的作物已经变得至关重要，IPCC 联合主席 Martin Parry 明确指出，农作物研究的重点应该转向适应环境压力，例如温度升高和缺水。国际农业研究磋商组织（CGIAR）的各个研究所正在研究如何让作物更加耐受环境压力；已经有大批科学家提出：不要再把追求增加作物产量作为核心，而把重点放在让作物对全球变暖更具适应性上。脆弱性和适应性是全球变化和可持续科学研究团体关注的焦点问题，也是从农作制角度开展气候变化研究的一个最佳切入点。从目前国内外研究进展看，对脆弱性和适应性的准确定义和量化评价是重点也是难点，尽管从气候、经济、生态学科领域已有大批研究文献和模型应用，但如何使其研究结果直接服务于农业生产管理和技术改进仍有很大距离。因此，从农作制度角度，开展相关研究尤为迫切。

2. 应对气候变化的种植制度调整优化研究

气候变化直接导致我国粮食生产的热、水、光等气候资源条件变化，直接影响作物布局和农业生产结构的调整，使作物品种需求及布局变化变得更加复杂。气温升高使各地的热量条件得到不同程度的改善，喜温高产作物的种植区域向北和向高海拔地区推移，使现行的多熟制北界北移，复种面积扩大；而由于气温升高引起的干旱化，又在一定程度上影响整个农业生产的布局。中国农业大学研究表明：在全球变暖的气候背景下，中国北方地区≥0℃积温带北移西扩，≥0℃积温气候倾向率为65.5℃·d/10a；年降水量呈减少趋势，气候倾向率为-10.6mm/10a；各地区春玉米在不同年代严重冷害总体表现为减少趋势，不同熟性玉米品种可种植北界明显北移东延，早熟品种逐渐被中、晚熟品种取代，中、晚熟品种可种植面积不断扩大。但另一方面，气候变化背景下的极端气象事件发生频率亦相应增加，干旱、洪涝、高温和低温冷害等农业气象灾害的发生频率增大，又是种植制度界限变化必须考虑的重要因素。因此，探索气候变化种植制度、生产结构和区域布局影响，以及种植制度和区域布局如何适应气候变化等不仅是重要的科学问题，也是农业生产的实际需求。

3. 适应气候变化的耕作栽培技术优化研究

气候变化对作物栽培与和耕作技术提出更多的新要求，既要应对常规的耕地减少、水资源短缺等资源约束，最大限度地提高农业有限水、土资源的利用效率，变“资源高耗”为“资源高效”；又要综合考虑大陆性季风性气候的旱、涝灾害频繁，农作物生产受灾害影响严重的问题，研究探索趋利避害、防灾减灾的品种选择、种植模式和作物布局调整技术，以及建立防灾减灾的栽培技术与农田综合管理技术。与此同时，还需要应对作物生产中面临的现实问题，包括：随集约化程度不断提高，导致农作物生产成本高及效益低，而且使农田生态系统污染加剧，直接影响到农产品生产及质量安全，迫切需要建立省工、省力和节本降耗技术模式，集约高产与可持续同步的作物管理技术体系；农田耕层变浅、肥力不匀、水土流失及缺乏合理的轮作制度和土壤耕作制度，迫切要求将施肥培肥技术、秸秆还田及耕作技术、植保技术、连作障碍消除技术、旱作节水技术、面源污染控制技术等集成配套，形成规范化、标准化生产技术模式等。

（二）区域新型农作制度模式与技术体系构建

紧紧围绕国家粮食安全与现代农业建设，针对不同区域特点和农作制发展存在的问题与需求，开展农作制模式与技术创新研究与示范，是我国农作制发展的核心任务。区域农作制建设，在技术策略上要突出关键技术研究与技术集成相结合、单季作物高产与周年协调增产相结合、高产高效与资源节约和生态保护相结合、试验示范与推广应用相结合；要充分发挥制度性技术在农业增产、农民增收、资源高效利用的作用，通过技术优化配置和技术标准制订推进制度性技术进步，形成科研、生产示范、企业有机结合的同步推进机制。

1. 双季稻三熟区稻田多熟高效农作制模式与配套技术

从稳定南方双季稻种植和开发利用南方冬闲田出发，重点研究示范“早晚双季超级稻—冬季作物”三熟制高产高效关键技术与配套技术体系，有效集成保护性耕作技术、土壤养分优化管理技术、轻型栽培耕作技术、机械化作业技术等，将冬闲田开发利用与高效经济作物生产及农产品加工紧密结合，建立粮、经、饲作物协调和产业多功能新型稻田农作制模式，研究探索趋利避害、防灾减灾的品种优化、种植模式和作物布局调整途径。

2. 麦 – 稻两熟区高产高效及环保农作制模式与配套技术研究

重点针对长江下游麦稻两熟区农田集约化、专业化、规模化及环境污染严重等突出问题，研究示范水稻—小麦全程机械化模式及周年高产技术、水稻—油菜和水稻—蔬菜高产优质及机械化生产技术、集约农田污染控制种植模式及关键技术等，有效集成少免耕秸秆全量还田技术、全程机械化作业技术、土壤养分优化管理技术、面源污染控制技术等，建立长江下游经济发达区高产、高效、可持续发展的新型农作制模式与配套技术，以及应对农业灾害的种植制度优化途径。

3. 麦 – 玉两熟区节本高效农作制模式及配套技术研究

重点针对黄淮海平原小麦—玉米两熟周年高产与水、肥资源高效利用关键技术进行研究示范，有效集成品种优化搭配、一体化水肥高效运筹、全程机械化栽培管理及秸秆还田保护性耕作等技术，建立小麦玉米一体化高产高效机械化生产模式与配套技术。在沿海地区开展出口创汇型菜田新型农作制模式研究与示范，开发“菜—粮—菜”夏闲田利用模式与配套技术。积极探索干旱、冷害、高温灾害的农作制适应策略与应对措施。

4. 东北平原地力培育与持续高产农作制模式及配套技术研究

从农田耕层建设与地力保育出发，针对黑土有机质下降、耕层土壤变薄、春季干旱保苗困难等问题，重点研究示范地力保育型农作制模式与关键技术，有效集成秸秆高留茬还田、作物轮作、机械化保护性耕作等技术，在东北平原黑龙江垦区、中部黑土区、西部生态脆弱区分别建立地力培育持续增产的农作制模式及配套技术体系。研究探索建立全球气候变化背景下东北农作物生产系统调整优化的技术途径。

5. 西北地区水土资源高效利用农作制模式及配套技术研究与示范

西北旱作农区重点研究示范抗旱减灾种植模式与降水资源高效利用技术，显著提高旱地水分利用效率和作物高产稳产能力。西北绿洲灌区重点研究示范光热资源高效利用与节水高效的多熟种植模式及关键技术，探索建立与绿洲灌区气候条件和水土资源相吻合的新型生态保护型农作制模式，提高绿洲水、土资源利用的可持续性。

6. 西南丘陵避旱减灾多熟农作制模式及配套技术研究与示范

针对西南地区季节性干旱严重、水土侵蚀严重、机械化程度低等问题，重点研究示范丘陵旱地抗旱减灾、水土保持、高产高效多熟农作制模式及关键技术，有效集成作物时空配置技术、适水种植技术、周年养分优化管理技术、保护性耕作技术、轻简型机械栽培技术等，为西南季节性干旱区农田稳产高产增效提供技术支撑。

7. 华南地区多熟高效农作制模式及配套技术研究与示范

针对华南地区外向型农业发达，以及传统双季稻区冬春闲田多和长期蔬菜产区夏闲田多等问题，重点研究示范粮—菜轮作、粮食—香蕉轮作及冬闲田高效利用的多熟农作制模式及关键技术，有效集成品种优化搭配、水旱轮作、低耗节肥、污染控制等技术，促进粮食安全与经济高效协调、用地养地结合的新型农作制发展。

（三）基于产量差分析的作物高产潜力开发和农作制度优化

最大限度挖掘作物产量潜力，实现可持续高产突破，充分发挥作物品种的遗传潜力和栽培耕作技术水平，缓减水土资源约束和人口增长压力，是保障国家粮食安全的必然选择。国际上公认的粮食作物单产提升主要有两种途径：一是提升单产上限即最高单产记录，二是努力缩小大田单产与单产上限之间的差距。从中国实际情况看，在不断突破单产记录同时，缩小实际产量与潜在产量之间的“产量差”是更加有效的高产途径，也是农作制度优化的重要支撑。

1. 不同区域主要粮食作物产量差及其制约因素评价

“产量差”是现有品种的大田实际单产和理想条件下可能单产之间的差距，来源于技术制约因素和社会经济制约因素。近年来，产量差已经成为国内外农学领域普遍关注的问题，许多国家和机构组织开展相关研究和实践，探索提高如何通过缩减产量差实现作物高产和高效。一般概念上，产量差模型是基于农民地块实际产量、当地高产水平产量、科学家攻关产量、理论最大产量等几个层次进行分析，实际应用中可根据需要进行调整和选择。

2. 基于产量差的粮食作物高产潜力评价

近年来，我国主要粮食的大面积平均产量与品种区试产量及攻关高产示范之间的差距不断扩大，水稻、小麦、玉米、大豆等主要粮食作物实际单产只有品种区试产量的58% ~ 78%，单产提高潜力有22% ~ 42%；实际单产只有区域高产示范水平的48% ~ 63%，单产提高潜力有37% ~ 52%。我们在黄淮海地区的典型分析结果也表明：冬小麦的大田平均单产只有品种区试产量的75.9%，通过普及新品种提高单产的潜力有24.1%；大田平均单产只有高产水平的58.5%，通过高产技术集成应用提高单产的潜力有近1倍；大田平均单产只有模型模拟单产的41.1%，理论上再高产的潜力有近1.5倍。夏玉米大田平均单产只有品种区试产量的61.3%，通过普及新品种提高单产的潜力38.7%；大田平均单产只有高产试验水平的45.2%，通过高产技术集成应用提高单产的潜力有1.2倍；大田平均单产只有模型模拟产量的25.1%，理论上的再高产的潜力有近3倍。

3. 作物高产技术优先序

优先序研究的基本涵义是以系统辨识和问题诊断为基础，综合发展现状、趋势、潜力及目标分析，提出主要影响因素及其优先发展策略，实现系统要素组合、技术与管理的优化。作物高产技术优先序重点通过试验研究和调查分析，明确作物产量差及其主要限制因素，对相关限制因子的重要性进行排序，确立要优先改进或突破的关键技术，并提出相关技术政策建议。

（四）推进农艺和农机结合的全程机械化农作制

农机农艺紧密结合是现代农业及耕作制度的核心内容，尤其推进农作物生产的全程机械化是必然趋势。随着农业组织化、规模化程度提高，农村劳动力向二、三产业转移迅速，迫切需要提高劳动生产率的农作技术以满足规模生产的发展趋势。目前，全国机械化耕地、播种和收获作业水平分别为57%、33%和27%，耕种收综合机械化水平达到41%；其中，小麦生产基本实现了全程机械化，水稻机插、机收快速推进，水稻栽植机械化水平达到11%，收获机械化水平达到44%；玉米收获机械化发展迅速，机收水平达到6.8%。同时，大豆、棉花、马铃薯、油菜、甘蔗、牧草生产等机械化技术也在加速发展。但由于种植制度对机械化作业的主动适应性不够，非标准化生产和低技术集成度，导致总体农机化程度提高缓慢。有效推进农业主产区水稻—小麦、水稻—油菜、小麦—玉米等主体种植模式的全程机械化生产，完善农田全程机械化周年高产技术集成、作物秸秆还田配套耕作机械及种植方式、栽培耕作技术等，是我国粮食主产区农作制度改革发展的重点任务。

参考文献

［1］刘巽浩．耕作学［M］．北京：中国农业出版社，1994.

［2］刘巽浩，陈阜．中国农作制［M］．北京：中国农业出版社，2006.

［3］陈阜，任天志．中国农作制战略优先序．［M］．北京：中国农业出版社，2010.

［4］陈阜，任天志．现阶段我国农作制度研究的重点领域与主要任务［C］．中国农作制度研究进展，北京：中国农业科学技术出版社，2012.

［5］张厚瑄．中国种植制度对全球气候变化响应的有关问题Ⅰ．气候变化对我国种植制度的影响［J］．中国农业气象，2010，21（1）：9-13.

［6］杨晓光，刘志娟，陈阜．全球气候变暖对中国种植制度可能影响 Ⅰ．气候变暖对中国种植制度北界和粮食产量可能影响的分析［J］．中国农业科学，2010，43（02）：329-336.

［7］赵锦，杨晓光，刘志娟，等．全球气候变暖对中国种植制度可能影响 Ⅱ．南方地区气候要素变化特征及对种植制度界限可能影响［J］．中国农业科学，2010，43（09）：1860-1867.

［8］李克南，杨晓光，刘志娟，等．全球气候变化对中国种植制度可能影响分析Ⅲ．中国北方地区气候资源变化特征及其对种植制度界限的可能影响［J］．中国农业科学，2010，43（10）：2088-2097.

［9］刘志娟，杨晓光，王文峰，等．全球气候变暖对中国种植制度可能影响Ⅳ．未来气候变暖对东北三省春玉

米种植北界的可能影响［J］. 中国农业科学，2010，43（11）：2280-2291.

［10］杨晓光，刘志娟，陈阜. 全球气候变暖对中国种植制度可能影响：Ⅵ. 未来气候变化对中国种植制度北界的可能影响［J］. 中国农业科学，2011，44（08）：1562-1570.

［11］李克南，杨晓光，慕臣英，等. 全球气候变暖对中国种植制度可能影响Ⅷ. 气候变化对中国冬小麦冬春性品种气候适宜种植区影响［J］. 中国农业科学，2013，46（8）. 1583-1594.

［12］Zhijuan Liu，Xiaoguang Yang，Fu Chen，Enli Wang. The effects of past climate change on the northern limits of maize planting in Northeast China［J］. Climatic Change. 2012，DOI：10. 1007/s10584-012-0594-2

［13］Snyder，C. S.，Bruulsema，T. W.，Jensen，T. L.，et al. Review of greenhouse gas emissions from crop production systems and fertilizer management effects［J］. Agriculture，Ecosystems & Environment, 2009（133）：247-266.

［14］Cassman K. G.，Dobermann A.，Walters D. T. et al. Meeting cereal demand while protecting natural resources and improving environmental quality［J］. Annual Review of Environment and Resources，2003（28）：315-358.

［15］Feng，J.，Chen，C.，Zhang，Y.，et al. Impacts of cropping practices on yield-scaled greenhouse gas emissions from rice fields in China：A meta-analysis［J］. Agriculture，Ecosystems & Environment，2013（164）：220-228.

［16］Huang，S.，Zhang，W. J.，Yu，X. C. & Huang，Q. R. Effects of long-term fertilization on corn productivity and its sustainability in an Ultisol of southern China［J］. Agriculture, Ecosystems and Environment, 2010（138）：44-50.

［17］Linquist，B.，Groenigen，K. J.，Adviento - Borbe，et al. An agronomic assessment of greenhouse gas emissions from major cereal crops［J］. Global Change Biology，2011（18）：194-209.

［18］Zhu，P.，Ren，J.，Wang，L. C.，Zhang，X. P.，Yang，X. M.，MacTavish，D. Long-term fertilization impacts on corn yields and soil organic matter on a clay-loam soil in Northeast China［J］. Journal of Plant Nutrition and Soil Science，2007（170）：219-223.

［19］范如芹，梁爱珍，杨学明，等. 耕作与轮作方式对黑土有机碳和全氮储量的影响［J］. 土壤学报，2011，48（4）：788-796.

［20］金琳，李玉娥，高清竹，等. 中国农田管理土壤碳汇估算［J］. 中国农业科学，2008，41（3）：734-743.

［21］潘根兴，周萍，张旭辉，等. 不同施肥对水稻土作物碳同化与土壤碳固定的影响［J］. 生态学报，2006，26（11）：3704-3710.

［22］孙国峰，徐尚起，张海林，等. 轮耕对双季稻田耕层土壤有机碳储量的影响［J］. 中国农业科学，2010，43（18）：3776-3783.

撰稿人：陈 阜 张卫建 杨晓光 张海林

农产品加工与保鲜

一、引言

（一）学科概述

本报告中农产品加工与保鲜学科包括粮油加工、果蔬加工、畜产加工、水产加工以及采后保鲜 5 个方面。

1. 粮油加工

粮油加工是指对原粮、油料等基本原料进行处理制成成品粮油及其制品的过程。粮油加工作为农产品贮藏与加工学学科的重要组成部分，是研究粮食和油料作物的加工理论和加工工艺的应用科学。主要包括：稻谷加工、小麦制粉、玉米加工、杂粮加工、植物油加工和粮油加工机械设备的制造。最基本的粮油加工是原料的初加工，如稻谷制米、小麦制粉、油脂提取、传统豆制品生产、饲料生产等。随着现代科学技术的发展，针对粮油原料进行深加工，逐渐成为粮油加工学的重要研究领域，如淀粉和变性淀粉的生产、淀粉制糖、功能因子提取、功能食品加工、小麦专用粉生产、植物蛋白生产、植物油脂精炼等。近年来，粮油加工副产品的综合利用也开始受到广泛重视，谷物加工中副产物如皮壳、糠麸、胚芽以及油脂精炼过程中产生的油脚、皂角、废液等的加工和利用等。

2. 果蔬加工

果蔬加工是指以新鲜果蔬为原料，依照不同的理化特性，采用不同的方法和机械制成各种制品的过程。传统果蔬加工主要是利用干制、速冻、制汁、制罐、腌制、发酵等技术对果蔬进行加工。近年来，果蔬加工概念外延在不断扩大，食品科学、食品工程学、食品安全科学、新兴制造技术、现代营养学、新材料与包装技术、信息化技术、智能化控制技术等在果蔬加工领域被广泛应用，果蔬加工新工艺、新技术、新装备和新产品不断开发。现代果蔬加工在冷制汁、高效浓缩、生物酶解加工、非热加工、节能干制、快速腌/糖制、无菌包装、果蔬源生物活性物质高效萃取、树脂纯化、膜分离、质构重组、分子修饰、果蔬功能因子稳态化、生物活性评价与功能食品开发等方面发展迅速。

3. 畜产加工

畜产品加工是指对畜产品进行加工处理的过程，涉及肉、乳、蛋及其副产品特性和变化，产品加工工艺，贮藏、包装、流通等技术领域，包括从畜产原料生产到成为供人们消费的产品为止的全部环节。畜产品加工学科方向与食品科学、畜牧学、微生物学、营养学、病理学、毒理学、物理学、化学、电子学及机械等学科密切相关。改革开放以来，我国畜产品加工取得了举世瞩目的成就，畜产品加工的规模化、集约化、标准化及深加工程度不断提高，加工制品质量逐步改善，结构渐趋合理，畜产品加工业已成为我国国民经济的重要支柱产业。

4. 水产加工

水产品加工包括以鱼、虾、贝、藻等可食用部分为原料，制成冷冻品、腌制品、干制品、罐头制品、熟食品等食品加工业，也包括以食用价值较低或不能食用的水产动植物以及加工废弃物为原料，加工成鱼粉、鱼油、鱼肝油、水解蛋白、鱼胶、藻胶、碘、甲壳质等非食品加工业。水产加工及其综合利用的发展，不仅提高了资源利用的附加值，而且还安置了渔区大量的剩余劳动力，带动一批相关行业如加工机械、包装材料和调味品等的发展，具有明显的经济效益和社会效益。我国水产加工业经过 20 余年的发展，一个包括渔业制冷、冷冻品、鱼糜、罐头、熟食品、干制品、腌熏品、鱼粉、藻类食品、医药化工和保健品等产品系列的加工体系已经形成。在我国沿海地区，水产加工业处于较发达阶段。

5. 采后保鲜

采后保鲜是随着果蔬采后生理变化的研究进程而发展起来的。果实采后的生理变化包括完熟和衰老两个阶段，完熟阶段果实会发生色泽、风味与营养等一系列生理变化，这些变化受到温度、水分、气体成分、光照、微生物和运输等环境条件以及采前采后处理措施的影响。保鲜是针对果蔬采后的生理变化，为延长完熟过程而采取的一系列措施。目前常用的保鲜方法主要分为物理方法、化学方法、生物方法 3 类。除有效的保鲜技术外，先进的贮藏及物流手段也是农产品采后保鲜的重要组成部分。

（二）发展历史回顾

1. 粮油加工

粮油加工是我国农产品贮藏与加工学科中建立最早的学科方向。1947 年我国已建立与粮食加工相关的学科——面粉专修学科。新中国成立 60 年来，粮油加工学科方向随着我国粮食生产的快速发展而不断发展。目前我国约有 146 所高校设置与粮油加工相关的食品科学技术与工程专业。在国家相关科技计划如“973”计划、“863”计划、支撑计划、行业科研专项等支持下，我国粮油加工学科方向在贮藏、加工、装备、标准化体系等方面取得了长足的进步，为延伸农业产业链和农业增效、农民增收提供了有力的科技支撑。在深加工重大共性关键技术、贮藏和现代物流技术以及产品质量控制技术等方面的研究取得一批重大的标志性成果，形成了一系列成熟的加工配套技术。同时，粮油加工技术和装备的引进和消化吸收，对我国粮油加工技术和装备水平的提高也起到了重要作用。“粮食预警遥感辅助决策系统”、“主要粮油产品储藏过程中真菌毒素形成机理及防控基础”等研究项目的立项与完成，标志着我国粮油加工研究水平跨上了一个新台阶。

2. 果蔬加工

我国果蔬加工学科方向已经历了半个多世纪的发展。建立初期是在20世纪40年代，当时主要解决传统贮藏与加工中存在的生产问题，开发了柿子CO_2脱涩、香蕉催熟、果脯真空渗糖、板栗贮藏等技术以及筛选了桃、杏制罐专用品种。从“六五”到“九五”期间，果蔬加工学科方向得到了一定发展，取得了一批研究成果。进入20世纪90年代以后，我国高度重视包括果蔬加工业在内的农产品加工产业的科技发展问题，在果蔬贮藏与加工技术、装备等方面取得了快速发展。果蔬高效榨汁、高温短时杀菌、无菌包装、酶液化与澄清、膜浓缩、非热加工等技术等在生产中得到了广泛应用。

3. 畜产加工

我国畜产品加工历史悠久，已有一百多年的历史，新中国成立以来，畜产品加工业发展很快。20世纪50年代，大规模养猪业促进了我国原料肉贮藏技术和设备的发展，产品主要以我国传统肉制品如香肠、中式火腿、腊肉、板鸭等为主，但其生产大多停留在作坊式手工生产阶段。除了传统肉制品的生产外，我国乳制品行业也进入飞速发展期，产品以全脂乳粉、全脂加糖乳粉、脱脂乳粉、速溶乳粉及炼乳为主。70年代至80年代开始建立冷冻猪分割肉车间及冷却肉小包装车间，从国外引进了分割肉和肉类小包装生产线；乳制品方面，随着畜牧业的发展和市场对乳制品需求的增长，对乳品加工机械的需求量大幅增长，乳品机械业应运而生，技术和工艺水平不断提高，由生产单机走向系列配套。从20世纪90年代到21世纪，随着传统加工工艺和包装技术的不断改进，以及市场冷链的建成，使中式传统肉制品进入新的发展阶段。此外，我国肉类机械设备厂引进、仿制了西式肉制品生产线及设备，促进了国产西式肉制品加工业的发展，生产出了档次较高的西式火腿、灌肠、培根等肉制品。我国乳品加工业以超高温杀菌乳为代表乳制品快速发展，同时也开发了新型发酵酸乳、含乳蛋白饮料及果奶等新产品，奶油、干酪等乳制品产量逐渐增加。

4. 水产加工

我国传统的水产加工历史悠久，加工方式多样，以腌制和干制为主，主要产品有虾皮、海蜇皮、鳗鲞、咸带鱼及虾酱、毛蟹酱、鱼露等。新中国成立以后特别是改革开放以来，水产加工得到了快速发展，中国水产品加工能力、加工产品种类和产量、加工技术及装备等方面都取得了长足的进步，水产加工业已发展成为以冷冻冷藏水产品为主，鱼糜制品、调味休闲食品、干制品、海藻食品以及海洋药物等多个门类为辅的较为完善的水产加工体系。80 年代后，水产品冷藏保鲜方面的研究取得突破，冰鲜、冷海水和微冻保鲜技术得以推广，使海洋渔业的水产加工品质量有了很大提高；同时，水产品综合开发利用方面的研究得到了高度重视。进入 21 世纪，本学科方向着眼于大宗水产品深加工及产物资源综合开发利用，重点是开展功能食品和海洋药物的相关研究，已取得较大进展。

5. 采后保鲜

我国采后保鲜手段的发展经历了最初的土窖、通风库等简易方法及后来的机械冷藏方式，如高温冷库、冷藏集装箱等，现在发展到机械气调方式。20 世纪 70 年代，国内保鲜开始向多元化发展，应用低压贮藏、高 CO_2，充氮、抽气等预处理对采后保鲜有很好的效果。到 20 世纪 80 年代，保鲜技术得到规模应用，如采用瓦楞纸箱及树脂薄膜包装对瓜豆、叶菜及水果进行贮运，不仅可调节包装内的湿度、气体组成等，还可简便地进行温度控制，大大延长了贮运过程中的保鲜期。20 世纪 90 年代起，随着保鲜机理的阐明，化学保鲜、生物保鲜、冷藏保鲜向智能冷库、优质保鲜材料研发、酶活及基因调控方向发展。对保鲜的研究也由考虑单一因素逐步向综合因素过渡。随着纳米技术的发展，纳米包装材料在果蔬保鲜中得到了应用；采后热处理技术和辐照技术再次受到世界范围内的广泛重视。进入新世纪以来，除各类保鲜技术迅速发展外，农产品冷链物流作为农产品采后保鲜中的另一重要环节飞速发展。2010 年 6 月，国家发改委正式颁布《农产品冷链物流发展规划》，规划到 2015 年，果蔬冷链物流的发展目标为果蔬、肉类、水产品冷链流通率分别提高到 20%、30% 和 36% 以上，冷藏运输率分别提高到 30%、50% 和 65% 以上，流通环节产品腐损率分别降至 15%、8% 和 10% 以下，农产品冷链物流技术作为农产品贮藏保鲜中的一项重要环节不断发展完善。

二、现状与进展

（一）本学科发展现状及动态

1. 粮油加工

“十二五”以来，以发展粮油食品为重点的粮油深加工得到快速发展，粮油食品消费趋向膳食方便化、营养化、多样化的需要。粮油主食品工业化进程加速，方便面、方便米粉、方便米饭、速冻食品、主食面包以及馒头、花卷、包子等主食工业化食品大量涌现。与此同时，传统主食的各种生产工艺和设备研究也得到较快发展；冷冻技术、膨化技术、高压蒸煮技术和焙烤技术得到大力推广应用；以粮油为主要原料的休闲、旅游食品的品种、产量和销量不断增加；中式快餐的集约化生产、配送、连锁营销配套工程实施加快。同时，为适应我国食品工业发展的需要，人造奶油、起酥油、煎炸油等专用油脂的生产以及利用油料饼粕生产各种功能性蛋白（如组织蛋白、浓缩蛋白和分离蛋白）等得到快速发展。

油脂加工机械方面，油料破碎机、压胚机、软化机、蒸炒锅、膨化机、榨油机等的机械性能和处理量达到了国外20世纪末先进水平，如液压紧辊压胚机单台处理能力高达500t/d，油料挤压膨化机单台处理能力达到2000t/d，螺杆预榨机单台处理能力超过300t/d；国产2000t/d成套浸出设备的主机如浸出器、脱溶机等的机械性能稳定，成套设备能够满足国内大型油脂加工厂的需求，关键主机如碟式分离机、叶片过滤器、脱酸脱臭塔等均已国产化，最大的油脂精炼生产线处理能力已达到600t/d。

2. 果蔬加工

改革开放后，我国的果蔬加工业发展较快，特别是近年来果蔬加工业在一些方面得到了突破，与发达国家间的差距愈来愈小。主要包括：①产业化经营的水平越来越高。已实现了果蔬产、加、销一体化经营，具有加工品种专用化、原料基地化、质量体系标准化、生产管理科学化、加工技术先进及大公司规模化、网络化、信息化经营等特点。②加工技术与设备越来越高新化。近年来，生物技术、膜分离技术、高温瞬时杀菌技术、真空浓缩技术、微胶囊技术、微波技术、真空冷冻干燥技术、无菌贮存与包装技术、超高压技术、超微粉碎技术、超临界流体萃取技术、膨化与挤压技术、基因工程技术及相关设备等已在果蔬加上领域得到普遍使用。③深加工产品越来越多样化。各种果蔬深加工产品日益盛行，产品质量稳定，产量不断增加，产品市场覆盖面扩大；在质量、档次、品种、功能以及包装等各方面已能满足各种消费群体和不同消费层次的需求；多样化的果蔬深加工产品不但丰富了人们的日常生活，也拓展了果蔬深加工空间。④产品标准体系和质量控制体系越来越完善。果蔬标准体系涉及产品分类、测定方法、产品标准、技术规范等多个方面，涵括了绝大部分果蔬加工产品，为果蔬产品进入市场提供了产品质量保障。同时良好卫生规范（GMP）、HACCP安全体系管理和《出口食品企业卫生规范》为果蔬产品加工提供生产质量保障。

3. 畜产加工

近年来，在畜产加工方面的研究不断取得进展，突破了冷却肉加工新技术，在畜禽宰后肉品成熟、凝胶形成、风味形成、新型加工技术、有害物质控制及其机理等方面也得到了深入研究，同时，研发了大批现代化工艺技术与装备，建立了传统肉制品工业化生产线，有力推动了我国传统肉制品加工的技术进步。在乳品加工方面，实现了乳酸菌乳粉生产关键技术的突破，开发了干酪制品及益生菌高端制品，建立了乳制品安全检测技术体系以及开发了免疫乳、新型乳饮料等新产品，益生素、益生菌及乳活性物质的结构与功能的关系正成为乳品加工基础研究的热点。在蛋品加工方面，发明了系列禽蛋制品加工、监测设备和技术，如高效的光透检验蛋机、自动选蛋机、禽蛋质量自动拣选技术等，在皮蛋加工、鲜蛋贮藏保鲜、新蛋品饮料的开发及营养保健蛋研究等方面得到突破性进展，各种类型新产品不断得到开发。在副产品加工方面，我国在超细鲜骨粉工艺技术研究及其产品开发，畜禽血液应用挤压膨化加工转化为动物性蛋白饲料（血粉），猪血红蛋白生物活性肽制备的关键技术，猪小肠肝素钠及猪骨中硫酸软骨素的提取，胶原蛋白的提取与人工胶原蛋白肠衣制备、骨调味料萃取、干酪加工副产物乳清蛋白回收利用等方面的加工技术与装备取得较大的进步，具备了一定的基础。

4. 水产加工

水产加工的进展主要体现在以下四个方面：一是加工水平大幅提高。从加工能力看，《中国渔业年鉴》数据显示，2010 年我国从事水产品加工的企业 9762 家，比 2002 年的 8142 家增长 16.6%；年加工能力达 2388.5 万吨，比 2002 年增加 1163.5 万吨。从加工程度看，2000 年我国水产品加工总量 651.5 万吨，占水产总量的 15.2%，2010 年，全国水产品加工总量 1633 万吨，约占水产品总量的 30.4%，加工程度比 2000 年提高了 15.2%。从加工技术和设备来看，一大批新产品、新设备被开发出来，同时引进了大量国外的先进技术和设备，不仅大大改善了工人的劳动强度，也提高了产品质量和效率，保证了产品的质量安全。二是产品种类呈现精深化、高值化、多样化的态势。鱼类、虾类、贝类、中上层鱼类和藻类加工工业体系正在逐步建立和完善，鱼糜和鱼糜制品、干腌制品、罐制品的比重大幅上升，烤鳗、紫菜、鱿鱼丝、海藻类等方便食品、调味休闲食品被大规模地推广；水产品中的蛋白、氨基酸、壳聚糖、酶类、活性多肽、活性脂类和类脂物、维生素、色素等功能活性物质被广泛挖掘与开发，降压肽、鱼皮胶原蛋白、鱼精蛋白等功能保健食品、海洋药物等已在市场中广泛销售。三是科技创新进一步推动产业升级。近年来，我国水产加工科技取得快速发展，新型水产高值化产品开发、贝类精华与深加工、生物活性物质的分离与提取、海洋食品质量与安全控制等方面快速发展，加工装备的引进、消化、吸收、开发和应用方面也有较大进步。近年来，生物技术、膜分离技术、微胶囊技术、超高压技术、无菌大包装技术、新型保鲜技术、微波技术、超微粉碎和真空技术等高新技术在水产加工技术发展过程中广泛应用。四是产品质量安全意识不断加强。近年水产品质量管理得到充分重视，水产品质量监督检测体系逐渐成形。水产品质量管理工作正在逐步健全，参照国际惯例，开始实行水产品质量认证、产品抽查制度和个别产品的许可制度，明显地促进了某些产品的质量改善。水产加工企业普遍树立了“以质取胜”的意识，制定了科学的产品质量、卫生标准，采用 GMP 和 SSOP 操作规程。有的外向型加工企业，在加工生产中实施了危害性分析与关键控制点（HACCP）规范，确保了产品的卫生与安全。

5. 采后保鲜

国内外关于果蔬保鲜技术的研究较多，为提高保鲜效果、延长保鲜时间、降低成本、提高综合效益，果蔬保鲜技术正在由单一技术向复合技术方向发展。除保鲜技术的研究与开发外，冷链物流作为果蔬采摘后保质保鲜的重要环节也不断发展壮大，建立集采收、保鲜、贮藏、运输、配送为一体的保鲜流通体系将是农产品采后保鲜产业发展的必然趋势。临界低温高湿保鲜技术、气调及气调包装保鲜技术、可食用涂膜保鲜技术、超声波处理保鲜技术、辐照保鲜技术、抗病诱导剂、纳米保鲜技术、基因工程保鲜技术等已成为采后贮藏保鲜技术的主要研究内容和方向。气调贮藏是指在一定的温度和湿度条件下，通过调节贮藏环境中气体成分来达到保持果蔬品质、延长果蔬贮藏保鲜期的方法。纳米材料科学的进步催生了纳米保鲜技术，即将纳米无机抗菌材料通过特殊工艺添加到包装材料中，用该材料制作的容器具备长效的杀菌性能。基因工程保鲜技术主要指通过减少果蔬生理成熟期内源乙烯的生成、控制细胞壁降解酶的活性，以及延缓水果在后期成熟过程中的软化来达到保鲜目的的一种技术。天然保鲜剂主要是指从植物中提取的天然杀菌剂或天然多糖等涂膜剂。

（二）学科重大进展及标志性成果

1. 粮油加工

粮油加工在精深加工、资源化利用、加工装备等方面都取得了重大成果。油脂机械装备水平逐步提高，在单机技术水平、单机最大处理能力、成套设备和生产线的技术水平上都已有能力为油脂工业提供性能先进、质量可靠的单机设备油料预处理压榨设备。油料资源综合利用获得长足发展，水酶法制备花生蛋白和花生油技术、棉籽饼粕脱酶蛋白粉制取技术、菜籽饼粕脱毒浓缩蛋白制取技术等已经或正在应用到实际生产中；另外，大豆低聚糖、膳食纤维、大豆异黄酮、皂苷、天然维生素 E、植物甾醇、大豆磷脂及大豆多肽等深加工产品都已相继问世。2010 年“粮食储备‘四合一’新技术研究开发与集成创新”获得国家科技进步奖一等奖；“大豆磷脂生产关键技术及产业化开发”获得国家科技进步奖二等奖。2011 年“高效节能小麦加工新技术”、“嗜热真菌耐热木聚糖酶的产业化关键技术及应用”、“大豆精深加工关键技术创新与应用”、“稻米深加工高效转化与副产物综合利用”获得国家科技进步奖二等奖。2012 年“高含油油料加工关键新技术产业化开发及标准化安全生产”获得国家科技进步奖二等奖。

2. 果蔬加工

针对我国大宗水果苹果和柑橘加工中存在的质量安全问题，开展了较为系统的深入研究，取得了重大进展。其中 2008 年“苹果深加工关键技术研究”获北京市科技进步奖二等奖，该成果基于苹果深加工与全程质量控制角度，分别对苹果汁在加工原料品种筛选、加工关键工艺、产品质量与安全控制及皮渣综合利用四个方面所涉及的关键技术进行研究，全面提高了苹果汁的品质和综合利用程度，提升了我国苹果加工业的技术水平。在果蔬加工装备方面，耗能低的超高压设备的开发上取得了重大突破，研制出具有自主知识产权的容量大、压力高的超高压设备，打破了国外发达国家对我国超高压装备技术的封锁。2011 年“木薯非粮燃料乙醇成套技术及工程应用”项目获得国家科学技术进步奖二等奖，获奖项目形成了具有自主知识产权的木薯非粮燃料乙醇成套生产技术，总体技术达到国际先进水平。

3. 畜产加工

在肉品加工方面，冷却肉的生产是我国肉品加工业近年来取得的巨大成就之一，通过对宰后成熟技术、色泽变化规律以及微生物控制技术研究，结合新型减菌技术、超冰温保鲜技术等提高了冷却肉的品质，延长了产品货架期。随着冷却肉的宣传推广，国内几个发达城市的冷却肉消费量已占到人均年消费肉量的10% ~ 15%。除此以外，干腌火腿、板鸭、风鹅、盐水鸭、卤肉等传统肉制品的加工工艺及其理论基础得到了一定的研究；肉制品加工中杂环胺、多环芳烃等危害物的控制技术也逐渐兴起；骨、血和胎盘等副产物的精深加工进一步发展。随着科技的不断进步，涌现出一批高质量的加工技术手段，如高密度二氧化碳流体杀菌、近红外品质预测、高光谱图形成像、冰温保鲜和微波干燥等技术。乳品研究中，超高温瞬时灭菌乳（UHT 乳）和发酵乳加工关键技术的研究与掌握是两项重大的进展，国产无菌包装材料及高速无菌灌装机实现了重大技术突破；同时，富含共轭亚油酸（CLA）原料乳生产的营养调控技术，共轭亚油酸牛乳加工技术和牛乳去乳糖技术的研究成果在整体上处于世界领先水平，已经推广到企业并投入生产。

4. 水产加工

水产加工业近年来得到了大幅提升，无论在海洋捕鱼业，还是淡水鱼养殖方面都有质的飞跃，实现了从养殖业到不同品种的水产品选择研究再到加工业一条龙的发展模式，我国水产品加工行业目前已形成冷冻冷藏、腌制、烟熏、干制、罐藏、调味休闲食品、鱼糜制品、鱼粉、鱼油、海藻食品、海藻化工、海洋保健食品、海洋药物、废弃资源的再生利用等几十个产业门类，并在食品质量安全监控、低值资源高值化利用、先进加工技术的应用、多元化系列产品的研发、优质名牌产品的创立、产品结构的优化整合、新型产业体系的建立、国际贸易市场的拓展等方面取得巨大进步和发展，逐步实现了规模化、集团化和自动化生产，形成了一批在国内外有着较高声誉的知名企业和名牌产品。近年来，水产加工重大科技成果不断涌现，“海洋水产蛋白、糖类及脂质资源高效利用关键技术研究与应用”、“大洋金枪鱼资源开发关键技术及应用”、“贝类精深加工关键技术研究及产业化”等 3 个项目同时获得 2010 年度国家科技进步奖二等奖，“坛紫菜新品种选育、推广及深加工技术”项目荣获 2011 年度国家科技进步奖二等奖，标志着近年来水产加工科技的进步和产业发展的重要性。

5. 采后保鲜

果蔬作为一种采摘后仍有呼吸和生理变化的特殊农产品，其保鲜技术一直深受重视。1982 年，国家将蔬菜采后贮运保鲜技术的研究正式纳入了科技攻关计划。几十年来，通过科技攻关、成果转化、星火计划等项目的研究、示范和推广，使我国果蔬产业的科技水平不断提高，新技术、新设施和新材料在果蔬采后保鲜上得到了广泛的应用。“十五”和“十一五”期间，科技部又将“农产品现代物流技术研究开发与示范”列为国家攻关项目，围绕鲜活农产品现代物流保鲜、流通包装、全程质量监控物流标准化、信息化等关键技术开展了研究，并获得了许多研究成果。2008 年“南方主要易腐易褐变特色水果贮藏加工关键技术”获得国家科技进步奖二等奖，该项目从生态、生理和基因水平阐明了水果采后病害的生防机理以及荔枝、龙眼的酶促褐变和品质劣变机理，建立了较系统的果实生物力学与运输生理学研究体系，阐明了杨梅花色苷降解特性等；开发了对人体安全的抑霉剂、生防制剂和抗褐变剂，最终开发了综合保鲜贮运技术和果汁果酒护色澄清关键技术，使水果保鲜期延长 5 ~ 10 倍，并开发出系列加工产品。

（三）本学科与国外同类学科比较

1. 粮油加工

粮食和油料是主要的农产品，粮油加工产品是我国人民膳食结构的主体，粮油工业是我国食品工业的重要组成部分。然而与发达国家相比，我国粮油加工学科方向仍存在一定的差距，自主创新能力不足，高水平的研究成果缺乏。目前世界发达国家在稻米深加工中越来越多地运用生物技术、膜分离技术、离子交换技术、高效干燥技术、超微技术、自动化工艺控制技术等高新技术，作为提高产品市场竞争力和获得高额利润的关键因素。在小麦制粉生产过程中，应用计算机管理和智能控制技术，实现生产过程的计算机管理，最大限度地利用小麦资源，使生产过程平稳、高效地运行；利用生物技术的研究成果，采用安全、高效的生物添加剂改善面粉食用品质，替代现在使用的化学添加剂；应用现代生物酶技术以及自动化微机控制等技术，使产业进入高科技、高产出的快速发展阶段。在油脂加工业，发达国家把新的提取分离技术、酶技术、发酵技术、膜分离技术用于大豆加工，采用超临界萃取工艺技术制备特种油脂，采用酶技术提高蛋白和油脂提取率；应用生物技术对油脂改性或制备结构脂质；大型的油菜籽脱皮分离、冷榨、挤压膨化、低温浸出新技术应用于双低油菜籽的制油工艺，以提高双低油菜籽的制油效率。

2. 果蔬加工

尽管我国的果蔬加工业得到了长足的发展，无论是加工能力、技术水平、装备硬件以及国内外市场都取得了较大的进步，但是与国外发达国家相比仍然存在一定的差距。首先与国外果蔬加工相比，我国果蔬加工科技创新与转化能力薄弱，科技成果转化率只有 30% ~ 40%，而发达国家科技成果转化率一般为 60% ~ 80%，不能够实现科技成果的快速熟化与推广。其次，专用加工品种缺乏和原料基地不足，适合加工的适宜品种和规模原料基地仍然很少，制约果蔬加工业的良性发展。另外，尽管高新技术在我国果蔬加工业得到了逐步的应用，加工装备水平也得到了明显提高，但由于缺乏具有自主知识产权的核心关键技术与关键制造技术，造成了我国果蔬加工业总体加工技术与加工装备制造技术水平偏低，如无菌大罐技术、PET 瓶和纸盒无菌灌装技术、反渗透浓缩技术等没有突破；关键加工设备的国产化能力差、水平低，设备性能与国外相比存在较大的差距。同时，标准体系与质量控制体系不完善，新型高附加值产品少，资源综合利用水平低，龙头企业缺乏，行业集中度不高等也严重制约着我国果蔬加工产业的发展。

3. 畜产加工

我国畜禽屠宰与加工远远落后于澳大利亚、新西兰、美国等肉品生产加工强国。畜禽宰前管理和宰后加工还处于初级研究摸索阶段，大部分企业没有宰前管理手段和相关企业标准，而国外学者针对宰前因素对肉质的影响进行了大量相关研究，欧洲于 1995 年就已经制定了畜禽宰前管理条例，对畜禽宰前运输时间、禁食管理和击晕方式等进行了详细规定；近红外品质预测、高光谱图形成像和冰温保鲜等新型技术的研究和开发创新性低，原创性成果少，往往于发达国家发展几十年后开始研究，自动化与智能化设备设计、高新技术设备研制等欧美国家研究最新方向，在我国还处于空白或初始阶段；肉品加工设备与装置主要依赖于进口，主要适合于西式肉制品的生产和加工，严重限制了我国传统肉制品的工业化生产进程；骨、血和胎盘等副产物的精深加工工艺落后，以初级提取物为主，高纯度和高提取率的提取技术缺乏，以初级提取物出口同时进口高纯度提取物现象普遍。90% 的企业没有建立自己的研发机构，企业技术人员占比企业总人数的 5%，技术创新能力较弱，现有产品大部分为热鲜羊肉，占 90% 以上，冷却羊肉、调理产品等精深加工产品缺乏，产品普遍存在货架期短、品质不稳定、包装粗糙、质量安全突出等问题，和发达国家的差距巨大。发达国家畜产品加工已实现与现代科技有机结合，如在畜禽宰后肉成熟嫩化机理、乳品化学及保健因子研究方面，开展基于计算机技术的生物信息学研究，可以从细胞水平或组织水平认识 DNA 的表达方式、蛋白质种类的完整性及代谢产物。而纳米技术的出现，使得可以从分子水平鉴别影响外在重要特征的分子结构，并对其进行控制。随着对 DNA 特性和基因作用方式认识的不断深入，人们可鉴别出畜产品的种类，揭示异质畜产品的形成机理、多组分分析微生物毒性等。

4. 水产加工

尽管我国水产品加工历史悠久，但鉴于水产品资源特点，我国水产加工科技发展水平与发达国家相比依然存在很大差距，尤其是基础研究起步较晚，应用研究和高技术研究较为薄弱，学科间的相互渗透不够，缺乏自主技术创新，成果转化率低，缺少适应于支撑水产品加工业快速发展的技术支撑和科技储备。在国际上，沿海诸国十分重视渔业产业发展，关注水产品加工学科方向建设与先进技术的研发，如日本、欧盟、美国、澳大利亚、冰岛、智利、秘鲁、韩国、泰国等将渔业作为重要产业发展，形成了富有特色的水产品加工业，其相关科研机构均开展了许多卓有成效的水产品加工研究。其中，日本具有世界一流的水产高新技术，拥有位居世界第六大的专属经济区水域，渔业已发展成为国内主导产业，水产加工学科方向的研究水平居世界首位，在渔业资源可持续利用、养殖技术开发、高效渔业生产、水产加工技术、水产加工废弃物的资源再利用等方面引领着全球海洋产业的发展。水产品加工技术方面，实现了从海带、海藻等多种海洋产物加工废料中提取褐藻胶、岩藻甾醇等生物活动物质的高新技术，完成了活性提取物作为饲料添加剂的技术推广及生物活性作用机理；成功开发了多种鱼类加工制造鱼糜、酱油等传统和新型产品的技术；开发了干燥、碳化、微生物处理、液状燃料化、微生物燃料化等多种水产加工废弃物的零排放处理技术，并对贝类贝壳、肠腺、鱿鱼墨囊、海星等多种海洋产品的废弃物进行了充分开发。

5. 采后保鲜

果蔬的采后保鲜环节主要包括采收、预冷、分级包装、贮藏、运输等，国内学者在研究初期主要集中在保鲜技术的研究与开发上，而对采后保鲜与物流的全链条发展的研究起步较晚，在果蔬采后保鲜整体上与发达国家的差距较大。目前我国果品采收仍以人工为主，尚未做到按成熟度分期采收和采用专用机械采收。国内果蔬采后预冷处理还处于起步阶段，预冷技术在我国基本上还未使用，设计用于果蔬预冷的专用库寥寥无几，长期贮藏果蔬采后大多直接进冷藏间，发达国家的农场都有自己的预冷、冷藏设施。在分级包装方面，我国目前已有一些龙头企业购置了分选设备，并从国外引进有较大处理量的苹果分级包装线。在贮藏保鲜方面，目前我国还是以冷库作为果蔬保鲜最主要的基础设施，但人均冷库占有量和现有冷库自动化程度普遍较低，冷库的区域分布也不均衡。我国大型冷库一般采用以氨为制冷剂的集中式制冷系统，而小型冷库尤其是冷却物冷藏间一般采用以氟利昂为制冷剂的分散式或集中式制冷系统。在物流运输方面，由于我国生鲜农产品的加工程度及产品单位价值较低，而冷链运输成本要比普通车运输成本高 30% 左右，所以目前除出口果蔬外，为取得相对经济省钱的运输成本，不少果蔬流通经营者仍使用普通车运输，导致一定的腐烂率和品质下降。而同时，我国果蔬冷链运输主要以铁路和公路运输为主，航空运输则主要以高档果蔬和水产品为主。

三、展望与对策

（一）本学科未来几年发展的战略需求，重点领域及优先发展方向

1. 粮油加工

粮油加工与转化对促进农业发展、提高农产品的附加值、振兴农村经济、繁荣市场和提高人民生活水平具有重要意义。未来应重点发展如下领域。

1）保障国家粮食安全。进一步发挥粮油加工科技在危害物检测、监测、控制与评价，生产与物流、标准制定与危害物防控等方面的重要作用，大幅提高粮油加工、粮食储运等技术水平，完善相关检测技术、粮食质量安全追溯体系和风险监测预警机制；大力开

展储粮、仓储信息化技术和装备集成示范研究，粮油主食品质量标准研究，粮油微量营养素及其他营养成分分析及利用技术研究，内源毒素与抗营养因子有害物质的检测与控制技术研究，储粮真菌毒素的降解技术研究，减少加工环节对粮食营养成分造成的损失等与绿色、营养相关的技术研究及新产品的开发。

2）粮油资源高效利用。目前我国粮食资源尚未得到充分利用，粮油加工中的副产品如米糠、小麦胚芽、饼粕以及油脂精炼过程中产生的皂角、馏出物等，大多含有丰富的营养物质、多种微量元素和生物活性物质，这些宝贵的资源均未能很好地转化为食品优势和经济优势。为此，通过加快粮油加工技术科技创新，促进粮油资源的高效利用，是未来几年粮油加工学科加工的重点方向和内容。

3）开发节能、高效、智能化、大型集约化的粮油加工机械与设备。通过加快技术改造升级，生成一批具有独立知识产权的粮油加工装备，提升加工技术装备水平，依托骨干企业建设成套设备制造基地，提高关键设备大型化、智能化水平，重点发展稻谷、小麦、油料和玉米深加工大型高效节能节水设备，加强主食品工业化成套设备的自主创新，实现粮油加工的规模化、装备精良化、生产现代化、技术先进化是加快粮油加工科技发展及产业发展的必然选择。

4）主食工业化。随着我国经济体制和经济增长方式的转变，迫使我国主食工业化成为食品工业中发展最快的、最具有竞争力的新兴产业。以优化结构、精深加工、消费升级、引领创新、绿色安全为要求，大力开发速冻米面食品、常温面制主食品、烘焙面制主食品，实现产品标准化、生产机械化、工艺科技化、准入制度化。对运用现代食品加工技术优化产品结构，提高传统面制食品的工业化水平，开发符合现代主食消费的新型食品，进一步保障主食消费安全等方面具有重大意义。

2. 果蔬加工

果蔬加工是农产品贮藏加工业最重要的组成部分，是一个朝阳行业。目前国际上果蔬加工行业正在快速发展，应重点发展如下领域。

1）原料品种专用化研究。原料的加工特性决定加工的产品质量。国内外经验表明，专用化的加工原料是影响果蔬加工产业发展的重要因素之一，只有使用优质专用原料才能生产出高质量的加工制品。如在美国薯条加工采用专用品种“夏波蒂”，而薯片加工采用“大西洋”品种。

2）高新技术产业化研究。开展特色果蔬保鲜、预切果蔬和净菜加工，果蔬中功能成分的提取、利用以及果蔬汁饮料加工，采后防腐保鲜与商品化处理，果酒等果蔬发酵制品，果蔬速冻加工，果蔬脱水、果蔬脆片和果蔬粉加工，果蔬加工的快速检测和无损伤检测等技术的研究和推广，如微电子技术、酶解技术、膜技术、冷冻干燥技术、微波技术、超高压技术、冷冻浓缩技术、无菌冷灌装技术、真空多效浓缩技术、芳香物回收技术、超临界流体萃取技术、分子蒸馏技术、膨化与挤压技术、微胶囊技术、生物工程技术等一些先进的高新技术在果蔬加工中进一步应用和推广研究。

3）加工装备智能化研究。果蔬加工装备融合当今先进的计算机信息技术、机械制造技术、电子技术、材料技术等，进一步提升果蔬加工行业的装备制造技术水平，加工装备朝着成套化、高效化、智能化、自动化、机电一体化、连续化和密闭化的方向发展。

4）资源利用高效化研究。农产品资源的高效利用主要表现在两个方面，一方面对传统产品通过高新技术改造传统工艺和开发新产品，形成多层次、多品种的产品，降低成本，传统果蔬加工（罐藏、糖制和腌制）的工业化、安全性控制；另一方面对农产品加工过程中产生的副产品和下脚料进行了深度的开发和利用，实现资源的可持续利用。

5）质量控制体系标准化研究。果蔬加工标准体系的建设是果蔬加工产品质量与安全的保障，通过原料产地的认证、完善科学的标准体系、企业管理认证对果蔬加工质量控制方面进行全面质量控制。

3. 畜产加工

针对我国畜产品加工程度低、畜产品加工重大关键技术研究不深入，创新性不足，先进高端技术引进消化吸收慢，适用性受限，工程化技术集成不够，装备性能差等产业化问题，面对新形势下发达国家注重的动物福利、环境保护、节能降耗、质量安全等新要求，需要进一步加强与畜产品加工有关的关键技术及装备研究，达到国产化并尽快实现产业化转化。在肉制品方面，发展冷却肉、中式制品为主，适当发展西式低温肉制品。在乳制品方面，乳品资源高值化加工利用是乳品学科优先发展的方向。高新技术在世界发达国家畜产品加工与安全控制中的广泛应用是未来发展的趋势，应加强生物技术方面如高档发酵制品核心关键技术生物发酵剂和生物防腐剂研究，基因诊断与生物传感技术用于质量安全控制的研究；应加强信息化技术如智能化、无损检测技术及软件开发、计算机可视化或虚拟技术等的研究；加强能源技术如加工过程中的节能环保技术、低碳技术等。血液、脏器、乳清、皮、毛、骨等畜副产品将进一步向制药、饲料、食品、皮革、纺织等方向进行更深、更广的加工，其副产物利用的附加值将进一步提高。

4. 水产加工

重视水产食品精深加工的技术创新，提高水产品综合利用水平，开展水产品精深加工，实现产品高附加值化是水产加工的发展方向。首先是开展水产品精深加工。推进淡水鱼、贝类、中上层鱼类、藻类加工体系的建立，积极发展高营养、低脂肪、无公害、环保型水产食品。发展水产品精深加工，尤其是开发与利用冷冻鱼糜，开发高档新产品、复合制品和水生生物保健品等高附加值产品。重点做好淡水鱼类、海水中上层鱼类加工综合利用、贝类净化加工等的基地和配套冷链设施建设。针对多脂性鱼类，由于其脂肪含量高，因此控制其氧化酸败的品质变化是技术关键。针对鱼糜加工与利用技术，可发展鱼糜原料适性、鱼糜加工新工艺、鱼糜中间素材的产品化、鱼糜制品的市场经营与开拓。对于贝类产品加工方面，主要针对保活和净化技术与装备的研发，包括养殖贝类的保活流通、确保安全减少污染的高效净化处理是技术关键。另外，鱼、贝、藻类中的胶原蛋白，高度不饱和脂肪酸，活性多肽、多糖、动物钙源等功能性产物的研发也将成为发展重点。其次是实现水产品的高效利用。根据海洋类产品的特点，鱼、虾、贝、藻等几大类产品的综合利用率不超过 50%。鱼类加工过程中产生的鱼头、鱼皮、鱼鳞、鱼鳍、鱼骨等副产物，占原料鱼的 40% ~ 55%，可通过提取鱼油、鱼鳞胶、鱼露、胶原蛋白等功能性活性物质、加工饲料鱼粉等途径增加原料鱼利用率。如虾类加工过程中产生的虾头和虾壳，占原料虾体的 30% ~ 40%，可通过酶解、分馏等技术生产虾油和虾味素等调味品，提取虾青素和甲壳素用作食品添加剂和功能性食品等。贝类加工过程中产生的贝壳、肠腺、裙边肉等副产物，约占原料贝体的 25%，可利用生物技术生产氨基酸、牛磺酸等风味物质，通过物理化学方法提取活性钙等。

5. 采后保鲜

果蔬采后保鲜增值空间大，经济效益显著。完善采收、保鲜、贮藏、运输、配送、销售为一体的保鲜流通体系，加快重点工程和装备的配套。冷链一体化保鲜是优先发展方向，发展先进的冷藏运输设备，建立冷冻冷藏产品加工配送中心，推进贮藏与冷链物流的集约化是农产品采后保鲜技术发展的必然趋势。重点工程和装备的配套主要包括冷库建设工程、低温配送处理中心建设工程、冷链运输车辆及制冷设备工程、全程监控和信息追溯等硬件建设，以及保障上述硬件运行必须进行配套的相关材料、技术和人才等。发展新型保鲜技术，开发安全有效的天然保鲜剂。研究推广节能、高效、低成本和无污染的保鲜新技术，如自然冷源果蔬保鲜、高压静电场预冷储藏、辐照保鲜、臭氧和负离子杀菌等技术。利用信息化技术研究分级、检测、包装、运输的新技术，如利用计算机作视觉、光学检验或数字图像处理等进行分级及新鲜果蔬残留农药的快速检测技术等。从长远来看，果蔬保鲜剂的研究方向应该向着天然、安全、有效的方向发展，天然保鲜剂代替化学保鲜剂是果蔬贮藏保鲜必然要求。随着人们生活节奏的加快和对生活质量的关注度日益提高，鲜切果蔬保鲜将成为新的研究热点，农产品消费模式不断变化，除了要求果蔬优质新鲜外，消费者对果蔬产品的食用简单性也提出了更高的要求，鲜切果蔬这一新型加工果蔬产品应运而生。鲜切产品在生产加工过程中由于果蔬自身会出现诸如呼吸代谢速率加快、褐变、木质化等一系列生理生化反应，从而影响产品的货架期；由于加工工序不规范，使得有害微生物在产品表面大量繁殖，形成消费者食物中毒的隐患。

（二）本学科未来几年发展的战略思路与对策措施

未来几年，是我国实现《国家中长期科技发展规划纲要》目标的关键期，也是农产品加工产业发展的黄金期，学科发展要立足现有基础，集中优势力量，统筹规划、分步实施，有限目标、突出重点，中长期目标相结合，并突出前瞻性、创新性和可操作性的总体思路，把基础研究和应用基础研究有机结合起来，发展农产品贮藏与加工学科。

1. 促进学科交叉融合

促进学科的交叉与融合，是学科发展的基本趋势。适应跨学科合作以及复合型人才培养的需求，促进学科之间相互交流和渗透。处理好传统优势学科与新型特色学科的关系，构建一个学科特色更加鲜明、竞争优势更加突出、结构更加合理的学科体系。要瞄准学科前沿和国家重大需求，准确把握农产品贮藏与加工学科的发展趋势，积极发展新兴学科和边缘学科，培养新的学科增长点，实现学科建设的跨越发展，使更多的重点学科进入国际先进行列。

2. 快速提升自主创新能力

我国农产品贮藏加工学科应在加强传统优势学科方向建设力度的基础上，吸纳现代生物学科、化学学科、物理学科及现代信息学科的先进理论、技术和研究手段，将生物学科、信息技术等新方法与常规方法有机结合，多学科、多层次研究农产品贮藏与加工学科中存在的科学问题与工程问题，大力提高基础理论与技术研究水平，缩短与国际同类学科的距离。

3. 加强高端人才引进和创新团队建设

针对目前我国农产品贮藏与加工学科队伍综合实力较弱，创造良好环境和条件，吸引和凝聚国内外高水平科技人才从事农产品贮藏与加工研究。首先构建有利于创新人才成长的文化环境，树立求真务实、勇于创新、团结协作的科学精神，倡导学术自由与民主；建立并完善一种数量、质量并重，个人、团队兼顾，短期、长效结合，以质量为主的学术评价机制。其次，围绕学科发展加大高层拔尖创新人才引进力度，造就一大批具有创新能力和发展潜力的学科带头人和学术骨干，有针对性地组建一批本学科学术团队及创新团队。要在保障现有队伍稳定与提高的同时，着力挖掘青年学术骨干和研究生的培养潜力，为学科发展提供更多的后备力量，增强发展后劲。

4. 加强国际交流合作

开展多层次、多渠道的国际合作与交流，有效吸收国外先进的研究方法、技术和管理经验，利用全球科技资源提升学科的科技创新能力，促进我国农产品贮藏与加工学科的跨越式发展和自主创新，提高学科理论与技术研究水平。

参考文献

[1] 国家发展和改革委员会. 国家粮食安全中长期规划纲要（2008—2020年）[R]. 2008.

[2] 中华人民共和国国务院. 国家中长期科学和技术发展规划纲要（2006—2020年）[R]. 新华社，2006.

[3] 中华人民共和国国务院. 中华人民共和国国民经济和社会发展第十一个五年（2006—2010年）规划纲要[R]. 新华社，2006.
[4] 国家发展和改革委员会等. 食品工业“十一五”发展纲要[R]. 2006.
[5] 中国食品工业协会. 2006—2016年食品行业科技发展纲要[R]. 2006
[6] 农业部. 全国农业和农村经济发展第十一个五年规划（2006—2010年）[R]. 2006.
[7] 农业部. 农产品加工业“十一五”发展规划[R]. 2006.
[8] 国家计划委员会等. 全国食品工业“十五”发展规划[R]. 2002.
[9] 周光宏. 畜产品加工学[M]. 北京：中国农业出版社，2002.
[10] 陈锡文，邓楠，等. 中国食品安全战略研究[M]. 北京：化学工业出版社，2004.
[11] 中华人民共和国统计局编. 中国统计年鉴2010[M]. 北京：中国统计出版社，2010.
[12] 中华人民共和国统计局编. 中国统计年鉴2011[M]. 北京：中国统计出版社，2011.
[13] 农业部农产品加工业“十二五”发展规划[R]. 2011.
[14] 国家发展和改革委员会工业和信息化部食品工业“十二五”发展规划[R]. 2011.
[15] 特色热带作物产品加工关键技术研发集成及应用[J]. 中国科技成果，2011.
[16] 居占杰，秦琳翔. 中国水产品加工业现状及发展趋势研究[J]. 世界农业，2013（5）：138-142.
[17] 李晨，姜洪锐. 我国水产品加工业转型升级的路径选择：基于全球价值链的视角[J]. 海洋开发与管理，2012（9）：111-115.
[18]《农产品加工重大关键技术筛选研究报告》编委会. 农产品加工重大关键技术筛选研究报告[M]. 北京：中国农业出版社，2006.
[19] 中华人民共和国农业部. 农业部关于印发《全国渔业发展第十一个五年规划（2006—2010年）》的通知（农渔发[2006]37号）. 2006
[20] 中国远洋渔业信息网. 范小建副部长在全国农业工作会议渔业专业会上的讲话. 2006.
[21] 王瑞元. 不同油料加工应有明确的发展重点[J]. 粮油市场报，2011.
[22] 陈志成. 未来我国粮油加工科技发展的任务与目标[J]. 粮食加工，2009.
[23] 王瑞元. 我国粮油工业的现状及今后的发展趋势[J]. 河南工业大学学报（社会科学版），2007，3（2）：1-5.
[24] 王锡昌. 2008年中国水产食品加工业的发展 中国食品工业与科技发展报告[M]. 北京：中国轻工业出版社，2009，160-165.
[25] 吴子丹，杨万生. 我国粮油科学技术学科的发展与展望[J]. 粮油食品科技，2012，19（3）：1-4.
[26] 祝钧，苏醒，张晓娟. 纳米包装材料在果蔬保鲜中的应用[J]. 食品科学，2008（12）：766-768.
[27] 张仁堂，潘红艳，谷端银. 新型保温材料在现代果蔬物流中的应用研究[J]. 中国食物与营养，2010（6）：40-44.
[28] 黄雪莲，于新，马永全. 蓄冷技术在果蔬保鲜中的研究与应用[J]. 农业工程学院学报，2010，23（2）：67-71.
[29] 张永茂，颉敏华，田世龙，等. 纳米硅基氧化物（SiO_x）保鲜果蜡研究与开发[J]. 技术装备，2010（5）：42-46.
[30] 胡美英，钟国华，高燕. 一种毒死蜱农药降解菌、其菌剂和制备方法[S]. 申请号：CN200810215259. 2，公开号：CN101469313.
[31] 王文生. “十二五”期间我国果蔬冷链物流面临的机遇与挑战[J]. 保鲜与加工，2011，11（3）：1-5.
[32] 黄埃，马婧峡. 一种微能耗的食品保鲜器[S]. 申请号：CN200820155735. 1，公开号：CN201360524.
[33] 武士威，李光哲，李娜，等. 天然表面活性果蔬清洗剂及其制备方法[S]. 申请号：CN200910012352. 8，公开号：CN101613640.
[34] 胡小松. 中国果蔬加工产业现状与发展态势[J]. 食品与机械，2005（3）：4-9.
[35] 孟令川，吕莹，陈湘宁. 鲜切菜贮藏保鲜技术研究进展[J]. 中国农学通报，2013，29（9）：190-196
[36] 朱宏莉，杨彬彬，张秀齐，唐卫霞. 果蔬保鲜加工 现状及发展浅析[J]. 食品科学，2006（10）：596-600.

[37] 谢国芳，谭书明，王贝贝，龙明秀. 果蔬采后处理和天然保鲜技术的研究进展［J］. 食品工业科技，2012，33（14）：421-425.

[38] 张雪峰. 切分果蔬的贮藏保鲜技术研究进展［J］. 绿色科技，2012（3）：252-254.

[39] 励建荣. 生鲜食品保鲜技术研究进展［J］. 中国食品学报，2010，10（3）：1-12.

[40] 汪国超，徐伟民，张麟. 果蔬保鲜方法的研究进展［J］. 包装学报，2011，3（4）：57-61.

[41] 刘颖，邬志敏，李云飞，等. 果蔬气调贮藏国内外研究进展［J］. 食品与发酵工业，2006（4）：94-97.

[42] Rodoni L，Casadei N，Concellón A，Chaves Alicia AR，Vicente AR Effect of short-term ozone treatments on tomato（Solanum lycopersicum L.）fruit quality and cell wall degradation［J］. Agric Food Chem 2010，58（1）：594-9.

[43] Antunes MD，Dandlen S，Cavaco AM，Miguel G Effects of postharvest application of 1-MCP and postcutting dip treatment on the quality and nutritional properties of fresh-cut kiwifruit［J］. Agric Food Chem 2010 58（10）：6173-81.

[44] Zhao D，Shen L，Fan B，Yu M，Zheng Y，Lv S，Sheng J. Ethylene and cold participate in the regulation of LeCBF1 gene expression in postharvest tomato fruits. FEBS Lett，2009，583（20）：3329-3334.

撰稿人：戴小枫　孙宝国　周光宏　胡小松　廖森泰　王　强

农产品质量安全

一、引言

20 世纪 90 年代中后期，我国农产品供需关系发生了重大的变化，实现了总量基本平衡、丰年有余的历史性转变，彻底改变了我国粮食或农产品供不应求的局面。人民生活水平开始由温饱型向小康型过渡，生活质量明显提高，农产品及食品消费市场也相应地发生了显著变化，质量安全问题越来越突出。消费者对质量安全的要求越来越高，社会关注度越来越高，农产品质量安全事件频繁发生，问题越来越复杂，国内外农产品技术性贸易措施越来越严，农产品贸易严重受阻。特别是我国农业发展进入新阶段以后，农业的主要发展目标和任务都发生了重大变化。发展目标上，既要保障数量安全又必须保证消费安全，由“数量安全”转向“数量安全与质量安全并重”。发展任务上，既要为 13 亿多人的温饱提供足够的食物，足够的农副产品，又要保证在充足供应基础上产品的消费安全。农业的发展目标和任务的变化与延伸，无疑对农业科技工作者提出了新的要求，从农业生产的源头保障农产品质量安全，已成为当前农业科技界所面临的重大课题和新的严峻挑战。农产品质量安全学正是适应国内外形势需要而逐渐形成的一门新兴学科。

（一）学科概述

农产品质量安全学是研究农产品从田间到餐桌全程质量的安全控制、确保消费安全的一门科学，既独立又与多学科密切相关，主要采用其他学科的理论和方法，研究从生产到消费全过程及食物链中与质量安全有关的理论、方法和规律的科学，并揭示生产过程、环境、原料、消费环节与农产品质量安全的关系。

（二）发展历史回顾

1. 学科初建期（20 世纪 80 年代后期）

改革开放后，伴随着家庭联产承包制等一系列农村改革政策的实施，农业生产得到全面发展，农产品产品大幅增长，供给能力不断增强，创造了以 7% 的世界耕地养活了 22% 的世界人口的辉煌成绩。特别是粮棉连年丰收，粮食等大宗农产品开始出现卖难现象。国家在重视农产品数量的同时，开始关注农产品质量安全问题。1992 年，基于我国农产品总量大幅增长，温饱问题基本解决，但部分地区、部分农产品出现“卖难”的实际，国务院做出了《关于发展高产、优质、高效农业的决定》，提出了我国农业在继续重视产品数量的基础上，转入高产优质并重、提高效益为主的新思路，并提出了将建立健全农业标准体系和监测体系作为更好地发展高产、优质、高效农业的重大举措。为顺应这一历史进程，1993 年 3 月，根据《中华人民共和国标准化法》和《中华人民共和国标准化法实施条例》的规定，农业部颁布实施了《农业部标准化管理办法》和《农业部国家（行业）标准的计划编制、制定和审查管理办法》，并组织农业系统专家开展农业标准制定、修订及前期研究。1999 年，农业部和财政部联合启动“农业行业标准制修订财政专项计划”，每年安排中央财政资金 3000 万元，专项支持农业行业标准的制定、修订工作，作为农产品质量安全研究的一部分，农产品质量安全标准研究得到快速发展和完善。

随着农业和农村经济发展进入新阶段，特别是我国加入世界贸易组织后，农药、兽药、饲料及添加剂等农业投入品的不合理使用，以及农产品的不科学收获、屠宰和加工等因素导致的农产品质量安全，不仅直接危及到人民群众的身体健康，而且也成为我国加入 WTO 后保护国内产业、扩大农产品出口的巨大障碍，成为加入世贸组织后我国农业和农村经济工作急需解决的突出问题。为突破农产品质量安全瓶颈，2001 年 4 月，经国务院同意，农业部启动了“无公害食品行动计划”，对农产品质量安全实施从“农田到餐桌”的全程控制，以促进食用农产品的无害化生产，保障消费安全。为适应农产品质量安全管理的需要，农产品质量安全检测技术、全程质量安全控制理论与技术、农产品质量安全管理理论等得到了极大的发展。

2. 学科发展期（2000 年左右至今）

由于农产品质量安全研究的蓬勃发展，2001 年，教育部批准在 60 所大专院校开设食品安全或相关的专业课程，2002 年开始招生。同年，中国农业科学院紧紧围绕全面建设小康社会及新时期“三农”重大问题等国家战略需求，结合学科自身发展规律、国际前沿发展趋势以及农科院肩负的历史使命和新时期发展战略目标，通过深入分析、认真讨论，将学科建设放到农科院改革与发展的极端重要位置，确定了作物科学、动物科学、农业微生物科学、农业资源与环境科学、食品科学与工程、农业质量标准与检测以及农业信息学、农业工程学、农业经济与科技发展等和 41 个一级学科、173 个二级学科的学科建设体系基本框架。作为 9 大优势学科群之一，农产品质量安全学科研究得到进一步的发展，开展了农产品质量安全风险评估技术、过程控制技术、快速检测技术、溯源技术等研究。2012 年，中国农业科学院启动现代农业科研院所建设，在全面分析国家重大需求和科技发展前沿基础上，优化学科布局，凝练优势领域，研究制定了中国农业科学院学科调整与建设方案，确立了以“学科集群—学科领域—研究方向”为框架的三级学科建设体系，明确了 8 大学科集群、130 多个学科领域、300 多个研究方向。

二、现状与进展

（一）学科发展现状及动态

1. 农产品质量安全检测及评价研究

目前，以化学发光、纳米材料、荧光物质、重组受体、适配体及生物芯片等新型功能材料及现代分子生物学技术为代表的高通量、低成本、现场快速筛选检测技术发展迅速。针对农产品各种有毒有害物质，研究建立新型、快速、在线、高效样品前处理技术，开发相应的前处理产品；利用新型功能材料及现代分子生物学技术，研发农产品质量安全快速检测技术，研制系列快速检测产品。同时，基于高分辨杂交质谱和全自动筛选数学统计平台的特异化合物的鉴定技术，研究农产品未知污染物的快速筛选技术体系，开展痕量 / 超痕量水平的残留确证检测技术，特别是应用色谱质谱联用技术研究建立多残留高通量确证检测技术，制定检测方法标准。

在农药残留监测技术和产品研发方面，已合成了有机磷类、菊酯类、磺酰脲类农药半抗原，合成了磺酰脲类、三嗪类和三唑类特异性人工抗体（分子印迹）聚合物，完成了有机磷类、菊酯类、磺酰脲类农药的半抗原与载体蛋白的偶联，构建了完全抗原并免疫小鼠，制备得到了三唑磷农药单克隆抗体，建立了荧光标记与三嗪类农药竞争性检测方法。开展了农药残留化学发光和纳米材料免疫分析技术方面的研究，重点研究了不同化学发光增强剂对鲁米诺—过氧化氢 -HRP 酶化学发光反应体系的发光增强效果，筛选得到了性能优良的化学发光增敏液，合成了对硫磷及克百威农药半抗原，并与载体蛋白偶联，构建了完全免疫抗原。开展了农药产品多组分快速鉴定技术研发工作，针对筛选出的常用和残留超标频率较高的农药品种，采用气—质—质或液—质—质等两类仪器分析方法，研究建立了 148 种农药上述农药的串联质谱谱库。

在兽药残留监测技术和产品研发方面，合成了阿维菌素、沃尼妙林、泰乐菌素、林可霉素、伏马菌素、呕吐毒素、红霉素、喹乙醇、苯乙醇胺 A、马杜霉素、盐霉素和 T-2 毒素等 12 种小分子化合物的免疫原，制备了上述药物的特异性单克隆抗体，丰富了已有的抗体资源库。建立了氟喹诺酮类等化合物的免疫分析技术，研发出了阿维菌素等兽药残留检测的 ELISA 试剂盒和胶体金试纸条 8 种。研究建立了氯霉素、氟苯尼考和氟苯尼考胺残留检测的化学发光免疫分析方法，灵敏度比常规酶联免疫方法高 1 ~ 2 个数量级。研究建立了检测动物组织中 30 种非甾体抗炎药残留超 UPLC-MS/MS 法，猪组织中硝基咪唑、苯并咪唑、氯霉素 3 类药物的 UPLC-MS/MS 方法，牛奶中阿莫西林和泼尼松龙的 UPLC-MS/MS 方法。

在违禁及未知添加物综合分析技术方面：以莱克多巴胺（RAC）和苯乙醇胺 A 为模板分子，形成了分子印迹薄膜（RAC-MIM）和分子印迹聚合物（P-MIMP），形成了基于荧光标记的检测卡读卡器，初步建立了基于纳米金粒子均相体系的尿液中克伦特罗的表面增强拉曼光谱速测方法，灵敏度达 2ng/mL。建立了动物组织、血液、尿液中苯乙醇胺 A 的 UPLC-MS/MS 检测方法和饲料中苯乙醇胺 A 的 UPLC 检测方法。研究建立了克伦特罗在反刍动物组织、血液、尿液及唾液中高精度确证技术 4 个，并配套研发了反刍动物毛发、血液、唾液及组织采集技术。形成克伦特罗可视化检测体，研发了基于纳米增强拉曼光谱检测香兰素、孔雀石绿、苏丹红、三聚氰胺的检测技术。

2. 农产品质量安全风险评估技术研究

依据《农产品质量安全法》，农业部于 2007 年 5 月在京成立了国家农产品质量安全风险评估专家委员会，委员会涵盖了农业、卫生、商务、工商、质检、环保和食品药品等部门，汇集了农学、兽医学、毒理学、流行病学、微生物学、经济学等学科领域的专家，也是我国开展农产品质量安全风险评估工作的最高学术和咨询机构。同时，2012 年农业部在全国建立了 65 个农业部农产品质量安全风险评估实验室，针对不同类型污染物，研究农产品中重要化学污染物的剂量—反应评估关键技术，开展暴露评估方法优化与风险关键因子研究以及农产品安全性风险指数（RI）研究，构建农产品质量安全风险评估与监测数据平台。在此基础上，开展农药、兽药、生物毒素、重金属等重点污染物的风险评估。

在风险监测方面：针对生物毒素、重金属、防腐保鲜剂、病原微生物、农兽药残留、违禁添加物等危害因子，对谷物产品（稻米、小麦、玉米）、油料产品（花生、油菜、芝麻）、蔬菜（问题突出的品种）、水果（苹果、梨、桃、葡萄、柑橘、荔枝、芒果）、食用菌、茶叶、枸杞、参茸、蜂产品（蜂蜜、蜂王浆、蜂胶及蜂花粉）、羊奶、禽产品（禽肉、禽蛋、乌鸡）以及脱水蔬菜和水果等食用农产品或初加工产品进行连续动态立体式风险隐患摸底排查和专项评估，共获得第一手风险监测数据 23 万余条，形成 23 份农产品质量安全风险监测与评估技术报告。

在风险评估共性技术方面，开展了剂量反应评估技术与方法研究，利用连续型、二分类型毒理学数据推导人体健康基准参考值，重点针对基准剂量 BMDL95% 置信下限筛选、背景值处理以及外推过程中不确定性等难点进行研究，初步确立了我国剂量反应评估中基准剂量评估技术。研究并建立农产品中化学污染物（特别是农药）累积性膳食暴露评估方法和阶梯式暴露评估方法，并提出基于该方法制定我国农药残留限量最大值的技术程序。开展农产品质量安全风险建模技术研究，通过风险监测平台进行表达，形成完整 4 套子系统，分别是：国家农产品质量安全监测信息平台数据上报系统 V2.0、国家农产品质量安全监测信息平台数据分析系统 V2.0、国家农产品质量安全监测信息平台综合管理系统 V2.0、以及农产品质量安全风险评估系统（包括中国连续型基准剂量反应评估软件 CBMDC V1.0、膳食暴露模拟分析模型 RAMA1.0、基于 Excel 辅助农药最大残留限量制定的暴露评估计算器等）。研究了概率评估的二维蒙特卡罗策略，研发了概率评估的 U-V 模拟分析方法，该方法在评估准确性和精度上完全能满足现阶段农产品质量安全风险评估的需要，值得推广。

在农药风险评估方面，借鉴 JMPR、OECD 和欧盟等国际先进的农药风险评估原理和方法，结合本国的农业生产实际和相关膳食数据现状，对我国现有的农药残留风险评估方法进行了优化完善。建立了食物摄入量调整系数、急性风险安全界限和消费者保护水平的计算模型，引入了急性风险评估技术，并以毒死蜱为例用市场残留监测数据进行了验证性评估，提出了残留试验点数对 MRL 推荐值的主要影响及其控制途径，形成了比较完善的农药残留风险评估和 MRL 值推荐技术方法。采用这套技术方法系统地评估了 6 种替代农药分别在 1 ~ 2 种蔬菜上的残留风险，并通过科学计算和综合分析，提出了 10 项 MRL 标准建议，均作为国家标准颁布。

在重金属风险评估方面，研究提出了《农产品中重金属危害膳食暴露评估指南》，对风险管理者判定特定百分位的风险值是高于还是低于所关注的风险水平提供了操作依据；提出重要农产品主要争议性重金属风险评估模型 5 个；按照《农产品中重金属危害膳食暴露评估指南》的要求，基于国际通行的点评估和 Monte Carlo 评估方法以及 U-V 模拟分析方法，设计开发了基于 BASIC 语言的桌面版 SAMDE 评估模型，该模型已获得软件著作权登记证书（登记证号：2011SR035946）。在 SAMDE 模型的基础上，进一步引入数据库与网络应用技术，采用 R 与 JAVA 语言混合编程的方式，设计开发了基于网络应用技术的“国家农产品质量安全信息监测平台风险评估系统（简称 RAMA 模型）1.0”（登记证号：2011SR097435），进一步提升了软件的运行效率和结果输出质量。

3. 农产品质量安全溯源技术研究

溯源检测技术就是通过一些物理、化学、生物学的方法来追溯产品的品种、饲养制度和地理起源以及产品在加工和储存中所经历的过程。其特点是在不知背景的前提下，获得各环节的信息，用于鉴别产品的真伪和来源。目前国内外已建立了一系列方法进行追溯，包括植物标记法、DNA 标记法、近红外反射光谱法、稳定同位素法。

在牛肉产地溯源与真实性识别方面，基于 DNA 指纹图谱标记牛肉溯源方法研究，筛选到了 17 对微卫星 DNA（SSR）引物，初步构建了不同种类牛肉的鉴别方法。开展了基于稳定性同位素牛肉溯源方法研究，已采集完成了山东鲁西黄牛样品及预计产地牛肉样品（全国五个采样点），完成样品中 4 种稳定同位素（C、N、H、O）和 20 种矿物元素含量的测定。

有机猪肉溯源与真实性识别研究：从英国食品与环境研究院引进了有机猪肉表征成分筛选与特征表征因子识别鉴定技术、产地溯源与鉴别指纹图谱解析与多变量化学计量学拟合技术以及利用化学计量学构建溯源模型的技术。研究得出了以下结论：利用稳定同位素技术研究发现碳（^{13}C）、氢（^{2}H）、氧（^{18}O）、氮（^{15}N）四种稳定同位素难以区分常规和有机生产方式来源的猪肉。测定的 31 种脂肪酸中，9 种脂肪酸在有机和常规生产的猪肉中差异显著（$P<0.05$），初步建立基于上述特征因子的有机猪肉溯源识别模型。

鸡肉、茶叶和蜂蜜溯源技术研究：建立了鸡肉中稳定同位素、矿物元素的检测方法，通过稳定同位素和矿物元素分析了茶叶与产地环境间元素指纹特征的相关性，以及不同产地和不同品种蜂蜜稳定同位素与矿物元素的指纹特征和分布范围。通过对北京、河北、辽宁等产地的油菜蜜、枣花蜜、荆条蜜中稳定同位素、营养指标进行分析，发现不同产地蜂蜜中测定的指标差异显著。典型鉴别分析模型（CDA）显示油菜蜜地理溯源准确度达87.5%，荆条蜜地理溯源准确度达94.4%。

4. 农产品质量安全源头治理及种养殖过程控制技术研究

主要研究重金属、持久性有机污染物环境过程，探索建立我国主要农产品产地安全控制因子及评价指标体系，提出适合我国农产品产地环境质量评价的方法和技术规程。针对农药、兽药、生物毒素等，开展其在农产品中富集分布、代谢规律及危害机理研究，开展消减规律研究，提出相应的控制技术措施。

在产地环境质量安全评价与安全性划分方面，在传统土壤污染评价指标体系的基础上，将土壤—蔬菜作为一个整体系统予以考虑，同时考虑蔬菜通过食物链途径对人体健康的风险，建立了包括土地支持系统、作物支持系统、产地环境支持系统三大系统在内的包括土壤属性特征、作物种植种类、农业投入品以及膳食结构、污染物影响等的46个指标。以系统学理论为基础，围绕土壤重金属空间变异分析，从地质统计准备、采样设计、实验室质量控制、探索性空间分析、数据平稳检验、模型拟合、插值、验证、结果输出等全过程的9个方面，形成了一套完整的基于空间变异理论的土壤重金属空间分布估计精度的控制技术方法。在此基础上，研究形成了农产品产地土壤重金属污染区边界划分的技术方法。

在兽药残留代谢研究方面，按照国际规范系统全面地研究了喹烯酮和乙酰甲喹的急性、亚慢性、两代繁殖/致畸毒作用的特点，提出了喹烯酮和乙酰甲喹毒作用的靶器官，同时揭示了喹烯酮和乙酰甲喹遗传毒性特点，为喹烯酮和乙酰甲喹的安全性评价及临床合理应用提供了大量基础数据。确定了喹烯酮和乙酰甲喹在动物体内的主要残留标示物、靶组织；研究建立了喹烯酮和乙酰甲喹及其代谢物的检测方法；依据毒理学数据和残留消除特点制定出喹烯酮和乙酰甲喹最高残留限量标准。

（二）学科重大进展及标志性成果

1. 农产品质量安全研究专业机构不断健全

农业部于1988年、1991年、1998年、2003年、2005年，共分五批规划建设了323个部级和国家级农业质检机构。截至2009年4月底，农业部共有288个部级和国家级质检机构正式对外开展检测工作。2006年8月，国家发改委批准启动实施《全国农产品质量安全检验检测体系建设规划（2006—2010年）》，总投资59.06亿元，已基本建立了部、省、县相互配套和互相补充的农产品质量安全检验检测体系，为农产品质量安全科学研究提供了强有力的技术平台。中国农业科学院于2003年正式成立了农业质量标准与检测技术研究所，组建了专门的学科团队，专门从事农产品质量、安全、标准及检测技术等方面的研究工作。同时，中国水产科学研究院、中国热带农业科学院等、中国标准化研究院、中国检验检疫科学研究院、中国疾病预防控制中心等也有专门团队，开展农产品及食品质量安全研究。地方层面上，除河北、山西、湖南、广西、海南、四川、贵州、陕西、青海 9 个省份外，其他均已组建了专业农产品质量安全研究所（中心）。2011 年，农业部启动重点实验室学科群建设，农产品质量安全为 26 个学科群之一，依托相关科研院所和大学，部署建设了 1 个综合性实验室、7 个专业性重点试验室的农产品质量安全学科群重点实验室体系。2012 年，农业部启动风险评估实验室建设，依托各省农业科学院专业研究所、部分质检中心，成立了 65 家农业部农产品质量安全风险评估实验室，进一步建立健全了农产品质量安全研究专业机构。

2. 黄曲霉毒素高灵敏检测技术取得重大突破

针对黄曲霉毒素自身分子小、免疫原性差、抗体亲和力低、交叉反应强、原有检测技术不能满足高灵敏现场检测的技术难题，农业部生物毒素检测重点实验室创建了黄曲霉毒素杂交瘤细胞株半固体培养基—梯度两步筛选法和阳性噬菌体展示抗体库，发明了黄曲霉毒素高灵敏和高特异性系列抗体细胞株 1C11、2C9、3G1 等；克隆出黄曲霉毒素单克隆抗体重链、轻链可变区基因，被 GENEBANK 收录；探明了黄曲霉毒素抗体高灵敏特异性识别的关键氨基酸位点为重链 H49 位丝氨酸和 H103 位苯丙氨酸，研制出基因重组单链抗体 1A7 和 2G7；建立了黄曲霉毒素总量和 M1、B1 分量流动滞后免疫层析、时间分辨荧光及免疫亲和荧光检测技术，并研制出试剂盒、免疫亲和微柱及免疫亲和荧光检测仪、单光谱成像检测仪和免疫时间分辨荧光检测仪，灵敏度比同类方法提高 10 ~ 50 倍。该研究获国家发明专利授权 6 项，并获转化应用；发表论文 48 篇，其中 20 篇发表在 *Analytical Chemistry* 等 SCI 源期刊，包括一区 TOP SCI 论文 2 篇，累计被引 129 次。研究成果解决了原有黄曲霉毒素检测抗体亲和力低、交叉反应强、灵敏度低、费用高、污染重等复杂技术难题，打破了国外对我国黄曲霉毒素高灵敏检测产品的垄断，2008—2011 年被国际真菌毒素学会写入真菌毒素分析领域年度进展报告，2012 年被 *Chemical Society Reviews*（IF=28.76）列为“当今毒素领域金纳米粒子免疫层析分析的典范”。已在粮油果等农产品、食用油、调味品、饲料、乳品等生产与质量安全监控领域和加拿大谷物官方实验室、北京大学、英国利兹大学、德国慕尼黑理工大学等国内外科研机构应用 3000 余台套，累计新增产值 181.3 亿元，税收 21.3 亿元，为保障我国农产品食品消费安全、提升我国农产品食品检测仪器自主装备能力、促进产业发展与国际贸易做出了重要贡献。成果获得中国农业科学院 2013 年科学技术成果奖一等奖。

3. 分子印迹技术的高效识别样品前处理技术取得可喜进展

基于分子识别原理，结合目标物化学结构特性，研制出了具有高度“类”特异性和选择性的分子印迹聚合物，并进一步制备分子印迹固相萃取（MIP-SPE）柱，实现三嗪类农药、磺酰脲类农药、氯霉素和三聚氰胺等的特异性分离富集。创新性地研制出表面等离子共振仪（SPR）核心敏感部件——分子印迹敏感芯片，并在此基础上建立了 SPR-MIP 敏感芯片检测技术。研制的三嗪类 MIP-SPE 小柱实现了 17 种三嗪类农药高效分离富集和测定，解决了传统 SPE 柱吸附特异性差、洗脱步骤复杂、再生能力弱等问题。与国外同类产品相比，增加了特异性吸附分析物的种类，提高了吸附效率。建立了富集技术应用体系，回收率 64% ~ 117%。研制的磺酰脲类 MIP-SPE 柱能同时分离富集氯磺隆和单嘧磺隆、噻吩磺隆，填补了国内外氯磺隆和单嘧磺隆 MIP-SPE 柱的空白。建立的磺酰脲类 MIP-SPE 富集技术应用体系，回收率 75% ~ 110%。在合成分子印迹膜的基础上，开展了分子印迹膜 - 芯片 - 表面等离子共振检测氯磺隆的创新性研究，方法检出限 50μg/kg，线性范围 50 ~1000μg/kg，为实现小分子物质检测奠定基础。研制的氯霉素、三聚氰胺 MIP 及其 MIP-SPE 小柱，对氯霉素、三聚氰胺具有高度的特异性和选择性。建立了氯霉素、三聚氰胺 MIP-SPE 富集技术应用体系，回收率范围分别为 91.8% ~ 118.9%，71% ~ 84%。开发的分子印迹快速检测技术和产品，不仅具有选择性高、快速、灵敏的技术优势，且成本仅为国外同类产品售价 1/20，且 MIP-SPE 柱可再生，重复使用 30 次以上（氯霉素 MIP-SPE 使用 70 次后回收率为 81%）。该成果不仅打破了国外技术垄断的局面，而且有创新和发展。2012 年 1 月 13 日通过了农业部科技成果鉴定，鉴定结论：整体居国际先进水平，并获得 2012 年北京市科技进步奖三等奖。

4. 奶及奶制品中重要化合物残留快速检测技术取得丰硕成果

利用计算机辅助设计和计算化学技术进行磺胺类、喹诺酮类、三聚氰胺等重要化合物半抗原的合理设计，构建最佳半抗原，突破了传统半抗原设计的经验性和盲目性，提高了制备出优良抗体尤其是广谱性抗体的成功率和准确率。采用比较分子力场分析和分子相似性指数分析建立了抗原—抗体的定量构效关系模型，用于抗体亲和力和特异性的预测和评价和指导“信息含量丰富”快速检测技术的建立，拓展了基于抗原—抗体特异性结合的快速检测技术基础理论研究。采用了组合抗体和多点设计模式，解决了同时检测结构不同多类药物的同时检测技术瓶颈。建立奶及奶制品等动物性产品中磺胺类、三聚氰胺、黄曲霉毒素等重要化合物的胶体金层析、酶联免疫、量子点标记、荧光偏振等快速检测技术，并研制出相应的检测卡和试剂盒。快速检测产品经北京市兽药监察所、四川省兽药监察所和农业部兽药安全监督检验测试中心（北京）等单位复核，性能与国外同类产品水平相当，部分指标优于国外产品，上述成果从理论研究到技术应用均具有明显的技术创新，研究水平达到国际领先。研制出的检测卡和试剂盒具有我国自主知识产权，其中磺胺类检测卡和喹诺酮类检测卡为国内外首创，三聚氰胺系列检测卡灵敏度和准确度达到国际领先水平。检测卡和试剂盒的价格仅为进口产品的二分之一左右，现已在食品安全质检机构、食品生产加工出口企业、养殖场等部门进行推广使用，取得了良好的经济效益和社会效益。这一项目研究的意义在于为我国动物性产品中兽药等有害化合物残留监控提供了技术手段和方法标准，保障了食品安全，同时为其他影响食品安全的重要化合物残留快速检测技术及产品的研发奠定了良好的基础。成果获得北京市 2012 年北京市科技进步奖三等奖。

（三）本学科与国外同类学科比较

1. 多类别污染物的综合分析技术已经开始得到了快速发展

农产品在生产、加工和储运等过程中，都可能受到农药、兽药、重金属、持久性环境污染物、毒素等多类别有毒有害物质的污染。例如，我国已发生的奶产品安全事件涉及污染指标从抗生素到三聚氰胺，从雌激素到皮革水解蛋白，从黄曲霉毒素到铅汞。蜂产品中的杀螨剂、抗生素、重金属和非法添加物等。这些污染物各不相同，互相交叉，而又同时残存于产品中。目前大量的检测方法标准主要采用色谱法或色谱—质谱联用法对性质相似的一类农药或兽药进行多残留确证检测，或采用传统的免疫试剂盒、胶体金试纸条等进行单一对象快速检测。

在仪器确证检测方面：目前的方法标准检测污染物或产品都还比较单一，效率较低，有待完善和优化。如我国制定的《乳和乳制品中黄曲霉毒素 M1 的测定》、《食品中铅的测定》《食品中有机氯农药多组分残留量的测定》《动物源性食品中 β- 受体激动剂残留检测》等标准，只是规定部分产品中单一或性质相近的一类污染物的检测，缺少可以同时检测多种产品、多类别污染物的方法。造成多指标检测时需要重复多次前处理进行每一个单指标的检测，耗时费力，成本高。而液相色谱—多级串联四级杆谱、全二维气相色谱—串联质谱等高尖分析仪器的出现成为实现多产品、多类别、多种污染物同步检测的重要技术支撑，多类别污染物的综合分析技术也因此而得到了快速的发展。

在快速检测技术方面：污染物免疫分析技术在世界范围内被广泛应用，其发展不断趋向简单化和集成化，然而随着混合污染问题的凸显和对混合污染检测要求的提出，现有技术已不能满足高灵敏定量分析要求。而基于化学发光技术的发射荧光、时间分辨荧光、显微光谱成像等技术与免疫技术、生物芯片技术等相结合，成为快速检测技术向高灵敏度、高准确性、多目标检测发展的重要方向。

在未知污染物鉴别技术方面：国内外已开始利用液相色谱—高分辨飞行时间串联质谱的精准分子量测定，以及高通量筛查能力对潜在的污染物进行快速的筛查鉴别。如 2011 年新型的“瘦肉精”类药物“克伦巴胺”等已经被鉴定出并列入国家残留监控计划中。而新型的离子迁移谱技术已经在肉品等农产品品质检测中得到了应用，在无须样品前处理的情况下可以对部分潜在污染物进行分钟水平内的快速识别，从而大幅提高未知物的筛查效率。而对于未知结构的污染物，更需依据多级碎片离子、核磁共振和指纹谱图等技术进行化合物结构的定性推断和确认。然而，这些研究工作目前国内均还处于起步阶段。

2. 多种化学污染物的协同或累积性风险评估逐渐得到重视

近年来，国际上非常关注农产品及食品中多种化学污染物联合暴露可能产生的风险或效应，有时也叫作“鸡尾酒效应”，而对此关注首先来自某研究发现外源性雌性激素之间的协同作用，其强度高于单个物质的风险，但该结果未被重复多次，因此未得以高度重视。但此后农业投入品，尤其是农药大量混用以及持续性有机污染物问题的严重混合累积性风险开始逐渐得到高度关注。

更注重高精尖前端技术为风险评估提供支撑：从美国环境保护署每年年度工作计划和欧盟“十二五”战略规划来看，近几年国外未来风险评估技术发展和应用会更多与前沿技术配套，同时也伴随着这些技术的飞跃而得到优化。如纳米技术、细胞组学、计算分子生物学和生命信息学等在剂量反应评估和暴露评估上的应用，通过这些技术的嫁接和转化，为风险评估在方法拓展和数据精准积累以及评估速度上提供更多途径和捷径。如美国环境保护署试图通过非晶硅模型和体外试验替代动物实验数据的研发，采样现代生物芯片和体外替代试验方法结合，寻求减少传统动物实验并提供相应准确数据的新方法生物学机制研究，同时当人类暴露于环境污染物中，该方法可更加敏感表征和精准探测到毒性阈值水平，为风险评估提供风险因子动态迁移规律及其含量变化的重要信息。同时，由于计算机技术的飞速发展，现代统计学贝叶斯方法、时间序列分析和空间统计分析、采样阵列（sampling array）、OP-FTIR 等方法在优化和完善风险评估技术以及数据上不断提供支撑。

更关注农产品中混合污染物累积性风险：随着对农产品质量安全问题认识的不断深入，当前认为污染物在农产品中往往不是以单一一种危害以及单一一种危害形式存在，同时单一一种危害也不是以单一一种途径对人体健康构成安全威胁。1996 年，由美国首先提出了混合污染物累积性（cumulative）和蓄积性（aggregative）风险评估的思路开始在《食品质量保护法（FQPA）》中得到体现，随后提出“风险杯”概念，也叫作“鸡尾酒效应”，即风险杯最大溢出阈值为人体每日通过多途径接触多种混合污染物。当“风险杯”可能溢出时，必须采取措施，如减少某种农药施用率、改变施药方式和收获间隔期（PHI），甚至停止某种农药使用等，以此规避风险。对于蓄积性评估，EPA 考虑了膳食、饮用水、农药残留等方面，及膳食摄入、皮肤接触、吸入等途径来研究。对于累积性评估，首先考虑了有机磷类（OPs）、氨基甲酸酯类以及归类为 B2 致癌物的三嗪类和氯乙酰苯胺类农药。这 4 类农药都具有累积性特征，但选定前两者主要是由于 EPA 具有在急性毒性研究方面的经验和成果，后两者主要由于该两类农药具有致癌效应。1996—2006 年期间，美国开展针对具有共同毒性效应机制的有机磷累积性风险评估技术来对美国所有食用农产品中 2000 余项有机磷类限量标准进行回顾、制定和修订。随后扩大到氨基甲酸酯、三唑类、拟除虫菊酯类农药。内分泌干扰物（EDC）对人类内分泌特别是生殖功能的干扰作用极其累积性效应近年来也引起了国际社会的强烈关注。其中，抗雄激素是 EDC 中的一大类，也具有累积性的联合效应。抗雄激素可与雄激素受体（AR）竞争性结合，从而抑制雄激素活性。有报导用腐霉利、乙烯菌核利、咪酰胺等具有抗雄激素活性农药的混合物饲喂雄性大鼠，阻碍了睾酮与 AR 的结合和生殖器官重量的减轻，导致了雄激素水平、AR 介导基因表达的改变，并表现出剂量相加的联合效应方式。欧盟食品安全局（EFSA）2008 年发布了开展食品中多种农药残留风险评估的科学意见，并用于指导农药最大残留限量值的制定。随后 EFSA 完成并发布了食品中有机磷类、氨基甲酸酯类杀虫剂及三唑类杀菌剂的累积性风险评估报告。其次，许多内分泌干扰物是已知和可疑致癌物。2008 年，OECD 工商咨询委员会（The Business andIndustry Advisory Committee to the OECD，BIAC）提出了内分泌干扰物分级筛选与检测框架草案。欧盟于1999年制定了内分泌干扰物的策略包括短期、中期和长期措施。短期和中期的重点是为优先名录收集相关资料，以指导研究和监测。1996年，美国通过《食品安全保护法》和《安全饮水法》修订案，敦促美国环境保护局（US EPA）加强内分泌干扰物的甄别方法研究。同年，美国环保局成立了内分泌干扰物筛选与检测顾问委员会（Endocrine DisruptorScreening and Testing Advisory Committee，EDSTAC）。1998年，在EDSTAC建议下，EPA启动了内分泌干扰物筛选项目（Endocrine Disruptor Screening Program，EDSP）对8.7万种化学物质进行筛选和检测。日本对内分泌干扰物研究主要由厚生劳动省（MHLW）、经济产业省（METI）和环境省（MOE）三个部门来负责。MHLW成立了内分泌干扰物健康效应委员会，针对内分泌干扰物累积性效应开展研究。事实上，通过我国农业部历年监测以及近几年风险摸底排查和专项评估工作发现，真正对公众安全健康带来风险的也正是农产品中混合污染物累积性和蓄积性风险，尤其是在叶菜类、水果类、畜禽类产品、油料产品以及乳制品上体现非常明显，但是由于缺乏有效的评估技术手段和储备，无法识别风险大小，更难以实现科学监管。

更关注农产品中混合污染物之间联合作用对累积性风险的影响：在毒理学里联合作用主要指不同化学物质作用在一起时产生的相互作用，包括增强、削弱或无作用等情形，即协同、拮抗或相加复合效应。描述多元混合物的复合（联合）效应理论有很多，如效应叠加法（effect summation，ES）、浓度加和法（concentration addition，CA）、独立作用法（independent action，IA）和毒性等效因子法（toxicity equivalency factor，TEF）等。毒性委员会2002年认为，有的污染物，在高剂量条件下累积性效应才得以体现，然而在低剂量情况下，协同或拮抗效应需要得到更进一步科学数据和试验。欧盟法规（EC）396/2005规定在制定农药最大残留限量标准时应考虑多种农药残留的协同效应，并采用累积性风险评估方法开展多种农药的安全性评价。雄性激素对于雄性生物早期生长发育至关重要。有关雄性激素实验研究的终点包括生殖器位置、外观变形、生殖器及其周边腺体重量等。针对抗雄激素类物质，Nellemann等曾采用优化的CA模型，选取雄性小鼠为研究对象，对腐霉利以及农利灵两种抗雄性激素污染物复合效应进行了研究，结果发现，在等摩尔配比下，两种物质表现出符合CA模型的加和效应。2004年，Hotchkiss等对雄性激素合成抑制剂邻苯二甲酸苄酯以及雄性激素受体（AR）拮抗剂利谷隆进行研究时发现，二者的混合物可明显抑制雄性激素的合成，并引起受雄性激素控制的器官运转发生改变。目前，虽然国内外有关EEDCs存在水平及其给人体健康带来显著内分泌效应的报道较多，但缺乏一种有效的限制标准来判断这类物质对人体健康的影响，导致衡量EEDCs的污染水平只能通过相对比较来判定。在这个问题上，美国已经在几年前率先迈出了重要一步。EEDCs复合效应研究已经取得了很大进展，这些研究大多针对同一种类的EEDCs，诸多实验结果能被CA模型较好地预测出来。低剂量EEDCs复合效应在很多研究中也有涉及，并引起越来越多科研工作者的重视，与此同时，传统毒理学的毒性研究方法受到了严峻的挑战。今后，不同种类的EEDCs（如雌激素类似物、抗雄激素类物质及抗甲状腺类物质）的复合效应研究的重要性将会日益凸显出来。伴随着上述研究，有关 EEDCs 的分类方法、暴露评估机制以及相关流行病学调查研究也亟待突破。

注重风险评估系统平台对风险评估技术的整合以及风险预警管理：美国非常重视信息平台的建设以及升级完善，尤其奥巴马政府上台，对农药数据计划（PDP）、食源性疾病监控网络等监测计划和系统进行大规模调整和优化，强化系统平台对基础性、应用性研究工作的整合和升级，更强调对应急处置、预警和风险管理的有效应用上。包括集成危害特征描述和暴露评估模型建立，信息通报和快速应急系统等风险管理决策软件和工具研发，通过网站、相关利益方通报等各种形式扩大知名度和实施风险交流，使风险管理程序简化并快捷。

欧盟目前已建立“国内外知名专家信息库”、“简明食品消费数据库”、目前，美国已建立整合所有风险评估方方面面的资源平台——“食品安全风险评估在线平台”，更是开发了 Calendex™、LifeLine™、膳食暴露模型（DEEM）、DistGEN、BMDS 等 10 余种代表当今世界高水平并用于具体实现风险估计的模型软件，建立闻名全球庞大的“TOXNET 联机检索毒理数据库”以及三大残留监测数据库，包括“农药数据计划（PDP）”、“膳食调查和农药残留监控计划（PPRM）”，以及“国家年度残留监控计划（NRP）”、“农药数据库”、“欧洲毒理学数据库”等。平台建设在各国食品安全中长期发展战略规划中历来都作为重要内容予以持续滚动、支持和推进。

3. 污染物在农产品代谢、迁移和消解等行为机制有待进一步研究

在农产品药物污染方面：在“十一五”期间国家设立部分课题用于农兽药残留在农产品中的残留代谢行为和控制技术研究，取得了一定的成效。如国家科技支撑计划项目“农产品质量安全共性与应急技术标准研究”研究了 6 种主要替代农药、3 种植物生长调节剂和 2 种我国自主创制的喹噁啉类药物分别在蔬菜、水果和畜禽上的残留代谢转化行为研究，阐明了这些污染物的代谢行为规律，明确了残留标志物，通过风险评估推荐了残留安全限量及安全使用规范等。然而，这些药物只是我国正在使用的大量农兽药中的冰山一角，目前对很多具有高风险的农兽药的残留行为仍不清楚，缺少开展安全评估、制定使用规范和监管措施等所需要的一手基础科学数据。

在生物毒素方面：近年来国内外对粮油产品中生物毒素研究不断深入，主要集中在生物毒素自身的理化特性、霉菌侵染机制、毒素代谢途经与基因克隆和抗产毒资源筛选与品种选育及毒素的检测技术等领域。对油料生物毒素的产生菌种及其菌落的形态特征，以及培养条件等已有大量深入的研究报道。中国农业科学院研究结果表明，不同作物，同一作物不同品种抗生物毒素产毒能力不同，并已筛选高抗产毒花生新品系。而对生物毒素（黄曲霉毒素、赭曲霉毒素、玉米赤霉烯酮、脱氧雪腐镰刀菌烯醇、T-2 毒素、棒曲霉毒素等）在大豆、花生、油菜籽、芝麻、葵花籽、亚麻籽等油料及其制品（油料饼粕、食用油等）形成与转化机理研究尚未见报道。不同地区的稻米中毒素种类有较大差异，如四川小麦的毒素以玉米赤霉烯酮（ZEA）为主，河南 ZEA 和脱氧雪腐镰刀菌烯醇（又称“呕吐素”，DON）均有，江苏以 DON 为主，且 ZEA 在收获后仍可增长。加工过程对谷类最终产品中的毒素水平有一定的降低作用，如清选使脱氧雪腐镰刀菌烯醇下降 5.5% ~ 19%；在磨粉工艺中，磨粉后麸皮的 DON 含量比小麦的含量增加了 48.3% ~ 51.5%。然而这些毒素在稻米种植、生产到储存和加工过程中的产生、转化等系统的行为研究还未见报道。

在重金属和持久性有机污染物方面：稻米镉的污染状况基本明确，修复技术尚不成熟。中国水稻研究所已探明镉主要积累在水稻根部，是籽粒的 100 ~ 1000 倍，以谷甘胱肽络合物的形式在体内转运。同时，其他科学家研究也表明，在镉的胁迫下水稻出现生理响应。在茶叶重金属研究方面，国内已开展了对局部茶园和茶叶重金属含量及污染的评价，茶树吸收重金属元素的特性，以及植物对重金属的生理响应机制和重金属污染土壤修复的研究。持久性有机污染物也是目前关注的污染风险因子，目前美国、日本等已针对不同基质样品中二噁英、多氯联苯、多溴联苯醚等 21 种 POPs 的痕量分析开展了深入研究，形成了一系列标准方法。我国近年来持久性有机污染物的研究水平得到了一定提升，但检测对象太少，目前仅建立了 PCBs 及有机氯农药的检测方法标准，对于这些环境污染物在农产品生产加工过程中的残留蓄积、迁移及代谢等行为研究较少，因此也无法制定合理的安全控制措施。

4. 农产品标准的整合与协调仍需进一步重视

国际食品安全标准主要在 WTO 卫生与植物卫生协定（SPS）框架下承认的 FAO/WHO 联合组建的国际食品法典会委员会（CAC）对成员国进行协调一致，国际兽医局（OIE）、《国际植物保护公约》（IPPC）等也参与相关领域的标准工作。目前，食品安全标准有从单个品种和指标向基础标准进行整合过渡的趋势，各成员国均在利用其技术优势提供污染水平、食物消费参数和相关评估等基础数据与评估模型及其软件，来影响食品安全标准制定的科学基础。美国和欧盟利用科技优势主导国际食品安全标准制定的强力地位仍然存在，如美国政府每年以 7 亿美元的经费支持标准的研究与制定；日本 1999 年 6 月至 2001 年 9 月投资数亿日元，历时 2 年 3 个月完成了日本标准化发展战略的制定任务。我国虽然制定了一系列有关农产品及食品安全的标准，但许多标准技术落后，缺乏科学性与可操作性，在技术内容方面与 WTO 有关协定和 CAC 标准存在较大差距。

三、展望与对策

（一）本学科未来几年发展的战略需求、重点领域及优先发展方向

1. 农产品综合分析技术

针对不同类农产品中多种污染同时存在的共性问题，采用生物芯片技术、免疫时间分辨荧技术、生物检测技术，攻克污染物特异性单克隆分子抗体研制与批量制备技术、有机荧光染料偶联技术、时间分辨荧光乳胶标记材料制备技术、污染物特异性抗体与荧光乳胶稳定标记技术、乳胶—抗体及固定化抗原等关键试剂组合与集成技术、混合污染物提取净

化技术、人体细胞芳香烃受体克隆技术、精准分子量匹配拟合技术、离子迁移谱技术等技术难题，研究建立农产品中各类污染物混合污染同步筛查前处理、快速排查和确证检测方法，研发相关产品。

以畜禽产品、粮油、果蔬、乳制品及茶叶等农产品主要污染物（生物毒素、农药残留、重金属、抗氧化剂等）为研究对象，攻克新型正相硅胶除油技术，多级碎裂质谱等技术，碎片拟合技术，二维核磁共振结构鉴别技术，污染物的化学结构解析技术等关键技术，计量学辅助指纹谱图判定技术等关键技术，研究建立基于 LTQ Orbitrap 高效液相色谱—质谱—质谱、全二维气相色谱—飞行时间质谱、二维核磁共振等未知污染物分析技术。

2. 农产品安全性风险评估与预警技术

复合污染物毒性叠加评估是世界性技术难题，利用世界认同的乙酰胆碱酯酶的联合抑制作用原理和抗雄性激素活性以及抗睾丸活性拮抗作用原理，攻克相应浓度、剂量相加等关键技术问题。以芹菜、菠菜、草莓、葡萄为对象，建立有机磷类和氨基甲酸酯类杀虫剂累积性风险评估技术；以特点产品为对象，建立混合抗雄性技术活性污染物毒性效能因子及其累积性暴露评估模型以及混合污染物综合评估风险排序技术和相应模型。

3. 农产品质量安全混合污染全程控制

防止污染物防控二次污染，建立科学的、生态的、可持续性的、适用的农产品混合污染物防控技术是农产品质量安全生产的关键性技术，通过解决关键控制点与风险预警阈值，预测模型和评价模型，有效生物的选用等关键技术，结合采用适合我国农业生产的栽培措施，研究农产品生产、加工过程混合污染防控技术。

4. 农产品质量安全管理及技术支撑体系

主要开展农产品质量安全管理体系与政策法规研究，农产品质量安全信息分析、预测及管理研究，农产品技术性贸易措施研究以及农产品质量安全标准体系及标准物质研究。

（二）本科学未来几年发展的战略思路与对策措施

未来几年内，要在现有基础上，着力开展关键、共性技术研究，按党中央国务院“从源头上确保农产品质量安全”、“提升食品安全水平”的要求，加强农产品质量安全技术和标准的集成与示范，促进科技成果向现实生产力的转化，为实现我国农产品安全生产目标和进一步提升我国农产品质量提供技术支撑。

1. 加快完善学科体系

在现有学科基础上，促进农产品质量安全学科和其他学科的交流，处理好传统学科的关系，完善形成一个学科特色更加明显、结构更加合理和面向国家重大科技需求的农产品质量安全科学体系。要集中力量，准确把握农产品质量安全学科发展趋势，积极发展新兴和交叉学科，培养新的学科增长点，实现学科良性健康有序快速发展。

2. 加快形成体系队伍

进一步整合研究资源，推动省（区、市）全面建立专业研究机构。在农业部重点实验室体系，谋划建立农产品质量安全科学观测试验站。继续加强农产品质量安全风险评估体系建设，推动建立农产品质量安全风险评估试验站，同时加强农业部质检体系风险监测与预警能力建设。在此基础上，最终形成以专业研究所为骨干、风险评估实验室为支撑、质检机构为基础的研究体系，形成跨单位、跨区域、跨系统的农产品质量安全科技协作网络，构建全国性农产品质量安全科技创新共享平台。

3. 深化国际交流合作

坚持“走出去，请进来”，建立稳定、通畅的国际合作渠道，开展多层次、多渠道的国际交流合作，吸收国外先进的研究方法，完善学科理论。积极主动参与国际科学研究计划，消化吸收国际先进技术，增强科技竞争实力和科技发展能力，提升创新研究水平，促进农产品质量安全科技实现跨越发展。

参考文献

[1] 叶志华. 推进农产品质量安全科技创新的战略思考［J］. 农业质量标准，2009（6）：7-10.

[2] 李培武. 农业质量标准与检测学科发展的思考［J］. 农业质量标准，2007（5）：10-12.

[3] 黎其万. 农产品质量安全学科建设和发展的思考与探索［J］. 农业质量标准，2007（6）：14-16.

[4] 王强. 浅谈农业质量标准与检测评价的学科建设和机构管理［J］. 农业质量标准，2007（5）：13-14.

[5] 陈晓云，王颖，詹德江，吕立涛. 农产品质量安全控制技术的现状及发展趋势［J］. 杂粮作物，2009，29（1）：61-62.

[6] 王强，高春先. 食用农产品质量安全问题及全程控制［J］. 浙江农业学报，2004，16（5）：247-253.

[7] 王晓红. 农产品安全中的质量控制研究［D］. 青岛：青岛农业大学，2008.

[8] 张奇，李培武，王秀嫔，等. 粮油真菌毒素检测技术研究进展［C］//2012 中国食品与农产品质量安全检测技术应用国际论坛暨展览会论文集. 2012.

[9] Yongxin She，Jing Wang，Yongquan Zheng，et al. Determination of Nonylphenol Ethoxylates Metabolites in Vegetables and Crops by High Performance Liquid Chromatography Tandem Mass Spectrometry［J］. Food Chemistry，2012（132）：502-507.

[10] Zhaowei Zhang，Peiwu Li，Xiaofeng Hu，et al. Microarray Technology for Major Chemical Contaminants Analysis in Food：Current Status and Prospects［J］. Sensors，2012（12）：9234-9252.

[11] Jiao Wu，Fei Xu，Kui Zhu，et al. Rapid and Sensitive Fluoroimmunoassay Based on Quantum Dots for Detection of Melamine in Milk［J］. Analytical Letters，2013（46）：275-285.

撰稿人：叶志华　钱永忠　王　敏　郑床木　陈天金

农业信息

一、引言

（一）学科概述

现代信息技术的发展使人类社会开始步入信息化时代，给人类社会和经济发展带来了广泛而深远的影响。随着现代农业科学理论与技术的快速发展和逐步应用，信息科学与农业科学的交叉渗透催生了农业信息学这一新兴学科领域。农业生产系统中充满着物质流、能量流和信息流，对信息的获取、处理、应用成为现代农业发展的特征之一，农业信息学就是在这种背景下产生的一门新兴的学科。

在农业信息学形成和发展过程中，许多专家学者从不同的角度给出了定义。概括来说，可以将农业信息学定义为：以农业科学的基本理论为基础，以农业生产活动信息为对象，以信息技术为支撑，进行农业信息采集、处理、分析、存储、传输等具有明确时空尺度和定位含义的农业信息管理与决策，研究和解决农业生产活动信息变化规律的科学。简要地说，农业信息学是运用现代高新技术研究和调控农业生产活动中信息流的科学，也可以概括为研究农业信息、认识农业信息和利用农业信息的科学。

从建立学科的基本内容来看，农业信息学体系由理论基础、技术体系、应用系统这三个方面组成。农业信息学的理论基础广泛，涉及信息科学、计算机科学、地球科学、系统科学、管理科学、生态学、土壤学、农学等多个学科领域，但其主要学术思想是将信息系统原理与信息管理技术等创造性地应用于农业产业系统的研究和管理。农业信息学的技术体系包括农业信息获取、信息处理、信息模拟、信息控制四个主要方面，主要表现为以卫星遥感、地理信息系统和全球定位系统为核心的现代空间信息技术，以及包括以数据仓库、模拟模型、人工智能、多媒体和网络技术等为代表的现代信息管理技术。农业信息学的应用系统以农业信息学的关键技术为基础，以农业产业的应用领域为服务对象，以农业信息流为主线，定量描述整个农业生产系统的过程及其与环境资源与社会经济的关系，实现农业生产系统分析、设计管理、决策调控的信息化和智能化，并广泛应用于优化资源配置、动态监测农情、预测作物产量、设计生产方案、实施精确管理等多个农业产业领域。

（二）农业信息学学科发展历史回顾

国外农业信息科学起步于20世纪50年代。美国部分农场采用计算机进行财务记账管理，农业经济学家利用计算机处理线性规划问题，标志着计算机开始应用于农业领域。60年代，计算机已普遍进入美国农业科研与决策部门。70年代，信息技术应用在美国兴起，并广泛应用于农业领域，陆续建立了一批包括联合国粮农组织的农业系统数据库（AGRIS）、国际农业生物中心数据库（CABI）、国际食物信息数据库（IFIS）在内的农业数据库。80年代，美国开展了以农业专家系统为重点的模拟模型研究，开展了网络在线服务。90年代，Internet出现并在农业领域得到了广泛应用，农业管理信息系统、农业模型系统、农业专家系统、农业决策支持系统等研发完成，并运用于农业生产实践，网络技术的农业应用日益成熟。21世纪以来，数字农业的兴起赋予了农业信息科学崭新内容和重要使命，通过地理信息系统技术、计算机网络和遥感技术来获取、传递和处理各类农业信息进入了生产实践阶段，卫星数据传输系统在农业领域的应用研究逐渐增多。

与国外相比，我国农业信息科学起步较晚，共经历了三个发展阶段。

20世纪80年代的起步阶段。70年代中后期，计算机应用技术开始进入我国农业领域，少数农业研究机构开展了计算机农业应用研究。1981年，中国农业科学院农业信息研究所从罗马尼亚引进了我国第一台Felix C-512大型计算机，建立了全国第一个计算机应用研究机构——中国农业科学院计算中心，开始了我国现代意义上的农业信息科学研究工作，如开展农业资源信息管理、农业规划和决策分析、农业生产实时处理过程中的科学计算等。至80年代末，全国农业部门拥有微机已超过千台，研发的国家农作物品种资源数据库、县级农业土地资源数据库、农业生产经济统计资源数据和农业科技情报信息库已具较高水平，有的已接近80年代的国际水平。

20世纪90年代的逐步发展阶段。随着信息技术的快速发展，尤其是Internet网络的普及，信息技术在农业领域得到了广泛应用，农业信息学的学科目标逐步形成，研究对象日益明确，特别是以科研任务带学科建设的特点比较明显。农业信息学按照国家计委《“八五”国家应用电子计算机改造传统产业规划要点（草案）》提出的“从现在开始要抓计算机技术在农业增产增收中的应用”要求，我国开展了农业模拟模型、农业专家系统和农业资源管理研究，并在系统工程、信息管理系统、农业遥感、决策支持系统、地理信息系统等技术领域开展了大量的研究工作。建成了包括《中国农林文献数据库》《中国农业文摘数据库》《中国农作物种质资源数据库》等在内的农林数据库56个，开发出1000多个适合于各类作物的智能化专家系统，研发了一批基于农业专家经验、知识的农业专家系统平台和基于模拟模型的作物栽培模拟优化决策系统，农业遥感信息采集分析技术已广泛用于作物估产、农业资源测量、病虫害及其他农业灾害预测预报和环境检测等方面。

21世纪之后的学科成熟阶段。农业信息学研究对象进一步细化，研究方法逐步成熟，学科理论逐渐形成，学科体系日益完善。在“十五”、“十一五”、“十二五”国家农业信息科技相关研究项目的支持下，设立了现代农业技术领域项目，全国各科研单位、高等农业院校科技工作者大力开展农业信息科技创新工作，解决了农业信息科技领域中的一批关键理论与技术问题。如在农业信息技术方面实现了作物模型、遥感、地理信息系统的有机结合，建立了生长猪营养成分利用模拟模型，建立了作物冠部生长和作物根部生长虚拟三维模型，建立了辅助决策数据库和模型库，实现模型库系统和数据库系统的有机结合，实现了远程实时网络视频传输、数据采集、无线传播、实时图像传输、实时交互声音和文字传输等功能，建立了农业"云计算"及服务平台，构建了农业物联网技术体系，研建了软件和硬件一体化的精准农业生产技术平台，从信息采集、信息处理到精准实施等主要环节实现专业化运转。

二、现状与进展

随着现代信息技术的发展和渗透，特别是近年来物联网、云计算和大数据等学科理论和技术的突破与熟化，农业信息学学科理论和方法体系的发展也呈现出装备化、智能化、协同化的特征，信息技术在农业生产、经营、管理决策过程中发挥出越来越显著的作用，新型的信息产品和工具不断涌现，为我国农业的发展与转变提供了重要手段。

（一）学科发展现状与动态

1. 农业信息学科理论和技术发展呈现出智能化、装备化特征

现阶段，农业信息学的理论体系和技术方法正在走向成熟，农业信息学的研究更加面向实际农业科学问题的解决，并越来越注重研究深度和实用性的结合。

随着农业物联网技术的发展，农用无线传感器及无线传感器网络技术、RFID 电子标签技术在农业领域得到了广泛应用，为农业数据和信息的获取提供了强有力的手段；而云计算技术的发展，使分布式计算、分布式数据融合、并行计算成为可能，为农业数据和信息的融合、关联提供了技术支撑；而大数据技术则进一步将已有技术进行集成，并提供了更加强大的数据抽取、转换、装载，数据分析和数据可视化技术，为农业数据和信息的集成、处理和表达提供了方法和工具。因此，在理论、方法和工具方面，农业数据和信息获取、集成、处理、分析和展现的理论、技术和方法日趋成熟，为智能化的农业数据处理、决策奠定了基础，并具备了适用性农业智能装备研发与生产的条件。

2. 现代农业信息技术体系日益完善

（1）智慧农业技术体系

智慧农业是随着农业信息学科的发展逐渐发展演变而成的农业生产的高级阶段。是集新兴的互联网、移动互联网、云计算和物联网技术为一体，依托部署在农业生产现场的各

种传感节点和无线通信网络实现农业生产环境的智能感知、智能预警、智能决策、智能分析、专家在线指导，为农业生产提供精准化种植、可视化管理、智能化决策。

针对我国小麦、玉米生产管理和我国华北地区主要粮食作物小麦、玉米连作种植方式，中国农业科学院农业信息研究所研究开发了以单作模型为内核的小麦、玉米及其连作智能决策系统，能根据用户的不同需求，进行模拟、管理方案推荐、智能决策，进而实现作物生产的优化管理 并提供最佳灌溉、施肥和管理辅助决策信息和管理知识。

中国农业科学院农业信息研究所还构建了用于大田作物、茶树、苹果、梨的 824 种病虫草害的数据库和 9 个诊断知识库，攻克了病虫草害自动识别技术、基于 XML 的农业专家系统构建技术、基于 SDD 的智能数据检索技术、基于二叉树的病虫害识别模型构建技术、基于 Linux 的手持水稻虫害诊断仪的研制技术、多模式接入与主动式网关技术、专家在线咨询（expert map）技术等。

南京农业大学农学院构建了小麦、水稻管理知识模型、生长过程模型及决策支持技术，创建了广适性的小麦、水稻管理知识模型，可定量设计不同条件下作物产量目标、适宜品种、播栽期、基本苗、肥料运筹和水分管理方案；构建了小麦、水稻生理生态过程模型及生产力形成模拟模型，可定量预测不同情景下作物生长发育状况及产量品质指标；建立了基于模型与 GIS 耦合的小麦、水稻管理决策支持系统，实现了从田块到区域尺度作物栽培方案设计、生长动态预测和管理调控决策的定量化。

在畜禽养殖方面，利用无线传感网络传送动物信息，解决了饲养动物生理特征信息实时传输的问题；开发了畜禽舍环境参数（如温度、湿度、光照、大气压和氨气浓度等指标）进行实时监测，并能智能化地根据设定的环境指标上下限自动控制畜禽舍相关设备如风机、风扇、湿帘和电灯等的开启，最终达到将畜禽舍环境参数精确自动控制；研发出家养牲畜远程健康监控系统，利用 GPS、脉码血氧计、温度传感器、电子地带、呼吸传感器和环境温度传感器获取动物健康信息。

水产养殖方面，中国农业大学将水质监测无线传感网络运用到河蟹养殖环境监测。基于 ZigBee 无线网络技术及传感器技术，设计了淡水养殖溶氧浓度自动监控系统，实现了溶氧浓度和温度等参数的实时监控。

在农用传感器领域，中国农业大学研制了 SWR2 型土壤水分传感器，SWR3 型土壤水分传感器，为农业数据获取提供了技术手段。此外中国农业大学还研制了 TSC—Ⅱ、Ⅲ、Ⅳ、Ⅴ型土壤水分快速测试仪，以及 TSC 型土壤墒情远程采集与监控系统，用于土壤墒情监测和节水灌溉，在农业水利气象等领域有着广阔的应用前景。

（2）农业生产机械与装备

现阶段，农业生产机械智能化、自动化已不仅是降低农业生产成本的需要，更是提高农产品品质的必然要求。在现代信息技术推动下，农业生产机械与装备智能化、自动化的已成为新型农机发展的必然趋势。

农业智能装备技术是 21 世纪现代农业科技发展的重要方向。从世界农机装备产品的发展进程来看，实际上就是农业机械装备专业技术不断融合液压、仪器仪表、自动控制、微电子、信息与生物等高新技术，向智能化、机电一体化方向快速发展的过程。

当前，自动化控制技术在农业生产机械与装备领域已经得到广泛应用。如通过 GIS 测算播种机行驶速度结合机载传感器感知种子数量的技术实现合理播种的技术；通过传感器监控谷物干燥机温度，使之自动维持热风温度，遇突然断电或干燥机过热引发火灾时，即可自动掐断燃料供给；利用物联网技术控制炒茶过程的温度，实现炒茶机械智能化操作，以节省人工成本、减少生产过程中与工人接触产生的污染，使干茶产量提高 10 倍。

在节水灌溉技术领域，我国先后研制开发并改进了微喷灌设备、微灌带等流量滴灌设备、压力补偿式滴头等设备，不断总结适合我国国情的微灌设计参数和计算方法，建立试验示范基地，实现部分地区的自动化灌溉系统，可通过自动启闭水泵依照一定的轮灌顺序长时间地进行灌溉。由计算机整理分析和设定控制程序，通过“加压滴灌施肥系统”，按设定程序无线遥控干、支管上电脑阀门，按轮灌组分区实施灌溉、施肥和打药等，整个过程均为自动化控制操作。

中国农业机械化科学研究院将物联网与大型农业机械融合，取得了大量成果。如联合收割机收割高度的自动控制；脱粒机喂入量自动调节；根据稻麦的生长情况改变行驶速度及方向，降低割台损失的自动控制调节装置；感应已收割区域和未收割区域，精细调节出草口气流方向的自动调节控制装置等。在移栽机械领域，我国研发出了蔬菜移栽的自动供苗塑料穴盘设备、洋葱苗的输送带式自动移栽设备以及甜菜苗的传动链式自动移栽设备等。

在田间管理机械领域，目前田间管理机械能够依据作物和土壤的特性，利用传感器收集信息，如利用土壤硬度的差异感应已作业或未作业区域，利用传感器检测作物的收割与未收割部分等。再如无人值守的旋耕机、割草机、自走式联合收割机、自走式农药喷雾机等直接导向无人自动操作装置；利用无线遥控操向的割草机、插秧机、农药喷雾直升机等间接导向无人自动操作装置等。

中国农业科学院农业环境与可持续发展研究所研制的智能化数字植物工厂通过设施内高精度的环境控制，实现农作物周年连续生产，由计算机对植物生育过程的温度、湿度、光照、CO_2 浓度以及营养液等环境条件进行自动控制，实现智能化管理。采用智能控制技术的植物苗工厂种苗均匀健壮，品质好，单位面积育苗效率可达常规育苗的 40 倍以上，育苗周期可缩短 40% 以上；蔬菜工厂栽培方式选用 DFT（深液流）水耕栽培模式，运用智能控制技术后，所栽培的叶用莴苣从定植到采收仅用 16 ~ 18 天时间，比常规栽培周期缩短 40%，单位面积产量为露地栽培的 25 倍以上。

浙江大学采用荧光分析、机械光路设计、电子传感检测、软件界面控制等手段，实现了高精度、高稳定性、低功耗的叶绿素自动检测系统，为作物生长状况的快速检测提供了技术手段。

安徽省农业企业通过物联网、计算机视觉等技术的集成进行种子的形态识别、分拣和品质检验，为种子物料质量控制提供了技术手段，有效避免了农业生产损失。

（3）农业监测预警

农业监测预警主要研究内容包括农产品生产、消费、农产品市场等环节的信息监测、信息分析与预警研究，相关信息采集设备与终端分析处理系统的研发，促进农产品信息监测分析的标准化、及时化和精准化，实现农业信息分析与预警工作的智能化。

在农产品数量安全预警研究方面，中国农业科学院农业信息研究所以水稻、小麦、玉米、大豆、棉、油、肉、蛋、奶、果、菜、糖料等12种主要农（畜）产品为研究对象，开展了产品的生产、市场信息搜集、分析预警技术研究。构建了农产品短期分析的干预预测模型，从试验基地采集数据进行模拟计算，对水稻生产和消费分析结论。对畜产品和乳制品2个专门品种的预警专题研究结果，由农业部定期在网上对外发布。

在农产品市场价格预警技术研究方面，农业部农业监测预警研究中心围绕农产品市场价格采选与监测、价格分析与预测等主要目标，研究农产品市场价格预警模型及其应用。在网络化的农产品批发市场价格采选与监测方面，针对全国近30家产销地批发市场网站的实时价格信息，研究互联网页智能分析与数据挖掘等共性技术，建立指标体系统一、时间序列完整、地区与品种分布细化的农产品信息实时采集与共享数据库，实现对农产品价格波动的适时监测。在农产品市场指标预警方面，研究了农产品市场价格波动规律，确立先行、同步和滞后指标体系方法，研究先行指数、同步指数和滞后指数等模拟模型技术以及警情和警兆的网络化和可视化表达技术。

在农产品市场信息分析预测技术方面，农业部农业监测预警研究中心开发成功了我国第一个在Linux操作系统及oracle数据库管理系统环境下，实现基于XML和Java以及其他Internet技术综合集成的农产品市场信息分析预测网络化平台。

中国农业科学院农业信息研究所开发了一种多功能一体化农产品市场信息采集终端——便携式农产品全息市场信息采集器。该设备通过全球定位技术（GPS）对采集数据进行精确定位匹配，通过3G/Wi-Fi网络传输技术，保证采集信息的及时、高效传输；利用嵌入式开发技术研制了两种智能手机客户端，可以在目前市场上流行的智能手机中进行安装使用；设备还内置了《农产品全息市场信息采集规范》和《农产品市场信息分类与计算机编码》两个行业标准，保障了数据采集的规范性和准确性；设备还能够与课题组开发的中国农产品监测预警系统无缝结合，对粮食、油料、糖料、蔬菜、水果、肉类、蛋类、奶类、水产品、棉麻类等11大类农产品进行并行数据分析和市场价格预测预警。该设备目前在天津、河北、湖南、福建、广东5省市50余个农产品市场试点应用，每日采集上报69个品种的田头市场、批发市场、零售市场的价格数据。

广东省的粮食安全预警机制主要包括3个方面的内容：一是数据收集机制，包含机构设立、网点布局、人员配置和数据库构建等方面，收集的数据有粮食生产情况、粮食购进情况、粮食流通领域情况、粮食消费情况和与粮食相关的人口增长、收入增长、经济发展等相关因素的情况以及气候变化和灾害情况；二是数据分析机制，包括机构组织设立、预警指标体系、模型分析体系和专家库的构建；三是预警预报机制，包括信息反馈系统、信息发布系统和信息工作制度等方面的内容。

沈阳农业大学研究了生猪价格周期的运行规律和生猪价格波动的形成机理，分析生猪价格波动的原因在于外部冲击导致经济波动和内部结构两个方面，提出了应充分发挥政府宏观调控作用、实现科学化养殖、加强流通环节建设及积极拓展消费市场的政策建议。

北京市农业局信息中心在综合分析北京蔬菜市场特点的基础上，围绕蔬菜供应安全、市场平稳运行和保护蔬菜生产的目标，设定了3类预警指标：批发市场日均上市量指标衡量供应水平、预期收益与成本对比指标衡量生产效益、批发与产地价格比值以及批发与农贸价格比值指标衡量流通环节收益。并提出预警工作应遵循政府主导多方主体参与的原则，采取多种措施保障蔬菜市场预警工作的实施。

（4）农业信息管理与服务

农业信息管理与服务是针对农业不同形态、不同属性、不同用途的农业信息应用不同系统进行组织、协调、控制的方法。主要研究内容包括农业文献资源信息管理、农业自然资源信息管理、农业科学数据管理、农业信息系统管理等。

在农业文献资源信息管理方面，国家农业图书馆通过信息资源整合与优化配置研究，优化农业文献信息资源收集与馆藏结构优化配置，提高科研人员使用文献资源的效率。建成了我国农业科技领域第一个大型集成服务系统——中国农业科技文献与信息集成服务平台（NAIS），集资料查询、知识传播和信息服务为一体，平台实现了网络信息智能采集与分类，信息订阅与推送的综合集成，智能采集系统提供基于多种分类分词算法的农业信息分类，采用Java与XML技术，平台为用户提供了基于WEB的“一站式”网络数据库集成检索服务，在国内率先实现在集成检索中对信息附件的下载，支持对超复杂网络数据库的集成检索、异构数据库并发访问的容错控制与管理以及集成检索过程中的结果异步刷新。

农业科学数据共享中心项目（agridata，简称农业科学数据中心）是由科技部“国家科技基础条件平台建设”支持建设的数据中心试点之一。其主要工作是搜集、发布和共享各种农业科学数据，从而为农业科技创新、农业科技管理决策提供农业科学数据信息资源的支撑和保障。截至2011年年底，农业科学数据中心共有12个大类共62个主体数据库，694个集成数据集，数据量达到了448.93GB。作为我国农业领域最大的科学数据集成、共享、发布项目，农业科学数据共享平台的研发引领了我国农业信息管理与服务领域的多项技术创新，如全文检索、知识组织、语义网和本体论、元数据理论与方法、农业信息服务软件架构、文本库构建、中文分词、大文本索引、数据抽取、数据检索等领域的前沿技术均在农业科学数据共享平台得到发展与应用，为我国农业科研提供了重要支撑。

我国农业部组织各级农业部门的市场信息系统，依托“金农工程”、“三电合一”项目成果，通过“12316”三农热线、农业信息网站、广播电视节目、手机短彩信服务平台等方式，发挥现代信息技术优势，结合农业综合信息服务平台的应用，在全国开展“12316信息进农家”活动，促进农业监测预警、农产品和生产资料市场监管、农村市场与科技信息服务等信息进村入户，指导农业生产、经营活动，满足农民群众的个性化信息需求，提升信息化服务“三农”的水平。

国家农业信息化工程技术研究中心利用嵌入式技术、智能决策技术等关键技术，采集、加工整合作物、蔬菜、果树、花卉、畜牧、水产6个方面农业知识，研究玉米、小麦、棉花、黄瓜、桃、葡萄、猪、奶牛、月季、草坪淡水鱼等25个系列系统，实现数据采集、数据管理、智能决策、短信推送、语音提示，3G视频服务等功能，有效拓展了农业信息服务渠道。

（二）学科重大进展及标志性成果

2011—2012年，我国农业信息学学科，特别是作物丰产关键技术应用、农业生产智能装备、遥感监测、农业物联网和农业信息智能服务5个领域特色明显、优势突出、应用前景广阔的学科分支领域，在科研项目数量、规模、经费、成果水平方面不断提高，取得了一批有创新性和良好应用前景的新进展，并荣获国家科技进步奖一等奖2项、二等奖9项以及多项省部级奖项。

1. 作物丰产关键技术应用领域

长期以来，作物丰产关键技术应用作为农业信息学的基础分支学科，在解决我国主要农作物“优质、高产、高效、安全、生态”一系列关键性、全局性、战略性的重大技术难题方面一直发挥着重要作用。近年来，我国在丰产定量分析与决策、作物高产高效生产专家系统、病虫害防治与预警技术等方面取得了丰硕的研究成果，不仅使本学科的理论与技术水平得到很大的提高，也推动了农业信息学学科的发展。

我国在玉米高产高效生产理论及技术体系研究方面取得国际先进水平，建立了13套适应不同生态区域的玉米高产高效生产技术体系，发布实施地方标准9部，并利用信息服务、决策技术、网络技术构建了科技推广网络和信息化服务平台，在全国16个玉米主产省76个科技入户示范县推广，取得显著社会、经济效益。扬州大学等创立了水稻高产共性生育模式与形态生理精确定量指标及其使用诊断方法，构建了水稻丰产精确定量栽培技术体系，促进了我国水稻栽培技术由定性为主向精确定量的跨越。国内近几年在作物病虫害防治与预警技术取得了丰硕成果，部分技术基本达到国际先进。西北农林科技大学等单位组成的项目组从1991年起开展全国大协作，对我国小麦条锈病菌源基地综合治理技术体系进行整合。国内高校与研究所在发改委、科技部、农业部等项目计划的自助下，作物丰产关键技术应用领域已经形成了丰富的技术积累，如作物模拟模型、精确施肥、作物生产管理辅助决策等技术，在国际上产生了良好的影响。

总体来说，作物丰产关键技术应用领域需要更高的技术创新，不断地发展生物信息学、农业水肥调控机理、作物模拟模型、病虫害监测预警与智能诊断等一系列关键技术，为农业信息学学科的发展奠定坚实的基础。

2. 农业生产智能装备

近几年来，我国在农业生产智能装备的研究紧跟国际步伐，取得了可喜的成绩，肥水精量实施、农机作业智能指挥调度、精量播种、田间自动导航等方面均取得了重大的突破。

随着农业信息技术的快速发展，传感器网络、决策支持、Web服务、3S、智能控制等精准农业技术在农业智能装备得到广泛应用，国内在智能装备研制方面取得了丰硕的成果。中国科学院南京土壤研究所等研发变量施肥装备，解决了我国缺乏适用的变量施肥装备难题，创造性地提出适合国情的变量施肥智能控制三模式，攻克了负载观测补偿的电液混合驱动、开口转速双变量精密控制关键技术，建立了多变量协同最优施肥量控制模型，研制了GPS/GIS变量施肥、旋耕、播种复合机，实现了肥料按需精准变量投送。山东理工大学、江南大学、江苏牧羊集团有限公司等研究了稳态化挤压与成型技术、挤压催化与生物转化技术、螺杆柔性组合与压力—温度分段控制技术、高性能系列化挤压机的制造技术等挤压加工与装备关键技术，并在农产品高值化挤压加工工艺、挤压装备应用以及挤压机性能提高等方面取得突破。国家农业智能装备工程技术研究中心最新研发拖拉机GPS自动导航系统在国内产生了良好的影响。

农业生产智能装备研发方面，要充分运用数字化精准农业技术对传统的农业装备产业进行升级和改造，大力发展更多更新的技术。

3. 遥感监测

近几年来，遥感监测研究取得了具有较高显示度的标志性成果，在多源多尺度农作物遥感监测技术、标准制定、土地资源评价、地理模拟系统的理论和方法等研究方面都取得了原创性的研究成果。

中国农业科学院资源区划所等单位开展主要农作物遥感监测关键技术及业务化应用研究，取得了丰硕的研究成果。首次建立了农作物信息天（遥感）地（地面）网（无线传感网）一体化获取技术，在国内率先研制了面向农作物遥感监测的光谱响应诊断技术，创建了多源多尺度农作物遥感监测技术体系，制订了系列标准规范，建成了国内首个唯一稳定运行超过10年的国家农作物遥感监测系统。中国土地勘测规划院等单位联合研究了全数字化土地资源评价关键技术与工程应用，研发了土地资源评价数据一体化采集和数据自动整合、评价因子空间量化自动表征、自适应建模与系统集成等关键技术；自主开发了全数字化多用途土地资源评价业务系统平台，构建了我国全数字化土地资源评价成套技术体系，实现了计算机技术模拟人工土地资源评价过程以及土地资源评价的产业化应用。

国内在农业经济空间信息服务关键技术、智能数据采集、遥感影像数据分析等方面研究也比较深入，取得了实质性的研究成果。

4. 物联网

近年来，农业物联网领域的研究非常活跃，我国也在农业传感器、RFID、数据采集与传输、数据决策与管理、物联网应用等各细分领域取得了关键的技术进步，达到了国际先进水平。

2010年8月，中国农业物联网研发中心成立，该中心大力推进农业物联网关键技术攻关，着重面向农业领域的数据感知技术研究和设备开发，推进农业物联网应用基础设施建设与标准规范制定，强化物联网技术对农业产业的支撑引领作用，通过建设应用示范工程和实施标准、专利战略，在农业领域的一些重要环节初步实现物联网应用进入国际先进行列，显著提升我国农业信息化水平。

作为中国第一家农业物联网研究推广机构，“国家软件与集成电路公共服务平台农业物联网创新推广中心、上海农业物联网应用工程技术研究中心”于2012年正式获批成立，整合了上海农业信息公司、上海交大、上海海洋大学、上海标准化研究院等多家资源。该中心已在上海、江苏建立起近30万亩“智慧农业综合应用示范区”，围绕水稻生产、加工、销售等环节，综合利用物联网技术，自主研发了“田间环境综合感知站”。采用空中移动传感技术、超远距高清视频感知技术，实现水稻全产业链的智慧生产和管理，降低了农药化肥等投入品的使用，提升了稻米产出率及品质，并减少了人工投入和加工损耗。天津市作为农业部确定的全国三个“农业物联网区域试验工程”试验区之一，从都市型现代农业建设需要出发，以设施农业和水产养殖为重点，以物联网信息技术为支撑，以“重点突破、行业应用、整体提升”为原则，以提升设施生产能力，确保农产品质量安全为目标，集成示范物联网感知、传输、决策及应用相关技术和设备，实施五项主要工程，形成符合天津实际的农业物联网应用技术体系，探索具有天津特色的农业物联网建设模式和高效试验机制。2012年安徽省明确提出全面推动农业物联网发展，制订了省农业物联网工程建设方案，启动了农业物联网工程试验示范县工作，重点研究了农业物联网理论、农业物联网技术攻关和标准、综合服务平台和大宗农作物“四情”（苗情、墒情、病虫情、灾情）监测调度系统等应用平台等，取得了许多有价值的研究成果。

随着国家“十二五”规划将物联网纳入国家战略性新兴产业，物联网正在逐步成为社会和经济发展的热点，发展环境不断优化，物联网在智慧农业等领域呈现出良好的发展态势。中国电子商会物联网技术产品应用专业委员会、中国农业科学院农业信息研究所、国际OID注册中心联合就农业物联网在标准建设、应用示范、产业服务等方面开展工作，取得了很好的效果。

5. 农业智能信息服务

农业信息服务是农业信息学最早的应用领域，也一直是农业信息学理论、方法和技术创新的热点领域。近年来，我国在农业信息规范采集、智能处理和个性化精准服务等关键环节开展研究，取得了突破性创新成果，从很大程度上解决了以往农业信息服务中存在的不规范、不及时、不精准的问题。

中国农业科学院农业信息研究所围绕农业信息智能服务关键技术进行了攻关。在农业信息规范化采集环节，研究团队提出了三维模型农业信息分类标准体系构建方法，制定了基础性标准及规范，创建了农业信息分类映射方法，实现了多源异构信息的获取与融合，提高了农业信息采集的时效性和准确性。在信息智能处理环节，研究团队创建了具有自组织能力的小麦、玉米、花生、甘薯协同模拟技术，建立了农业生产时空信息处理与分析技术系统，研发出应用系统27个，提升了农业生产管理决策的效率和科学性。在个性化、精准化信息服务环节，研究团队针对农业海量信息整合困难、服务功能无法协同的难题，创建了数据字典与元数据映射技术方法，实现了农业信息底层融合；提出了多源信息服务间的统一规范接口管理方法，研制出智能应答、互动视频、短信息服务等终端服务功能构件，开发了农业农村综合信息服务系统，实现了信息资源与服务功能的有效协同；研发了农业新品种、良种电子商务交易平台，农产品价格信息发布预测系统、食物安全信息共享与公共管理系统（CFS），满足了我国不同区域、不同用户的个性化信息需求。

（三）本学科与国内外同类学科比较

虽然近几年国内在农业信息学学科领取取得了许多重要的理论研究成果以及有价值成果，但是与世界最先进水平相比还存在一定差距，具有原创性成果不多，缺乏创新能力，许多研究在总体上还没有跳出跟踪研究的模式。

1. 农业信息学理论与方法研究

发达国家从 20 世纪 50 年代开始研究计算机在农业上的应用，从 20 世纪 70 年代以后逐步成为一个热门领域。其名称也从最早的“Computer Application in Agriculture”（计算机农业应用）逐步变化为“Agriculture Information Technology”（农业信息技术）等。目前大多数发达国家制定了相应的国家发展战略和规划，作为农业科技优先支持领域，许多大学已开设了这一专业。虽然作为一个独立学科，我国在农业专家系统、农业模拟模型、虚拟农业、遥感系统、地理信息系统、农业决策支持系统、精准农业和数字农业等分支学科领域方面逐渐形成了理论及方法体系，但是农业信息学学科理论体系还没有完全建立。

2. 农业信息学三大分支学科发展

（1）农业信息技术

世界农业信息技术的发展已经进入农业数据库开发、网络和多媒体技术应用和农业生产自动化控制等的新发展阶段。在农业信息技术方面处于世界领先地位的国家有美国、德国、日本等。美国是农业信息技术的领头羊；日本、德国等发达国家紧随其后；印度、韩国等发展中国家虽然起步较晚，但发展较快。我国农业信息技术的发展水平与国外相比有较大的差距。

早在 20 世纪 70 ~ 80 年代，国外发达国家就已经大力开发农业信息资源，建立了 AGRICOLA（美国国家农业数据库）、CABI（英联邦国际）和 AGRIS（FAO 农业情报体系）等数据库，并重点研究新一代信息技术在农业信息资源的应用。我国近年来建立了支持农业科研的农业科学数据中心和农业科技文献信息平台等一批有影响的农业信息资源，但在信息资源组织、共享与高效利用等方面的研究还不够深入。目前国外在空间信息准确采集、定位、高效处理，用于农田面积测量和规划、引导农机操作等方面研究比较深入。我国从 20 世纪 90 年代初才发展精准农业技术，在空间信息融合、农田信息采集、智能变量农业装备、精准生产管理决策模型等方面研究已达到国外先进水平，但在适合国情的便携式精确农业作业设备、智能化农业装备和设施等方面开发不足。目前，我国农业智能化专家系统和作物建模的研究与应用，已在国际上有一定的影响。但在农业知识整理和收集，农业专家知识获取、作物模拟模型，以及农业宏观管理专家系统等方面还需要深入研究，与国外还是有一定的差距。物联网、3G 等新一代信息技术在农业领域中应用，目前国内外研究基本处于同步阶段。

（2）农业信息分析

国外农业信息分析领域研究与应用较早，在理论、技术体系与应用方面研究有了较大进展。我国在理论、核心技术研究成果与国外仍有较大差距，但近年我国在农业信息分析研究领域进展较快。

党的十七届三中全会指出了“加强农业信息分析工作意义十分重大，任务十分紧迫”。我国农业信息分析已经迈出了重要步伐，拥有了一批从事农产品品种分析的专家，开始能够走上国内外一些大型会议的讲堂，有一批专业期刊开始诞生。在国家主体科技计划等支持之下，农业信息分析的理论、方法、技术等方面取得了重要进展，理论与技术体系逐渐完善，正逐渐与国外缩小差距。

（3）农业信息管理研究

农业信息管理在发达国家发展较快，已经形成较为完整的学科体系。在农业本体、数据融合、知识关联、元数据、知识组织等方面研究一直引领技术前沿，在信息流处理、数据挖掘、知识服务等技术原创性强、实用性强，均值得我们很好地参考和借鉴。

我国现代农业信息管理研究起步于 20 世纪 70 年代，经过 30 年多年的发展，农业信息管理领域发展取得了举世瞩目的成绩，但只有少数技术处于世界先进水平，有些技术在全国范围内尚未广泛应用。目前，资源建设、资源评价、信息资源、知识组织、组织技术、农业科技战略情报等研究领域取得了一批有影响的科研成果，但学科体系还需进一步完善。

三、展望与对策

（一）本学科未来几年发展的战略需求、重点领域及优先发展方向

1. 战略需求和重点领域

信息科技日新月异的发展，正在以前所未有的速度改造着农业、工业和服务业，催生了新的行业革命，信息化已经成为各行业现代化的制高点。在信息科技全面渗透于农业的过程中，农业生产、经营、管理和服务逐渐走向信息化，农业信息学应运而生。农业信息学是农业信息化发展的不竭的动力，是新一轮农业现代化的关键支撑。对于我国这样一个拥有 7 亿农民、13 亿人口的大国，农业现代化面临资源环境和市场双重约束，农业信

息学的理论、方法和技术创新，对于推进农业信息化、解决影响我国农业发展中的关键问题，实现农业现代化具有十分深远的意义。

第一，我国农业资源严重不足、需求刚性增长，农产品供给安全压力增大，迫切需要提高农业资源利用率、劳动生产率，提高农业生产的智慧化水平。一方面，我国耕地面积不断减少、水资源严重短缺，化肥、农药等化学投入品使用接近极限，高素质青壮年劳动力不断抽离农业，致使农业生产增加面临巨大压力；另一方面，我国的人口不断增多、消费结构升级、工业用粮快速增长，农产品需求呈刚性增长，保障我国农产品供给安全的压力持续加大。农业信息学提供了农业生产环境精确感知、农资投入品定量化控制、生产过程智能化作业等方法和技术，将带来农业生产方式的巨大改变，以机械应用和化学投入为标识的农业将走向智慧农业。农业物联网技术，是农业信息学在农业生产领域的典型应用，它可以透视农作物的土壤、养分、水分和资源投入量等信息，对农业生产过程进行动态监控，通过智能化控制和精准化定量作业，提升农业资源利用率。物联网、云计算、3S技术和智能装备技术不仅可以为大田生产提供有力的技术支撑，还可以在设施园艺、畜禽水产养殖、农机作业服务等方面发挥巨大作用，加速农业的规模化经营，大幅提升农业的劳动生产率。

第二，我国农产品市场价格波动剧烈、滞销卖难的痼疾，急需建立农产品市场监测预警技术体系，提高农产品市场透明化、有序化程度和政府调控水平。我国农业生产的主体是两亿分散、弱小的农户，农业生产组织化程度依然很低、交易成本高昂。在我国社会主义市场经济条件下，农业“小生产”和“大市场”矛盾十分突出，农产品市场价格剧烈波动、滞销卖难问题频繁发生，这已经成为制约我国现代农业发展的“市场”瓶颈。利用农业信息学农产品市场全息理论，通过创新农产品市场信息采集手段，建立覆盖我国主要农产品的监测预警技术体系，可以大幅度提升农产品市场监测预警水平，为农业生产者决策和政府农产品市场调控提供准确、可靠的依据，推动我国农产品市场体系走向完善、成熟。同时，农产品市场监测预警技术可以对我国农产品进出口动态、国际市场波动及产业损害进行监测预警，提高我国农产品国际贸易竞争力和进出口调控水平。

第三，我国农产品质量安全事故频发，迫切需要突破从“农田到餐桌”的全供应链监测和追溯技术，为农产品生产者、消费者和政府提供服务。农产品质量安全是保障人民群众身心健康和生活质量的前提，是增强农业竞争力基石，是提升政府公信力的重要方面。近年来，我国农产品质量安全事故频发，不仅影响了农产品食品行业的健康发展，给农民造成了重大经济损失，还严重动摇了我国消费者对食品安全的信心，成为举国关注的重大社会问题。农产品质量安全保障的关键在于农产品供应链的透明化。农业信息学为农产品质量安全保障提供了科学的方法和强有力的手段。利用农业信息学信息流、监测预警理论和方法，可以科学确定影响农产品质量安全的关键环节和指标，构建农产品质量安全“透明信息链”。利用物联网技术，可以全面感知动植物个体的位置、生产过程、流通过程和各环节责任者信息，对整个供应链的信息进行实时、动态分析，实现对农产品供应链质量安全的透明化监控、智能化分析和自动化控制。利用个性化信息服务方法和技术，可以构建农产品质量安全信息追溯平台，通过计算机、手机、PDA 等终端，为生产者、消费者和监管者提供个性化服务。

第四，我国农民无法有效获取生产技术、市场等信息已成为制约农民增收的关键因素，急需创新信息服务，提高政府公共服务能力、培育新型农民。当前，全球正在被信息化浪潮席卷，人类正在全面进入信息社会，有别于农业、工业社会分别以农业、工业为主导的经济形式，它以信息经济、知识经济主导。在信息社会中，信息、知识成为关键的生产力要素，成为劳动者的基本需要。因而，在新时期，发展现代农业，必须要有坚实的信息基础。一方面，苗情、墒情、虫情和灾情服务的信息化，农资投入、生产作业、病虫害防治和农机服务的信息化，农产品市场产销对接、物流和价格预警服务的信息化，政府行业管理服务的信息化将成为现代农业的重要标志。另一方面，信息、知识直接影响农民的生存和发展，农民的信息和知识素养成为新型职业农民素质的核心。目前，我国农业农村信息服务基础薄弱，农情信息服务、生产过程信息服务、市场信息服务和行业管理服务信息化严重滞后，农民信息获取能力差、信息需求难以得到有效满足，已经成为制约农民增收的关键“瓶颈”。利用农业信息学的信息服务理论、方法和技术，开发农业“大数据”资源，研究低成本、多样化、广覆盖的“三农”信息服务技术，建设农产品生产服务、电子商务和电子政务“云服务平台”，为农业生产经营主体提供及时有效、适用性强的生产技术、市场流通和政策法规等信息服务，培育有文化、懂技术、会经营的新型农民，将成为农民收入持续、稳定增长的保障。

第五，我国农业生产中化肥、农药投入严重过度，农业生态环境恶化，开展农业生态环境监测预警，提高我国农业的可持续发展能力成为新的战略需求。农业生态安全是国家生态安全的重要组成部分，是实现农业可持续发展的基本前提。近年来，我国耕地、草原的农药、化肥污染以及水域的富营养化问题十分突出，保护和修复生态环境，保障农业的可持续发展，迫切需要利用农业信息学的理论、方法和技术开展耕地质量监测、草原生态系统监测和渔业水域生态环境监测和科学管理。

2. 优先发展方向

以农业生产环境数据、农业资源数据、动植物生命体数据、农产品生产加工过程数据、农产品市场流通和交易数据的融合和智能挖掘为目标，开展农业“大数据”理论、方法和技术研究；以提高我国农业生产环境监测能力、农业生产和流通智慧化水平、保障农产品质量安全为目标，大力发展农业物联网技术；以解决我国农产品市场价格波动剧烈、滞销卖难问题为目标，加强主要农产品供求和预警模型的研究，突破农产品市场监测预警关键技术；以向 2 亿多农户和成千上万其他农业经营主体提供全流程、多层次，低成本、个性化信息服务为目标，研发农业“云服务”平台。

方向 1：农业“大数据”理论、方法和技术

以农业信息学全信息理论为基础，研究农业大数据采集、融合、处理和挖掘基本理论；研究制定农业生产环境数据、农业资源数据、动植物生命体数据、农产品生产加工过程数据、农产品市场流通数据和交易数据术语、格式、内容、分类标准；构建基于空间地理信息的国家耕地、草原和可养水面数量、质量、权属等农业自然资源信息、农业生态环境基础信息数据资源，探索农产品生产加工过程数据、农产品市场流通数据和交易数据开放和公开方式、标准和技术，建立农业“大数据”资源体系；研究农业“大数据”采集、处理和转换方法和技术；研究支撑农业“大数据”存储和运算的关键基础设施技术，尤其是海量数据存储、数据库集群、优化搜索算法等技术，突破处理农业“大数据”的“云计算”技术；研究针对不同主题和需求的农业“大数据”挖掘理论、方法和技术，开发支撑农业生产环境监测、农业生产过程智慧决策、农产品市场监测预警、农产品质量安全保障等领域的应用，发掘农业“大数据”的巨大潜在价值。

方向 2：农业物联网技术

在农业生态环境保护方面，研究制定土壤，水资源强酸性物质、强碱性物质、重金属等有毒物质指标含量标准和监测标准；研究制定大气二氧化硫、一氧化氮和二氧化碳等指标监测标准；研发有毒气体、土壤重金属等毒害物质传感器，研究微观和宏观农业生产环境监测方法；研发耕地质量监测系统、草原生态监测系统和渔业水域生态环境监测系统；研究农业生态环境影响链条，制定农业生产环境预警指标，构建农业生产环境危害分析和预警平台。

在农业智慧生产方面，研发动植物环境（土壤、水、大气）、生命信息（生长、发育、营养、病变、胁迫等）传感器，研制成熟度、营养组分、形态、有害物残留、产品包装标识等传感器，开展农业物联网技术和装备研发，加强动植物生长过程数字化监测手段、模型研究；研发大田作物农情监测系统，实现对农田生态环境和作物苗情、墒情、病虫情以及灾情的动态高精度监测；在信息采集点数据感知的基础上，融合农业生产管理模型，研发大田生产智能决策系统，实现科学施肥、节水灌溉、病虫害预警防治等生产措施的智能化管理；基于无线传感、定位导航与地理信息技术，研发农机作业质量监控终端与调度指挥系统，实现农机资源管理、田间作业质量监控和跨区调度指挥。

在农产品质量安全保障方面，研究和编制农业领域条形码（一维码、二维码）、电子标签（RFID）等的使用规范；研究制定农业物联网传感器及传感节点、数据采集、应用软件接口、服务对象注册以及面向大田、设施农业、农产品质量安全监管应用标准；研建农产品生产环境和生产过程电子化档案标准；研究生产环境信息实时在线采集和无线传感器网络技术，开发农业投入品管理信息系统和农产品生产过程信息管理系统；研制集多种传感器、车辆定位、无线传输于一体的冷链物流过程监测设备，突破低成本、低能耗关键技术，开发农产品冷链物流过程监测与预警系统；构建农产品质量安全监管数据仓库，开发农产品质量安全全供应链追溯平台。

方向 3：农产品市场监测预警理论、方法和技术

在理论和方法方面，建立覆盖多品种、多市场、多区域的科学、准确的生产、消费、价格分析模型，研究涵盖粮食、油料、糖料、蔬菜、水果等主要农产品的一般均衡模型和预警模型；突破创新农业预警知识库构建与数据融合、农业风险识别与诊断技术、农产品消费替代及测定技术、农产品市场价格传导技术、食物安全信息公共服务技术等关键技术；研发具有监测、模拟、展望和预警功能的农产品市场监测预警系统，实现短期监测预警和长期监测预警相统一。在关键技术方面，研究农产品市场大数据的采集流程、方法，建立农产品市场“信息流”模型，确立农产品市场信息采集布点和抽样方法，制定农产品生产和消费信息采集规范与标准、建立信息采集点系统；研发低成本、高效率、高可靠性的农产品市场信息采集器，研发农产品市场信息采集网络传输设备，实现农业信息采集的及时、准确、有效；研发农产品市场数据库和数据仓库，建立主要农产品市场信息清洗、转换和挖掘技术；以农产品市场数据集群为基础，突破平台资源层、软件层和服务层关键技术，研发多元化、个性化的农产品市场监测预警服务平台。

方向 4：农业“云服务”技术

在科学确定和厘清农业信息服务资源、对象、内容和方式的基础上，研究建立开放共享的农业“云服务”体系构架；基于网络和计算资源共享、虚拟化技术，研究农业信息资源“元数据”标准，信息服务公开和共享标准；利用物联网技术，开发和整合农情信息资源，研发服务不同区域、不同品种、不同农业生产经营主体的苗情、墒情、虫情和灾情服务“云平台”；在农产品市场监测预警技术体系的基础上，研发服务农业生产经营者和政府的农产品市场信息服务“云平台”；在突破农产品质量安全追溯链信息采集和管理技术的基础上，研发农产品质量安全服务“云平台”；开发和整合农业科技信息资源，研发农民科技教育服务“云平台”。

（二）学科未来几年发展的战略思路与对策措施

加强农业信息学基础理论、方法和技术研究。农业信息学是在信息技术不断渗透农业生产、经营、管理和服务的过程中产生的一个新兴交叉学科。它包括农业信息理论，农业信息采集理论、方法和技术，农业信息处理理论、方法和技术，以及农业信息分析的理论和方法，涉及了信息技术、农学、经济学等学科领域。尽管农业信息学吸收了诸多学科领域的理论、方法和技术，许多专家、学者对农业信息学的主要理论、核心方法和关键技术认识不统一。因而，必须加强农业信息学基础理论的研究，明确提出学科的内涵、理论分支、研究方法、技术体系和学科边界，加速农业信息学科的成熟。

以技术创新和应用为核心，服务国家战略需求。在相当长的一段时期内，农业信息学将处于由雏形到成熟之间的发展阶段，这个阶段正是农业信息技术创新百家争鸣、百花齐放的黄金阶段。根据诱导性技术进步理论，由于不同国家或地区资源禀赋不同，技术创新将呈现不同的方向和路径。因此，在农业信息学的发展上，要以我国农业资源禀赋和“三农”国情为指引，以解决五大重点领域的关键问题为目标，着力突破一系列关键技术，大力促进农业信息技术的创新和应用，服务我国的战略需求。

培育农业信息市场，发展农业信息产业。当前，人类正在全面进入信息社会，国民经济日益信息化，在发达国家，信息经济、知识经济已经成为主导的经济部门。农业的信息化是历史的必然，农业信息产业在不久的将来将成为农业经济的主导。因此，要高度重视农业行业中的信息采集产业、信息处理产业和信息分析和服务产业，培育农业信息市场，促进农业信息行业产业化。

强化政府主导作用，推动农业信息化。各级农业部门要牢固树立信息化引领支撑现代农业发展的观念，将农业信息化贯穿于现代农业建设的全过程，贯穿于“三农”服务的全过程。政府部门要提早布局农业生态环境监控，推动农业生产过程智慧化，构建农产品市场监测预警体系，打造农产品质量安全保障体系，建设服务“三农”的“云平台”，解决当前我国农业发展的突出问题。政府部门要做好本地区、本行业农业信息化顶层设计，支持符合国家和本地区战略需求的信息化项目，积极推动立项实施。政府部门可以通过委托和补贴等多种形式，引导农业企业、科研院所、高等院校和农业种养大户参与到农业信息化建设中来，为农业信息学的发展、现代农业的发展提供源源不断的动力。

参考文献

[1] 曹卫星. 农业信息学[M]. 北京：农业出版社，2005.

[2] 王人潮，史舟. 农业信息学与农业信息技术[M]. 北京：中国农业出版社，2003.

[3] 孙九林. 农业信息工程的理论、方法和应用[J]. 中国工程科学，2000，2(3)：87-91.

[4] 刘旭. 信息技术与当代农业科学研究[J]. 中国农业科技导报，2011，13(3)：1-8.

[5] 中国科学技术协会，中国农学会. 2006—2007 农业科学学科发展报告（基础农学）[M]. 北京：中国科学技术出版社，2007.

[6] 王人潮，黄敬峰，史舟，王珂. 论农业信息科学的形成与发展[J]. 浙江大学学报（农业与生命科学版），2003，29(4)：355-360.

[7] 智慧农业. 百度百科[EB/OL]. http：//baike. baidu. com/view/7853889. htm. 2013-7-20.

[8] 互动百科. 曹卫星[EB/OL]. http：//www. baike. com/wiki/%E6%9B%B9%E5%8D%AB%E6%98%9F. 2013-7-20.

[9] Bishop-Hurley G，Swain D，Anderson D M，et al. Virtual fencing applications：implementing and testing an automated cattle control system[J]. Computers and Electronics in Agriculture，2007，56(1)：14-22.

[10] Nagl L，Schmitz R，Warren S，et al. Wearable sensor system for wireless state-of-health determination in cattle[C]// Cancun，Mexico：Proceedings of the 25th Annual International Conference of the IEEE，Cancun，Mexico，2003(4)：3012-3015.

[11] 李道亮. 物联网与智慧农业[J]. 农业工程，2012(1)：1-7.

[12] 董方武，詹重咏，应玉龙，等. 无线传感器网络在淡水养殖溶氧浓度自动监控中的应用[J]. 安徽农业科学，2008(32)：14345-14347.

[13] 刘丙奇. 浅谈农业机械自动化的发展现状与推进模式[J]. 农家科技（下旬刊），2012(12)：11.

[14] 人民网. 数字植物工厂正向我们走来——访中国农科院环境与可持续发展研究所杨其长研究员[EB/OL]. http：//news. china. com. cn/rollnews/2010-02/23/content_698043. htm.

[15] 许世卫. 农业信息学科进展与展望[C]// 中国农业信息科技创新与学科发展大会论文汇编（内部出版）. 2007.

[16] XU Shi-wei，KONG Fan-tao，LI Zhe-min，LI Zhi-qiang，ZHANG Yong-en，Lv Ying，TIAN Zhi-wu，WANG Dong-jie，YU Hai-peng. Design and Implementation of Portable Agricultural Product Holographic Market Information Collection Terminal[J]. Advanced Materials Research，2012，628(12)：359-366.

[17] 郑素芳，郑业鲁，林伟君，马巍，李泽. 我国农产品市场监测预警研究综述 [J]. 广东农业科学，2012 (23)：228-231.
[18] 栾淑梅，寿金吕，杰王娟. 省际间猪肉价格波动的动态关系研究——基于VAR模型分析 [J]. 农业经济，2011 (08)：87-88.
[19] 阎晓军，赵安平. 北京市蔬菜市场预警研究——基于数量供应安全角度的探讨 [J]. 农业现代化研究，2011，32 (5)：581—584.
[20] "中国农业科技文献与信息集成服务平台" 正式开通 [J]. 农业图书情报学刊，2005 (10)：1-177.
[21] 王剑，周国民，丘耘，王健. 国家农业科学数据中心站内搜索引擎技术研究 [J]. 中国农学通报，2011 (30)：270-274.
[22] 孙峰. 农业部启动 "12316信息惠农家" 活动 [J]. 农业知识，2012 (14)：42.
[23] 吴建伟，刘伟，卢兵友，等. 农业智能手机服务系统的研究 [J]. 中国农业科技导报，2013 (4)：1-6.
[24] 李建功，王健全，王晶，何青等. 物联网关键技术与应用 [M]. 北京：机械工业出版社，2013.
[25] 余欣荣. 物联网改变农业、农民、农村的新力量 [M]. 合肥：安徽科学技术出版社，2009.
[26] 吴朱华. 云计算核心技术剖析 [M]. 北京：人民邮电出版社，2013.

撰稿人：许世卫　刘世洪　郑火国　贺鹏举　谢能付

农业环境

一、引言

（一）学科概述

农业环境科学是研究农业生产活动和农业环境之间相互作用、相互影响的一门科学，主要探索人类生产活动条件下，光、温、水、气、土、生等农业环境要素的时空演变规律及其对农业生产的影响，以及农业生产活动对环境要素的影响，农业环境调控理论、技术与方法，农业生产对环境变化的适应对策等。其科学使命在于通过对农业—农村生态环境问题以及对介于环境科学与农业科学之间的有关科学问题的系统研究，保护、改善和调控农业环境，促进农业和农村的可持续发展。

2012 年，中国共产党十八大胜利召开，党的十八大报告提出，推进生态文明建设要在资源节约型、环境友好型社会建设方面取得重大进展，走农业现代化道路。在此历史时期，如何依靠科技，摆脱资源环境约束，建设新型现代农业和农业生态文明，成为今后农业环境学科发展的机遇和挑战。

（二）发展历史回顾

作为一个新兴交叉学科，自 20 世纪 70 年代农业环境问题开始受到关注以来，农业环境学科的研究与农业环境现实问题就相伴而行了，随着农田重金属污染问题、农药残留污染、农业面源污染问题、生物入侵问题、全球气候变化问题等逐渐成为热点，农业环境学科也从农学与环境科学、生态学、大气科学等的交叉研究中逐渐发展成为一门系统、完备的科学研究体系。目前，农业环境学科发展大致处于成熟阶段，其研究领域包括全球气候变化及其农业影响、农业污染控制与清洁生产、产地环境保护与修复、农业环境工程、生物多样性农业利用、农业环境信息与管理等内容。

2011 年，《中国农业环境》一书的出版与农业部农业环境学科群的成立标志着我国农业环境学科发展成熟。《中国农业环境》系统介绍了中国农业环境问题的现状、特征、危害，论述了全国除港澳台以外31个省、自治区和直辖市的农业环境状况。该书是全国农业环境研究领域众多科学工作者集体智慧的结晶，虽然还存在可以进一步完善的地方，但这是第一本中国农业环境蓝皮书。中国农业环境学科群组建了全国性的研究网络，农业环境学科群重点实验室体系由1个综合性实验室、2个专业性重点实验室、6个区域性重点实验室和30个农业科学观测实验站组成，主要围绕气候变化与农业相互作用机理，主要农业气象灾害发生规律及调控，农业环境保护、监测与预警，污染与退化农田生态系统修复，农业活动对环境的作用机理及调控等方面开展研究，为今后中国农业环境问题协作研究和长期定位研究奠定了基础。

二、现状与进展

（一）学科发展现状及动态

1. 全球气候变化及其农业影响

“十二五”以来，国家进一步加强了全球气候变化规律和观测技术研究，开发多源、多尺度观测数据同化、融合与集成技术，发展全球变化背景下极端天气及气候事件预测技术，建立温室气体排放的监测、统计和核查技术体系。加强不同尺度和相关领域气候变化影响和脆弱性评估研究。强化气候变化适应技术研发、集成与示范应用。发展林草固碳等增汇、土地利用和农业减排温室气体、二氧化碳捕集利用与封存等技术。“十二五”开局后，根据《“十二五”国家应对气候变化科技发展专项规划》提出的重点任务，国家科技部启动了“973”项目“全球气候变化对我国粮食生产系统的影响机理与适应机制研究”，国家科技支撑计划针对国家应对气候变化的关键技术需求组织实施了二氧化碳捕集封存与利用、气候变化影响与适应、国际谈判与国内减排、气象预报及人工影响天气等一系列技术研发与示范项目，形成“十二五”国家科技支撑计划应对气候变化科技项目群，包括“重点领域气候变化影响与风险评估技术研发与应用”、“气候变化国际谈判与国内减排关键支撑技术研究与应用”、“北方重点地区适应气候变化技术开发与应用”等项目。农业部在“十二五”也启动了农业应对气候变化领域第一个公益性行业（农业）科研专项“农业源温室气体监测与控制技术研究”。从以上项目不难看出，气候变化对农业的影响评估和农业适应气候变化技术措施是当前研究的热点，偏重应用和应用基础研究以满足国家实际需求的态势明显。

2. 农业污染控制

“十二五”水污染物总量控制首次把农业源纳入总量控制范围。围绕我国农业污染防控中的重大技术需求，2012—2013年，国家水体污染治理重大科技专项又陆续启动了一批项目，在农业面源污染防治方面，专项更加强调水质的改善作用，明确把水质改善作为首要考核指标，突出技术示范的空间尺度要求，一般要达到4平方千米以上，此外重视技术与政策的配套，以形成技术体系。

农业清洁流域的概念开始受到关注。农业清洁流域是指在流域的尺度上，农业发展方式不仅满足粮食安全需求而且满足水体功能要求，流域生产、生活、生态功能安排合理，达到农业与环境协调发展的一种可持续农业模式。农业清洁流域是一种流域尺度上多目标的农业模式，致力于粮食安全、农业产地环境健康、农业面源污染防控等问题的综合解决。农业清洁流域基于农业生态学的理念，寻求在流域乃至全国的尺度上，推动秸秆、畜禽粪便等物质的资源化利用，建立农业—农村—生态用地之间和种植—养殖之间的物质循环与联系，发展农业清洁生产，提高资源、养分利用效率，达到环境与农业生产的协调发展。

在农业清洁流域框架下，与水土迁移相伴的由土壤侵蚀造成的碳和污染物迁移过程及其环境影响研究逐步开展，放射性核素与稳定性同位素环境示踪技术受到关注；在农业废弃物安全处理与资源化利用方面，发酵床养殖技术日趋成熟，开发了系列口服益生菌，发酵床的结构设计进一步得到优化；秸秆来源的生物炭施用技术及其环境影响已经成为当前的研究热点之一。生物炭农业利用技术是秸秆资源化利用、农业固碳减排、土壤质量提升、农产品增产提质的共同纽带，但其施用技术体系和环境影响尚未研究清楚。近两年科学家研究了不同原料来源生物炭的性质，研究了生物炭对不同作物产量的影响，以及施用生物炭对土壤温度、反射率和热传导的影响以及对土壤硝态氮累积的影响。

3. 产地环境保护与修复

从源头控制重金属排放污染是农产品产地重金属污染防治的关键。2011 年国务院正式批复我国第一个“十二五”专项规划《重金属污染综合防治“十二五”规划》，此次国家总量控制的重金属主要有五种，即汞、铬、镉、铅和类金属砷，该《规划》明确了重金属污染防治的目标，即到 2015 年，重点区域重点重金属污染物排放量比 2007 年减少 15%，非重点区域重点重金属污染物排放量不超过 2007 年水平，重金属污染得到有效控制。农业部自 2012 年起在全国统一部署了农产品产地土壤重金属污染防治普查工作，重点对工矿企业周边、大中城市郊区、污水灌溉区和一般农区等重金属防控区的污染底数进行全面调查，进一步完善农产品产地土壤环境质量档案，建立农产品产地分级管理制度，普查工作将于 2015 年全面完成数据资料录入、土壤样品库及产地安全质量档案的建立等工作，为今后防止和治理农产品重金属污染提供可靠的科学依据。显然，在产地环境保护与修复领域，国家已经重视源头控制的作用，同时也反映了在污染耕地修复领域缺乏实用、有效技术的现状。

4. 农业环境工程

2012 年，国家“863”计划“智能化植物工厂技术研究”项目启动，重点研究植物工厂 LED 节能光源及光环境智能控制技术、立体多层栽培系统、基于光温耦合的节能环境控制方法及设备、营养液管理与蔬菜品质调控技术、基于网络管理的植物工厂智能控制等关键技术和装备。国家公益性行业（农业）科研专项“西部非耕地农业利用技术及产业化”项目立项。863 计划课题“设施作物节能工程关键技术及智能化装备研究”立项，课题从温室保温储能、结构优化、太阳能跨季利用等三个方向入手，重点开展温室节能工程技术研究，并研制相应的配套智能装备与产品。国家公益性行业（农业）科研专项“园艺作物设施栽培光环境精准调控关键技术研究与示范”项目立项，项目围绕不同设施栽培作物对光环境因子的量化需求开展研究，形成植物组培的精准量化生物光环境数据库，研制专用混合光谱生物光源及控制系统，研究设施园艺作物植保相关光源及控制技术以及施夏季遮阳技术及特异功能农膜与应用技术。

2013 年 10 月 8 日，国务院常务会议审议通过《畜禽规模养殖污染防治条例（草案）》，该条例强化激励措施，鼓励规模化、标准化养殖，统筹养殖生产布局与农村环境保护，严格落实养殖者污染防治责任，扶持养殖废弃物综合利用和无害化处理，该条例为今后畜牧业转型升级提出了明确的要求。农业部提出了“畜禽良种化、养殖设施化、生产规范化、防疫制度化、粪污无害化”的畜禽标准化规模养殖要求，继续鼓励养殖业向规模化、标准化方向发展。此外，农业部制定了《建立病死猪无害化处理长效机制试点方案》，按照“政府主导、市场运作，统筹规划、因地制宜，财政补助、保险联动”的原则，开展病死猪无害化处理长效机制试点工作。农业部近两年陆续启动了“南方地区草食家畜养殖环境及废弃物利用技术研究与示范”、“热区畜禽高效生态养殖关键技术研究与示范”、“主要畜禽低碳养殖及节能减排关键技术研究与示范”等科研专项，重点开展生态养殖技术、养殖环境控制和废弃物利用技术，从低碳养殖和节能减排等方面进行重点研究。

5. 生物多样性农业利用

法国农业科学院目前已将农业生态学研究列为该院未来 10 年的战略优先领域，其中，生物多样性农业利用是其重要的研究内容之一。当前生物多样性农业利用的趋势，除了传统的轮作、间作、套种技术以外，还关注了农业生态系统中田埂、林地等景观要素的作用，特别是从流域乃至区域和全国的大尺度上，关注种养布局及其种养系统间的物质循环利用，以期优化农业生态系统服务功能。

6. 农业环境风险管理

国家“十二五”科技支撑计划项目“农林气象灾害监测预警与防控关键技术研究”于 2011 年启动，该项目可视作“十一五”科技支撑重点项目“农业重大气象灾害监测预警与调控技术研究”的延续，表明国家对农业气象灾害监测预警及防控高度重视。

（二）学科重大进展及标志性成果

1. 气候变化农业影响与适应对策

科学家已经关注到气候变化使中国高纬度地区作物生育期延长，喜温作物界限北移，作物种植结构发生了调整。与 20 世纪 60 年代相比，中国东北大多数地区的生长期增加了 10 天左右。东北地区增温已使冬小麦的种植北界北移西延，水稻种植面积大幅增加，其种植北界已移至约北纬 52°。玉米晚熟品种种植区域向北推移了约 4 个纬度，双季稻栽培已经由北纬28°北移至北纬30°。全国复种指数由1980年的109.4%增加到2006年的128.9%，其中青藏高原、西北、西南、华东和华南地区丘陵山地的复种指数增幅较大。随着温度的升高和积温的增加，1981—2007年间中国一年两熟、一年三熟制的种植北界较1950—1980年有不同程度的北移。未来中国农业种植制度将可能发生较大变化。

气候变化使中国农作物病虫害的危害加重。严重危害中国农作物的稻瘟病、水稻白叶枯病，水稻纹枯病、胡麻叶斑病等11种与气象条件密切相关的病害随着气候变化，其发生发展、危害范围、侵染途径等均发生了不同程度的变化。20世纪70年代初期以来，中国农作物病虫害发生面积和发生频率逐年增长，发生程度逐年加重。一般年份，农作物病虫害造成粮食减产10% ~ 15%、棉花减产20%以上，因病、虫、草等造成的损失约为农业总产值的20% ~ 25%。未来气候变暖使农业病虫害发生界限北移，发生范围、危害程度呈扩大、加重趋势。黏虫、稻飞虱、稻纵卷叶螟的越冬北界将北移1 ~ 2个纬度。棉红铃虫发生界限将由河北省南部北移至冀中部保定、定州一带。气候变暖将改变昆虫、寄主植物和天敌之间原有的物候同步性，使病虫害的治理难度加大。

气候变化已经对中国粮食产量产生明显的影响。研究表明，虽然技术进步使中国主要粮食作物的产量保持稳步增加，但近30年的气候变化使中国小麦和玉米的产量下降，下降幅度在5%左右，使水稻和大豆的产量少许上升。从区域来看，近30年来的气候变化使东北和部分高海拔地区的粮食增产，增产幅度在3% ~ 5%；使华北、西北和西南地区的粮食减产，特别是在农牧交错带地区，气候变化对粮食生产的不利影响最为明显，如黄土高原地区，近30年的增温导致的粮食作物减产幅度达10%左右；气候变暖对华东和中南地区粮食产量的影响不明显。

根据中国农业科学院农业环境与可持续发展研究所气候变化研究团队的模拟结果，如果不采取任何适应性措施，未来气候变化将导致中国水稻、玉米和小麦等主要粮食作物的减产。2050年，若不考虑二氧化碳的肥效作用，则粮食总产量最大可下降20%左右，若考虑二氧化碳肥效作用，粮食总产量最大下降5%。在未来气候变化的背景下，水资源因素将成为粮食总产量提高的最主要限制因子。

2. 农业污染控制

在重点流域的农业面源污染及水土流失研究方面，取得了一系列的集成创新。针对流域坡耕地，通过改变农艺措施，采取坡耕地有限顺坡耕作技术、地埂植物篱坡式梯地构建技术、坡面径流蓄排优化调控技术以及复合立体生态农业技术等，通过梯级网络化调控体系，减少水土流失量，保护、改良与合理利用水土资源，提高水资源利用效率，并通过调整和构建复合生态农业技术，充分利用营养物质，减少了土壤的营养流失，控制了面源污染，起到生态屏障的作用，保护了农业产地的环境。针对湖泊流域的平地农田，在测土配方与调查农田肥料及农药施用量和组成的基础上，通过减量施肥、缓控释肥、优化栽培、农田养分流失减控、生物农药替代、农药生物降解等技术集成，提出相关农艺技术集成方案；在综合考虑土壤潜在养分供应能力，合理的目标产量以及相应的养分需求、养分平衡、养分利用效率以及社会经济效益等诸多因素的基础上，建立了适时适地养分调控氮磷减排技术，能有效实现肥药减量及优化施用，控制了农田养分流失。针对河网地区的农田环境，构建了“源头减量—生态拦截—循环利用—生态修复”四级技术体系，实行了“点—面—线”的系统防控与工程示范。针对坡台地露地蔬菜种植模式中存在的农业产地污染问题，通过优化耕作方式、种植模式、轮作次序和农田药肥管理，集成保护性耕作技术、菜—粮轮作技术、减量施肥技术、植保综合技术、集水补灌技术，实现了水土资源利用率的提高、农田土壤侵蚀量的降低以及氮、磷污染负荷输出的削减。在农业面源污染防治领域，“沿兴凯湖地区农业面源污染源头控制及生态优化技术研究与示范”获 2012 年黑龙江省科技进步奖二等奖，“流域农业面源污染形成机理与防控技术研究”获 2012 年度环境保护部科技进步奖二等奖。

3. 产地环境保护与修复技术

植物修复的研究结果表明，植物不仅本身能从环境中吸收、积累与降解有机污染物，而且通过促进根际微生物的活动可加速有机污染物的生物降解；如凤眼莲、白杨、狼尾草对马拉硫磷、阿特拉津、西玛津、DDT 等农药危害具有较好的修复效果。研究结果还表明，植物对有机农药的吸收量与农药的理化性质密切相关，除了植物本身的直接吸收外，植物的根和茎具有一定的代谢活性，而且这些活性是可以被诱导的，植物释放到根际土壤的酶等根系分泌物可以直接降解有机农药等污染物。微生物修复的研究结果表明，微生物除对有机物具有优良的修复效果外，还能降解转化环境中的重金属污染，如从铅锌矿中筛选分离出的细菌对铅离子和锌离子都具有很好的吸附作用，直接连接植物根系和土壤微生物的菌根真菌能通过微生物的胞外络合、沉淀、氧化还原反应、胞内积累以及生物吸附等作用来实现重金属污染环境修复。微生物虽然不能降解金属，但是可以通过改变它们的化学或物理特性而影响金属在环境中的迁移与转化。

4. 动植物环境工程

“植物 LED 光环境精准调控及节能高效生产技术研究与应用”成果获 2012—2013 年度中华农业科技奖科学研究成果奖二等奖，该成果是 LED（发光二极管）光源在植物领域应用的重大技术突破，为现代设施农业、植物组培、植物工厂等领域的节能高效生产提供了重要的技术支撑。2013 年，“日光温室主动蓄放热关键技术研究与应用”项目通过农业部科技成果鉴定，该成果提出以流体为媒介的温室主动蓄放热理论与方法，彻底改变了日光温室一直沿用的以墙体为蓄热体的被动式蓄放热模式，显著提高了温室蓄放热量和抗低温冷害的能力；探明了日光温室主动蓄放热系统的集热、储热、放热等过程的热物理特性，优化了提升系统热能蓄积与释放效率的关键技术参数；研制出墙面集热管—浅层土壤主动蓄放热系统等四种形式的系统及配套技术装备，对日光温室墙体结构进行了改进，实现了日光温室结构的轻简化。

“畜禽粪便沼气处理清洁发展机制方法学和技术开发与应用”获得 2012 年度国家科技

进步奖二等奖。该成果建立了户用沼气 CDM 项目减排量核算的计算公式和户用沼气 CDM 的监测方法。该方法学的建立使得包括我国和广大发展中国家开发量大、分散的户用沼气 CDM 项目成为可能，对定量核算农村沼气减排贡献并获得经济补偿具有重要意义。该方法学被联合国清洁发展机制专家委员会批准为农户及小规模农场的农业活动甲烷回收方法学，成为定量核算和监测户用沼气温室气体减排效果的国际通用方法。围绕提高原料浓度实现高产气率、改进冬季增温保温技术保证高效稳定运行、开发沼液处理减少二次发酵产生温室气体泄漏等关键技术，提出了水解与机械相结合的高浓度粪便除砂技术、高浓度原料低能耗搅拌技术、冬季厌氧罐增温保温、沼液浓缩和利用技术，该创新工艺实现了大型沼气高浓度粪便、高容积产气率常年持续稳定，比常规工艺产气率提高 50%，为开发 CDM 项目和保证 CDM 项目温室气体减排效果奠定了技术基础，并在国内首次研究集成了适用于不同规模化养殖场的畜禽粪便沼气处理 CDM 技术模式，建立了 CDM 项目开发可行性指标和基线监测等技术规程，为促进国际环境补偿机制的应用提供了工具。

5. 农业环境风险管理

我国目前通过地面观测、数值模拟和 3S 技术相结合基本实现了对农业气象灾害进行天基、空基、地基相结合的立体动态监测，初步形成了重大农业气象灾害立体监测体系，研制了我国主要农业气象灾害指标体系，包括华北冬小麦农业干旱综合指标体系、东北玉米和新疆棉花低温冷害指标体系，以及华南香蕉、荔枝、龙眼、西红柿、辣椒 5 种经济作物寒害指标体系和长江中下游地区水稻高温热害指标体系。

农业环境风险远程监测形成网络。基于物联网技术研发了多功能环境远程监控系统，可对野外农田、温室设施环境及农业气象灾害等进行实时动态监测、远程传输、信息网络发布，进一步提高了监测数据的针对性和代表性，为农业灾害远程监控、诊断管理提供了现场数据支撑。在远程监控硬件系统的基础上，初步开发出了二项远程监控诊断管理系统，可用于大田农作物灾害和温室环境质量的监测诊断与调控管理。

（三）本学科与国外同类学科比较

1. 气候变化农业影响与适应对策

在研究方面，与国外同类研究相比，还缺乏系统性和深入研究，对机理的研究还不多，试验研究不多。在应用方面，我国已提出了一些农业适应气候变化的措施，但多数还停留在研究层面上，离实际的应用还有较大的距离，这些适应气候变化技术和措施的成本和效果也缺乏定量评估，目前还没有制定出农业适应气候变化的技术清单。同时，我国在气候变化影响评估范围、资料收集、评估方法和评估工具方面还存在很大不足。

2. 农业污染控制

发达国家对农业污染主要是采用源头控制的对策。其核心特征是依靠农业科技，研究和发展环境友好的农业生产技术替代原有技术，通过环保转移支付鼓励农民自愿或通过政府奖惩措施，推动农民采用新的替代技术，在重要的水源保护区和流域，制定和执行限定性农业生产技术标准，大幅度减少农田、畜禽养殖业和农村地区的氮、磷径流及淋溶。欧美国家最重要的控制原则是对点源污染和面源污染实行分类控制与监测。发达国家不仅对点源和面源污染进行分类控制，对面源污染中不同的类型，如城区面源、农田面源、畜禽养殖场面源也分别进行分类控制。在农田面源污染控制上，主要是在全流域范围内广泛推行农田最佳养分管理，通过对水源保护区农田轮作类型、施肥量、施肥时期、肥料品种、施肥方式的规定，从源头控制污染物的排放。

相比之下，中国农业污染引起水域富营养化的程度和范围已远远超过发达国家，而潜在的压力更是其他国家无法与之相比的。由于该问题涉及农民增收、农村地区基础设施建设、农业产业政策等，治理难度远远超过发达国家。近10年来，我国学者在相关领域研究取得了较大进展，缩小了与发达国家的差距。但是，现有研究多以跟踪、借鉴国外经验为主，尚未形成具有中国特色的理论与方法体系，许多问题还有待进一步深入探讨，尤其是在污染物类型上，对N、P等营养元素的研究较多，而对有毒污染物、生物累积类污染物的研究较少；在污染物形态研究等方面尤其薄弱。对于农业非点源污染物如氮、磷、泥沙的流失和迁移开展了大量工作，但对于氮、磷、农药、泥沙耦合作用下的运移、转化机理及其界面行为的过程、机制、控制技术研究则尚待进一步深入。与此同时，农业环保型技术与工程的研发需要政府的大量投入与支持，而后期这些技术的广泛实践应用并可持续地发挥作用依然离不开政府的大力支持，这就需要与国际接轨，充分利用WTO协议规则中“绿箱”，加快研发适合我国国情的农业环保转移支付政策与措施。

3. 退化或污染农业环境修复

经过多年的努力，我国农业环境修复工作起步晚，虽然经过近几年的努力也取得了一些成果，但是与国外同类学科相比仍然存在很多薄弱环节和待解决的问题。从研究现状看，我国农业环境修复研究与欧美等发达国家还存在较大差距，主要表现在无论是对酸化、盐渍、沙化等退化农业环境还是对重金属、难降解有机物染物、农膜等引起的污染农业环境的修复研究多限于实验室阶段，对产品开发和大面积的田间应用等研究相对缺乏。在修复技术上，无论是植物、微生物修复，都主要依赖于能够改善退化农业环境以及可以高效吸收、降解重金属和有机物的植物种类、微生物菌株的筛选上，应用分子生物学和基因工程技术改造的相关研究很少；在修复机理上，停留在表面的污染物迁移转化，缺乏在分子水平上确定与生物代谢分解污染物的相关基因的研究和探索以及污染物、代谢产物的跟踪与危险性评价；在修复手段上，缺乏不同技术模式的搭配组合及相互作用的系统研究。这些都严重影响了我国农业环境修复研究成果的深入和进一步的推广应用。

4. 农业环境工程

与发达国家相比，我国的现代化设施农业离真正的工厂化农业还有较大差距，主要表现为设施建设水平低，抗御自然灾害的能力差；设施栽培机械化程度低，缺乏专用的小型作业机具；不能适应当前农业发展规模化、标准化、信息化的需要，特别是大规模实现工厂化生产仍需要长期的努力才能实现；劳动生产率和土地利用率低，单位面积产量仅为发达国家的 1/4 ~ 1/2，劳动生产率仅相当于发达国家的 1/10 ~ 1/5。自身的循环利用离达到“零”排放和洁净生产还有较大差距，设施无土基质和营养液的循环利用技术、精准施肥技术和环境调控技术急需深入研究。

我国畜禽环境工程在研究范围和深度上与国外发达国家相比也存在一定差距。到目前为止，从国家层面上开展畜禽环境工程相关的基础研究比较缺乏，在高新技术研究方面也只开展了一些零星研究。在关键技术研究和产品开发方面，目前仅局限于大中型畜禽养殖场的通风降温技术、污水工业化处理达标排放技术研究，而对畜禽环境质量、清洁生产工艺模式、废弃物生态处理和利用等的研究则刚刚起步，还没有形成成套的技术设施设备与标准，更谈不上产业化发展。因此，尽快从基础研究、高新技术研究和关键技术研究开发相结合的畜禽环境创新体系，已经迫在眉睫。

5. 农业生物多样性利用与保护

提高和维持农业生态系统中生物多样性，并营造一种良好的生态环境，使系统中各级营养层次和食物链（或食物网）维持在一种高级平衡的状态，保证系统功能的正常运转是国内外农业科学家和农业生态学家不懈追求的目标。从微观层次上讲，借助现代生物学的发展成就，运用系统生物学的理论与技术，深入研究农业生态系统结构与功能的关系及其分子生态学机制。特别是随着现代生物技术的不断完善，环境（宏）基因组学、蛋白组学技术的问世，对生物多样性和基因多样性的深层次剖析，从分子水平上深入研究系统演化的过程与机制，促进从定性半定量描述向定量和机理性研究推进。从区域景观系统层次上，运用景观生态学的理论和方法来研究作物、害虫、天敌等组分在不同斑块之间的转移过程和变化规律，揭示害虫在较大尺度和具有异质性的空间范围内的灾变机理，利用农业景观生物多样性来保护农田自然天敌，实施害虫的区域性生态控制提供新的研究思路和手段。

我国在利用农业生物多样性开展作物病虫草害防治取得一定成效，在围绕间作、混作、混播不同基因型作物品种来防治病虫害，探讨物种多样性利用技术与模式取得较大成效，在国际上具有重要影响，但由于农业生物多样性持续控制有害生物的机理机制涉及多学科交叉理论，多年来，由于不同研究者学科领域的限制，对利用农业生物多样性持续控制有害生物机理的论述一直不集中、不全面、不系统。

6. 农业环境风险管理

发达国家一直十分重视农业环境保护，为强化环境管理，许多国家研究开发了大量的应急监测技术和方法，并建立了多种以数学计算为基础的事故处理模型和仿真系统，使环境污染事故管理制度化、信息化、定量化。与世界先进国家相比，我国在环境应急监测技术和方法、预测和评价模型建立等方面还相当落后，农业环境质量信息化建设亟待开展。

发达国家一直十分重视农业环境管理中的立法工作，并积极引用国际相关法规条约保护农业环境，同时也结合经济手段工作来管理农业环境问题，相应的立法体系具有系统性、规范性、协调性和可操作性等特征。在我国，虽然建立了相关的法律法规，但尚缺乏操作层面上的技术指标和规程，存在内容重叠、重要领域出现空白的现象，且还没有将环境成本纳入到整个经济运行体系中。

以天气指数农业保险产品研发为主的农业灾害风险转移技术研究在我国才刚刚起步，产品单一，在研究的深度和广度上都远不如美国、加拿大、印度等国家。

三、展望对策

（一）未来几年发展的战略需求、重点领域及优先发展方向

我国未来农业环境学研究的任务还十分艰巨，必须在以下几方面大力加强：一是在气候变化农业影响与适应对策领域，开展农业领域温室气体减排技术研发与潜力评估，开发推广农业领域适应气候变化的技术和措施，加强气候变化农业影响与适应综合评估研究，研究高效实用型农业气象灾害调控技术；二是在农业污染控制领域，要调查摸清我国农业面源污染物排放消纳特征与入湖入河负荷，抓紧制定我国农业清洁生产技术清单；三是在产地环境保护与修复领域，尽快开展产地环境分区分类管理研究和产地环境调控机理与途径研究；四是在农业环境工程领域，开展植物工厂关键技术研发，并构建标准化技术体系，同时加强畜禽养殖源头减排和防控技术研究；五是在农业环境风险管理领域，抓紧建立气候变化与农业影响的监测网络。

1. 气候变化农业影响与适应对策

1）尽快开展农业领域温室气体减排技术研发与潜力评估。设立专项研究，通过调控农业和畜牧业生产生产方式、生物质能源开发、新型农业废弃物处理利用对减少温室气体技术及可能的减排及措施的效果进行监测和评估；开展草地管理和农田利用方式对农田土壤碳汇影响的监测和评估，摸清农业领域温室气体减排的潜力和成本，为未来承担减排任务和适应政策的决策提供依据。

2）开发推广农业领域适应气候变化的技术和措施。应优先定量评估气候变化对我国粮食生产的影响，建立气候变化对我国粮食安全影响预警系统，研发适应未来气候变化的技术与配套措施，缓解气候变暖带来的不利影响；在典型农区开展适应技术的示范研究，评估技术的成本与效益，切实提高农业适应气候变化的能力。

3）揭示气候变化情景下农业生物的响应过程和生长发育机理，建立气候变化对农业生物影响的评估模式，加强气候变化农业影响与适应综合评估研究。

4）研究气候变化背景下农业气象灾害发生的新特征，针对不同农业区域确定适应与

减灾对策，研究高效实用型农业气象灾害调控技术。继续深化农业气象灾害预测预警的指标构建、技术方法、模型研发与集成、业务平台开发研究，同时拓展对主要农作物的主要灾害类型的农业气象灾害监测预警技术研究，努力满足区域重大农业气象灾害的动态无隙预测预警与气象防灾减灾业务服务的需求。中国重大农业气象灾害预测预警技术研究为中国国家粮食安全气象防灾减灾保障服务所急需，对提升中国重大农业气象灾害的预测预警能力与水平，减少因灾损失，增加农民收入，保障农业的可持续发展意义重大。

2. 农业污染控制

（1）尽快摸清我国农业面源污染物排放消纳特征与入湖入河负荷

全国第一次污染源普查为摸清我国农业面源污染负荷做了大量工作，并初步估算出了我国农业面源污染物的排放量，但这些数据还仅仅是离地数据，对于受纳水体而言，相当于污染物的产生量，并不是最终进入水体的排放量。因此，摸清氮磷等农业面源污染物迁移消纳规律，估算农业面源污染物入河入湖负荷，才能正确认识我国农业面源污染对水体富营养化的贡献，并制定科学的农业面源污染负荷削减方案。

（2）尽快制定我国农业清洁流域技术体系与区域模式

建立农业清洁流域景观布局支持系统，在保障粮食稳步增产的条件下，基于种植、养殖、环境协调发展，优化农业生产布局；研发集成农业清洁生产技术体系，以稳产为目标，以削减环境污染负荷为驱动，制定最佳的投入、生产过程管理、废弃物循环利用链条式整装技术；研发流域生态系统自净能力提升技术，构建生态屏障，削减农业面源污染负荷；针对不同流域特征与需求，编制农业清洁流域技术方案。

（3）及时研究提出适合我国国情的农业污染防控的环保转移支付政策与措施

OECD 国家在农村环境保护财政转移支付方面已经取得了很多进展，在环境质量改善方面发挥了积极高效的作用。环保转移支付符合 WTO 协议“绿箱”政策，我国有必要借鉴其先进经验，完善我国的环境保护政策，以推动和保障我国农业环境质量的可持续改观。

3. 产地环境保护与修复技术

（1）加强农业产地环境保护的政策制定、分层管理和制度约束

建立产地环境监察保护制度等规范，通过加强对农民的教育，增设农业产地环境补贴，并且将产地环境分区分类与粮食质量挂钩，建立严格的农业产地环境保护监测体系等政策和措施来引导农民进行环境友好型生产，使得农业产地的管理和保护更有层次和目标性，最终实现我国农业产地环境保护和优化。

（2）加强农业产地环境修复的技术研发和产业化推广

在技术研发方面，积极使用现代分子生物学技术等优化植物、微生物等多种修复手段的效果，并从微观上跟踪污染物及代谢产物的迁移转化以及修复的内在机制；在成果推广方面，将修复效果优异的微生物菌剂与植物、物理、化学等多种方法进行工程联合使用，研究大面积田间试验的应用效果，加快开发可实际应用的修复产品。

4. 农业环境工程

（1）尽快开展植物工厂关键技术研发

针对我国植物工厂的关键瓶颈问题进行攻关，通过节能光源 LED 补光装置等相关技术的完善，尽快形成植物工厂标准化技术体系。重点开展植物工厂生产环境下作物与温、光、水、气、肥等环境因子交互作用规律与相互影响机理研究，探索不同作物对环境响应的定量关系，力争在植物工厂节能控制工程与配套装备、资源高效利用型植物工厂技术、远程环境数据采集与自动控制、植物逆境生理模拟与控制、营养液高效栽培系统等方面取得突破。

（2）尽快提升日光温室抗逆生产与智能管理技术水平

通过典型区域日光温室结构优化、保温储能墙体材料开发、节能环境控制、专用机具开发及高效栽培工程研发，实现我国日光温室栽培从传统经验式管理向现代智能管理的质的转变，提升日光温室的工业化和自动化生产水平，降低能耗、生产和运行成本，降低劳动强度，提高劳动生产率。其使用区域范围扩展到北纬 50° 、海拔 3000 米以上地区。

（3）尽快开展畜禽养殖源头减排和防控技术研究

加强畜禽养殖环境控制研究，重点开展集约化养殖条件下畜禽行为，氨气等有害气体排放，以及养殖环境除臭、净化、降温等技术研究及配套设备开发，强化畜禽环境质量、清洁生产工艺模式、养殖废弃物无害化工程、废弃物利用以及相应的技术设施设备研究，为养殖业可持续发展提供有效保障。

5. 生物多样性农业利用

加强种植—养殖系统生物之间的相互作用研究，优化种植—养殖系统内轮作、间作、套种等模式、生态田埂、生态沟渠及畜、禽等的配置，阐明生物多样性农业利用的经济、环境、生态效益，在流域乃至全国尺度上，提出农业生态系统服务功能优化方案。

6. 农业环境风险管理

（1）建立气候变化与农业影响的监测网络

为保证我国的粮食安全，在全国不同类型地区建立观测点，定点监测不同农业措施对温室气体排放和增加碳汇的影响；研究气候变化对农牧业生产、草地生态的影响，研究气候变化对病虫越冬和越夏位置、土壤微生物多样性变化与土传病害种类和危害水平、作物对病虫抗性、病虫害地理分布等的影响，为制定适应气候变化农业政策服务。

（2）加快天气指数农业保险产品研发

目前，我国开展的天气指数农业保险研究，理论探讨的多，实践应用的少。为了广泛应用天气指数保险产品转移农业灾害风险，需要加强农业气象学、农业保险学、农业金融学等学科的交叉研究，结合中国国情，因地制宜，量身定做天气指数保险产品，为转移农业灾害风险，保障农业可持续生产提供技术支撑。

（二）未来几年发展的战略思路与对策措施

在全球气候变化日益加剧、粮食安全与食品安全问题日益突出、我国农业发展方式快速转变、城镇化速度加快的背景下，“十二五”时期，我国农业环境科学面临着前所未有的机遇与挑战。加快农业环境学科发展，要注意以下几点。

1. 突出重点，服务国家重大需求

我国农业环境学科的发展要着眼于国家重大需求，农业环境科学要以推动我国农业发展方式加快转变为己任，农业环境科学既要注意研究和解决在农业发展方式已经发生变化的背景下出现的新问题、新情况，又要把加快这一转变，实现低耗、高效农业发展方式作为学科的目标；农业环境科学的发展要以满足国家粮食安全为前提，不能陷入纯粹的环境环保主义，要以科学发展观的态度看待我国农业当前和今后一段时期面临的环境问题；农业环境科学要在涉及国家重大核心利益、重大发展策略的国际敏感环境问题上有所作为，服务于国家安全战略，比如，我国农业环境科学要在气候变化及其农业影响领域做好我国温室气体排放与固碳减排潜力评估工作，并提出切实可行的对策建议，为我国履行联合国《全球气候变化框架公约》和《京都议定书》承诺的义务和参与国际气候谈判提供科学支撑。

2. 完善研究基础设施，加快农业环境调控平台建设

农业环境科学是一门应用性和基础性都很强的科学，加强基础性研究，特别是完善研究基础设施，构建以综合性重点实验室为龙头、专业性（区域性）重点实验室为骨干、野外科学观测试验站为补充的我国农业环境调控平台，对加快农业环境科学发展具有重要意义。我国幅员辽阔，农业环境的区域性强，农业经济发展水平、农业生产方式差异大，构建全国性的农业环境监测、研究网络，将大大推进我国农业环境学科的研究能力。

3. 强化政府主导，注意发挥产业带动优势

工业企业的环境污染问题已经被公众普遍接受，而农业生产带来的环境污染问题在许多地方还不为公众甚至是政府所认可和接受。特别是农业环境科学研究是公益性的，一般不能带来直接经济效益，因此，农业环境科学研究应更加强调政府的主导作用，各级政府要充分认识环境保护在经济发展中的地位和作用，明确自己在环境保护中的义务和责任，加大对农业环境科学研究事业的支持力度。近年来，随着我国对环境保护工作日益重视，我国的环保产业逐渐发展壮大，成为带动经济发展的一支新生力量，农业环境科学研究要注意培育农业环保产业，同时利用市场的力量带动学科的发展。

4. 充分发挥农业环境学科群的作用，加强长期定位研究

农业部农业环境学科群构建了以农业环境综合性重点实验室为龙头，专业性（区域

性）重点实验室为中坚，野外科学观测试验站为基础，三者紧密配合、分工协作、布局均衡全面的农业环境基地网络体系，并布设了长期定位研究。依靠并充分发挥农业环境学科群的作用，通过稳定长期支持，加强长期定位试验研究，有利于我国农业环境问题的诊断和提出相应的技术对策措施与政策建议。

5. 加强国际合作与交流，提升农业环境学科的研究水平与层次

加强与同领域世界知名科研机构的交流与合作，引进国外先进技术、方法、理念和人才，通过走出去和请进来，提升我国农业环境学科的研究水平与层次。

参考文献

[1] 梅旭荣，刘荣乐. 中国农业环境［M］. 北京：科学出版社，2011.

[2] 包刚，覃志豪，周义，等. 气候变化对中国农业生产影响的模拟评价进展［J］. 中国农学通报，2012，28（02）：303–307.

[3] 陈德亮. 气候变化背景下中国重大农业气象灾害预测预警技术研究［J］. 科技导报，2012，30（19）：3.

[4] 黄建平，季明霞，刘玉芝，等. 干旱半干旱区气候变化研究综述［J］. 气候变化研究进展，2013，9（1）：009–014.

[5] 李虎，邱建军，王立刚，等. 适应气候变化：中国农业面临的新挑战［J］. 中国农业资源与区划，2012，33（6）：23–28.

[6] 潘根兴，高民，胡国华，等. 气候变化对中国农业生产的影响［J］. 农业环境科学学报，2011，30（9）：1698–1706.

[7] 汤绪，杨续超，田展，等. 气候变化对中国农业气候资源的影响［J］. 资源科学，2011，33（10）：1962–1968.

[8] 陶生才，许吟隆，刘珂，等. 农业对气候变化的脆弱性［J］. 气候变化研究进展，2011，7（2）：143–148.

[9] 熊伟，林而达，蒋金荷，等. 中国粮食生产的综合影响因素分析［J］. 地理学报，2010，65（4）：397–406.

[10] 熊伟，杨婕，吴文斌，等. 中国水稻生产对历史气候变化的敏感性和脆弱性［J］. 生态学报，2013，33（2）：509–518.

[11] 赵俊芳，郭建平，马玉平，等. 气候变化背景下我国农业热量资源的变化趋势及适应对策［J］. 应用生态学报，2010，21（11）：2922–2930.

[12] 中国国家发展和改革委员会. 中国应对气候变化国家方案［EB/OL］. http：//www. ccchina. gov. cn/WebSite/CCChina/UpFile/File189. pdf2007.

[13] 周曙东，周文魁，林光华，等. 未来气候变化对我国粮食安全的影响［J］. 南京农业大学学报（社会科学版），2013，13（1）：56–65.

撰稿人：梅旭荣　朱昌雄　李玉娥　张庆忠　程瑞锋

熊　伟　罗良国　杜克明　许　娟　王一丁

农业资源与区划

一、引言

（一）学科概述

农业资源与区划学（agricultural resources and regional planning）是一门分析农业资源的时空分布规律，调查、监测和评价农业资源的利用现状，研究农业资源的高效利用和合理保护，揭示农业生产地域分异规律，指导农业生产力合理配置，实现农业资源可持续利用和区域农业生产可持续发展的农业基础科学，也是一门横跨自然生态、社会经济和多种技术的高度综合性交叉学科。其基本研究方向包括：农业资源调查与评价、农业资源利用与保育，以及农业分区与区域战略三个方面。农业资源（agriculture resources）是人类从事农业生产或农业经济活动所利用或可利用的各种资源的总称，包括农业自然资源和农业社会资源。其中，农业自然资源主要指自然界存在的，可为农业生产服务的物质和能量的总称，包括气候资源、水资源、土地资源和生物资源等。农业社会资源指直接或间接对农业生产发挥作用的社会因素、经济因素和技术因素，主要有农业人口、劳动力、农业物质技术装备、生产资金，以及政策法规等。农业区划（regional planning of agriculture）是在农业资源调查与评价的基础上，从自然、经济、技术的综合角度，对农业资源的时空分布规律和农业生产的地域分异规律进行科学分类的一种方法。它对区域农业资源存在的优势和劣势进行全面分析，评估区域农业生产发展潜力，并最终实现对农业生产进行规划和科学指导的基础性工作。

（二）发展历史回顾

我国农业资源与区划学科经历了一个研究内容由浅入深，工作由点到面，范围由小到大的过程。新中国成立前，我国科学家重点关注农业资源与区划方面的调查和研究工作，对我国的农业区域进行了初步划分。1949 年新中国成立后到改革开放前，为组织和规划全国的农业生产及现代化建设，在全国范围内开展了大规模的农业资源调查和全国综合自然区划的研究，包括1951—1954年、1960—1961年和1973—1976年3次较大规模的农业资源考察，全面调查了土壤、水、农业生物和农业气候资源等状况，基本查明了农业资源分布、生态环境特征和开发利用前景。同时，也提出一些综合区划和部门区划方案，探讨了区划研究的方法论问题。改革开放后，随着全国农业自然资源和农业区划委员会和中国农业科学院农业自然资源和农业区划研究所的成立，从国家到各省、地、县都开展了比较全面、系统的农业资源调查、农业部门区划、综合农业区划、专题调查研究等。全国共有2108个县（除西藏外）完成了农业资源调查和农业区划，首次形成了国家、省、地、县纵向配套的农业资源与区划体系，并首次实现了全国农业资源区划资料库的数据和资料的信息化。进入21世纪后，为应对经济全球化和农业结构战略性调整的需要，农业部组织开展了农产品区域布局规划编制工作，现已初步形成了一批国内外较为知名的优势区，资金、技术、劳动力、管理等现代生产要素加速向优势区聚集，现代农业产业体系和农业生产力布局逐步优化，为现代农业建设奠定了重要的地域空间基础。

二、现状与进展

（一）学科发展现状及动态

1. 农业土地资源

农业土地资源是指在农业生产上能够满足对人类当前和可能预见到的即将有用的土地。农业土地资源既具有自然范畴的特性，即土地的自然属性，也具有经济范畴的特性，即土地的社会属性。为了确保国家食物安全，尤其是粮食安全，农业土地资源高效、可持续利用受到高度关注。2011年以来我国耕地面积基本保持在18.26亿亩左右，已逼近国务院《全国土地利用总体规划纲要（2006—2020年）》提出的18亿亩耕地红线，加上人口增加对粮食需求的刚性增长，以高投入、高强度利用土地来获得较高产量和经济效益的生产方式已成主流。

围绕农业土地资源的保护和高效利用，当前研究主要包括农业土地利用/覆被变化研究、农业土地资源评价研究，以及土壤质量研究等方面。其中，农业土地利用/覆被变化研究多集中于耕地/农作物面积变化监测和分析，以及农业土地利用/覆被变化的预测模拟、效应及驱动机制等四个方面；农业土地资源评价研究则更加重视耕地地力评价，实现耕地保护向数量管控、质量管理和生态管护三位一体转变。而土壤质量研究则包括土壤肥力质量、土壤健康质量和土壤环境质量的提高等内容。其中，土壤化学研究主要侧重于土壤养分化学、土壤酸碱化学等方面，尤其在土壤养分形态转化及其有效性机制等方面开展了深入研究；土壤肥力研究重点侧重于土壤固碳减排、土壤地力提升及其演变规律等方面开展系统研究；土壤改良方面的研究主要侧重于盐碱土高效利用、酸化红壤综合防治等；土壤分类方面主要开展了土壤系统分类标准的制订研究等。

2. 农业水资源

农业水资源研究在保障我国农业生产和新农村建设中一直起着举足轻重的作用，随着农产品质量安全与生态环境的重要性日益受到重视，学科也得到了快速发展。在应用基础研究方面，水资源科学研究已由传统实验统计学、多尺度理论、动力学理论和系统工程理论，向与现代信息学、分子生物学、材料工程学和生态环境学等学科交叉融合的方向发展。从初期围绕提高水利用率与利用效率研究，发展成为“水—土壤—植物—大气”循环系统中水的界面控制研究，通过充分挖掘土壤蓄水保肥、植物基因高效用水潜力，形成提高水肥资源高效利用和提升作物高产高效生产能力的水资源利用科学基础；通过挖掘植物耐旱生理特性，调控土壤水与养分综合管理研究，形成了基于水肥信息资源管理的农业污染物控制和水治理专项，在较大范围挖掘了减少水土养分流失潜力，出现了基于充分发挥水与水环境互作协同作用的农产品产地减排、水与水环境保护的环境水资源利用科学；通过研究以水体生物配位模型为代表的新兴理论，形成国内外解决规范化水资源利用与多元水环境保护的环境水资源科学基础，同时为同步化深层次、动态化、定量化和系统化的标准化水资源利用科学奠定了基础。在实践应用方面，通过在大田作物、经济作物的水肥资源综合管理、保护性土壤水库建设、水肥养分管理的水环境污染物扩容、新型水肥调理、节水节能灌溉、水肥一体化等技术方面开展了大量的研究，达到实现水资源高效利用、作物高产优质、生态环境安全的目标。

3. 农业气候资源

（1）农业气候资源分析与区划

基于历史和未来气候资料，结合“3S”技术，进行全国及各区域精细化农业气候资源分析与区划。通过建立气候、遥感与农业信息的耦合模型，获取精细化的农业气候资源时空分布数据；构建了农业气候区划模型，编制精细化农业气候区划和大宗特色农作物气候区划。

（2）农业气候资源与主要农作物布局及种植制度关系研究

在分析全球气候变化背景下中国各区域农业气候资源时空演变特征基础上，探索农业气候资源与我国种植制度界限、熟制、复种指数关系，开展了气候资源与各区域主要种植作物格局研究。

（3）农业光温生产潜力和气候生产潜力评价

定量计算了各区域不同作物光温生产潜力和气候生产潜力，明确气候背景下各区域作物体系所能达到的最高产量及各区域的不同层次产量差。

（4）重大农业气象灾害演变规律及应对技术研究

利用气候资料、农情资料以及灾情资料，明确了各区域干旱、洪涝、低温、高温等农业气象灾害演变趋势及空间分布特征，评估了灾害对作物产量的影响程度，提出了不同农业气象灾害的防控技术措施。

4. 农业微生物资源

（1）微生物资源收集、保藏与共享

在前期大量收集、整理、保藏重要农业微生物菌种资源的基础上，近年来菌种资源的信息化整理和网络建设得到了加强，全社会对农业微生物菌种资源的信息和实物共享水平显著提升。

（2）土壤微生物

腐熟秸秆、固氮溶磷、改土培肥、抗病促生等微生物资源研究日益深入，筛选到了大量高效功能菌株，为微生物肥料产业化提供了技术保障。作物根际微生物和作物内生菌研究取得进展，为微生物资源的利用提供了理论基础。

（3）农业环境微生物方面

针对农田持久性有机污染物、残留农药降解微生物资源的研究逐步深入，针对自然环境和水产养殖水体污染修复微生物资源研究得到加强，利用微生物资源和技术处理城乡有机废弃物取得阶段性技术成果。

（4）植物病原微生物方面

针对作物、蔬菜病原微生物致病菌株的收集、整理工作取得阶段性进展，为作物抗病、生物防治和生态调节剂研制提供了靶标菌种。

5. 农业肥料资源

我国人多地少，用不到 9% 的耕地面积养活了全球 22% 的人口，化肥产量和施用量均处于世界首位，过去几十年实践表明：化肥施用对提高作物产量，保障我国粮食安全起着重要作用。近些年来，我国出现化肥品种结构不合理，使用量过量和不足并存，区域和作物之间施肥差异大，施肥的增产效应下降，农民施肥技术水平不高，影响农作物品质和土壤质量，增加大气和水体面污染风险等问题。另外磷矿、钾矿和煤矿等矿产资源的枯竭和大量消耗，物流及生产成本的增加，化肥使用成本明显增加，制约农业生产健康发展；面对不断增长的人口数量和对提高生活质量的要求，如何科学使用化肥，保证粮食供给，实现我国农业高效、优质、可持续发展，是我国肥料资源养分的研究焦点。

开展肥料资源与养分管理的战略研究，进行全国肥料施用情况调查、肥料养分利用效率分析、肥料需求预测、肥料产业竞争力与肥料产业政策研究等。建立全国肥料施用状况数据库与作物肥料利用率数据库，建立作物体系肥料需求预测系统。建立了化肥生产、销售、储存、运输和生产原料数据库，开展控释肥料、微生物肥料、商品有机肥料、叶面肥料以及多功能肥料等新型肥料产业竞争力、产业政策、发展战略等方面研究。综合考虑与肥料相关的矿产资源、作物生产体系、动物生产体系、人类营养与消费、环境和经济等多方面因素，建立食物链养分流动模型，研究养分流动规律，寻找养分资源最优管理技术。与联合国粮农组织（FAO）、国际肥料工业协会（IFA）、国际植物营养研究所（IPNI）等组织及美国、欧洲等国家合作，研究国际肥料贸易、产业发展，以及肥料养分管理的最新研究资料和数据；与世界肥料工业协会（IFA）合作，完成中国化费需求预测数据库建设，向 IFA 提供年度报告，成为 IFA 官方报告《全球农业和肥料需求展望》的主要参考资料。

6. 农业废弃物资源

农业废弃物资源综合利用理论取得重要进展，逐步开展了以碳足迹、生命周期评价等理论为基础的农业废弃物资源综合利用技术节能减排效果评价研究。其中，生命周期评价理论的引入将包括农业废弃物获取、加工、运输以及销售等整个环节的环境影响纳入到研究过程中去，从而为最大限度地量化农业废弃物资源综合利用的环境生态效益提供了理论依据。此外，有关农业废弃物资源化综合利用管理的法制研究也开始逐步细化，为进一步促进和规范未来我国农业废弃物资源化综合利用做好准备。在技术领域，纤维素乙醇、沼气高值化利用等取得了新的突破。在农业部制定的“十二五”农村沼气工程建设规划纲要中，已将“沼气高值利用”列入其中。根据规划，农业部将选择日产气量 5000 立方米以上的特大型沼气工程，或者大中型沼气工程相对集中的地区进行试点，选用适当的脱硫、脱氧和脱二氧化碳技术，进行沼气净化、纯化，生产生物天然气和压缩天然气，进一步改善农民生活用能，促进农村节能。

7. 农业资源遥感监测

（1）农作物遥感监测

作物种植面积的遥感监测的技术方法的研究不断深入，利用高分辨率遥感数据采用面向对象的分类方法得到应用，发展了利用时间序列遥感数据和混合像元分解提取作物种植面积的多种分类方法，分类精度不断提高；虚拟卫星星座技术用于作物长势监测得到初步应用，提高了监测的效率；定量遥感技术获取关键作物生物物理和生物化学参数及生理胁迫参数的研究活跃，取得了大量研究成果；作物灾害遥感，包括病虫和低温冷害的遥感监测与评价方面的研究初步开展；在作物产量监测与预测中，利用遥感数据与作物生长模型同化方法提高精度与效率的研究更加深入，不同同化算法、遥感数据产品精度、不同作物生长模型对同化结果不确定性影响方面的研究具有特色。

（2）农业资源动态监测

农业土地利用、草地资源和渔业资源环境的遥感动态监测研究与应用继续发展，更高分辨率、多源遥感信息及其数据产品得到应用。整合遥感与 GIS 的农业土地利用空间模型进一步发展；定量遥感等遥感新技术不断得到应用，促进了土壤性状、面源污染、土壤盐碱化、农田管理措施、草地利用等方面的研究与应用。

（3）精准农业与数字农业

定量遥感、物联网以及无人机低空遥感等技术的发展，进一步提高了遥感等空间信息技术在精准农业与数字农业中应用深度与广度。在作物生长发育及营养状况的监测分析与诊断、作物品质的遥感监测与评价、作物肥水施用的诊断与推荐、农业精准管理与操作操作等方面遥感技术的应用不断深化。

8. 农业区划

(1)农业资源监测评价研究

结合“三农”工作实际和农业多功能性的特点，调整监测内容，扩大监测范围，完善监测手段，探索在全国范围内建立不同层次、不同规模和不同特色的农业资源监测体系，适时更新农业资源数据，完善农业资源数据库。重点开展耕地流转、耕地质量、草地、水资源、转基因作物、知识产权等领域的跟踪调查，研究新形势下农业资源合理利用与保护。

(2)连片特困地区区划研究

在梳理贫困相关概念的基础上，界定连片特困地区的概念与内涵，探讨连片特困地区的识别指标与区划方法，研究连片特困地区的地域空间分布，研究不同类型连片特困地区的贫困特征、致贫成因、扶贫方略和重大对策措施。

(3)农业区域格局演变研究

综合应用遥感、地理信息系统、空间统计和计算机模拟等技术，探究农业空间格局演变的动力机制和主要驱动力，建立农业空间格局模拟模型，再现农业空间格局演变历史过程，模拟预测未来的可能变化趋势。

(4)区域农业战略规划研究

按“重点推进区”、“率先实现区”和“稳定发展区”三类区域，研究确立全国区域现代农业功能定位、建设目标、发展途径和保障措施；针对全国11个连片特困地区区域特征和基础条件，研究制定农业行业扶贫目标、扶贫工程、扶贫模式、扶贫机制与扶贫政策；研究农业全产业链利益关联与分享机制，分析农产品价格变动规律，构建价格波动模拟模型，探讨产业稳定发展的支持政策。

(二)学科重大进展及标志性成果

1. 农业土地资源

农业土壤肥力培育、中低产田改良及农业面源污染防控机理与技术研究取得重要进展。我国农业土壤质量整体水平呈现提升趋势，局部地区有机质退化速率有所减缓。土壤肥力质量、土壤健康质量和土壤环境质量的协同提高越来越受到关注，相关基础研究取得了较大进展。重点研究和总结了在长期不同管理措施下，土壤基础地力的时空演变规律及模型模拟，投入土壤的有机物料的固碳效率及其主控因子，土壤固碳速率估算及固碳减排的区域特征，土壤质量提升与提高土地生产力的协同耦合关系、秸秆还田与土壤养分资源高效利用的协调关系，土壤面源污染防治关键技术等。与此同时，构建了一批土壤质量实验研究平台，如耕地培育技术国家工程实验室、农业部面源污染控制重点开放实验室等，促进了土壤质量相关研究的持续深入开展。

2. 农业水资源

近年来，农业水资源学科发展迅速，尤其是在农业水资源利用与水环境保护、基于水驱动的土壤养分生物有效性、土壤水肥反演、作物抗旱生理、灌溉施肥技术和雨水集蓄痕量灌溉利用等研究领域取得了标志性成果。以水体生物配位模型创建为代表的农业水资源安全利用新理论，拓展了农业水资源保护研究的新方法，对建立农业水资源安全利用的标准与规范打下了坚实的理论基础。以微量或痕量灌溉技术为代表的农业高效节水灌溉理论与新模式创建，对基于作物胁迫需水识别的水分生产函数建立、非常规灌溉制度创新和膜下微（痕）量水肥一体化滴灌施肥等研究领域的拓展，创造出农业水资源高效利用研究的新途径。以土壤水肥同步反演模型为代表的动态模型，揭示了土壤湿度年际、年代际时间尺度上的动态演变特征，对于改变区域耕种与农田水肥管理模式，选择可持续农业生产模式意义重大。以旱地农田碳氮减排为核心的土壤水库保护与扩容、以水肥一体化为基础的高效节水种植、以生物降解 PLA 覆盖为基本材质为代表的环保型保墒种植、以水资源区域宏观管理和发挥生态服务功能为调控手段的旱地生态涵养水源等技术，为现代农牧结合、粮经饲结合、农林牧综合发展模式等节水高效技术体系的形成，增加了当今农业水资源综合利用的新内涵。

3. 农业气候资源

一是农业气候资源分析应用研究取得重要进展。研究提出了中国农业气候界限和作物生态适应性理论，利用“3S”技术精细测绘了山区复杂地形的主要农业气候要素分布，应用农业气候相似理论指导了我国作物引种和农业区划。二是农田生态系统物质与能量传输进程及调控理论研究取得重要进展。研究提出了农田水热平衡与作物光能利用模式，测定了农田作物光能利用效率，农田系统碳、氮循环，温室气体通量测定等相关成果达到国际领先水平。三是作物光能利用潜力理论方面取得重大突破。利用光能利用潜力理论和作物气候生产潜力理论，指导作物高产和优质，制定国家优势农产品区域布局规划以及新增 500 亿千克粮食生产能力规划。四是气候变化对我国种植制度和作物结构布局的影响取得新进展。研究了气候变暖对我国多熟种植界限的影响，定量了最近 30 年和本世界中叶我国多熟种植界限可能的种植北界空间位移。明确了气候变化背景下我国冬小麦不同冬春性品种可种植区域变化特征，以及东北地区不同熟性春玉米品种种植界限变化及其对产量的影响。五是农业气象灾害规律和防控技术研究取得显著进展。提出了“生物避灾、制度救灾、技术减灾”减灾理念。

4. 农业微生物资源

从全国各地的作物根际土壤和植株样品中分离获得了自生及联合固氮微生物菌种资源 1500 余株。筛选出一批具有固氮酶活性高、固氮且产生 ACC（1- 氨基环丙烷 -1- 羧酸）脱氨酶、固氮且拮抗植物病原真菌的特色微生物资源，在中低产田改良培肥等农业生产实践中发挥了积极的作用。发现了类芽孢杆菌属（*Paenibacillus*）和芽孢杆菌属（*Bacillus*）是作物根际和农田环境中可培养自生及联合固氮微生物的优势种群，广泛分布在多种作物和地区。发现了假单胞菌属（*Pseudomonas*）、根瘤菌属（*Rhizobium*）和芽孢杆菌属（*Bacillus*）是水稻、小麦、玉米等作物内生固氮菌的优势种群。

5. 农业肥料资源

2013 年科技部启动了肥料领域第二个 973 计划项目“肥料养分持续高效利用机理与途径”，以肥料养分持续高效利用为核心，紧紧围绕无机肥料氮磷养分无效化阻控与增效、有机肥料氮磷生物转化与碳氮互作，以及农田养分协同优化原理与方法三个科学问题开展研究。“十二五”国家科技支撑计划项目“新型缓控释肥与有机肥开发关键技术研究与产业化示范”从重大共性关键技术、新产品开发与产业化示范三个层次，构建新型高效肥料技术创新体系。山东金正大生态工程股份有限公司“缓控释肥技术创新平台建设”项目获得了 2012 年国家科学技术进步奖二等奖。2013 年，中国科学院学部组织了咨询评议项目“我国化肥使用中存在的问题和对策”，由厦门大学赵玉芬院士主持，分为土壤（环境）与施肥、作物与复肥缓释、稀土化肥问题、管理与政策 4 个子课题。

中国农业科学院金继运研究员（2012）在 *Journal of the Science of Food and Agriculture* 上发表了 *Changes in the efficiency of fertilizer use in China*。中国科学院院士朱兆良和中国农业科学院金继运研究员（2013）在《植物营养与肥料学报》发表了《保障我国粮食安全的肥料问题》。中国农业大学张卫峰等（2013）在《中国农业科学》上发表了《中国氮肥发展、贡献和挑战》，通过食物链模型分析中国陆地生态系统中氮素来源的构成、特点和变化，以及氮素投入变化对农业生产、人体营养改善的贡献。中国农业大学教授张福锁、陈新平和美国斯坦福大学教授 P.Vitousek 于 2013 年 5 月在 *Nature* 上发表了题为 *Chinese agriculture*：*An experiment for the world*（中国农业：对世界的成功经验）的文章，阐述新世纪以来我国农业在作物高产肥料等资源高效科学研究和应用上取得的重要进展与成就。2013 年 5 月，《美国科学院院报》（PNAS）发表了张卫峰、张福锁等研究论文《新技术推动氮肥减排增效》（*New technologies reduce greenhouse gas emissions from nitrogenous fertilizer in China*）。通过革新氮肥生产技术、改善农田养分管理技术，每年可以减少温室气体排放 3.58 亿吨二氧化碳当量，相当于全国温室气体排放总量的 6%，推进向低碳农业的转变，以此建议国家应将氮肥减排纳入减排重点领域。

6. 农业废弃物资源

秸秆纤维素乙醇关键技术取得重要进展。围绕纤维素乙醇取得的新进展和新突破，主要体现在秸秆乙醇产业化示范关键技术开发、秸秆降解微生物的构建及发酵工艺优化、秸秆乙醇酶解发酵关键技术研发、秸秆乙醇工程放大及关键设备开发等方面。由天冠集团、浙江大学、上海天之冠可再生能源公司、郑州大学四家单位组成的课题组，就以上关键技术进行了研发。经证实，目前已形成了酶活力高、适宜秸秆乙醇规模化生产的纤维素酶、木聚糖酶、纤维二糖酶的生产工艺，提高了可发酵单糖的转化率；开发了固态酶连续培养装置，基本解决了固态培养中温度、湿度难于控制、质量不稳定等问题，实现了连续化生产；优化了酶解工艺，实现糖化用纤维素酶每克秸秆不超过100IU；选育出了性能稳定的工程菌，糖转化率达到45%，发酵终了的含酒量在7%（体积分数）以上。目前，河南天冠集团已建成了国内首条秸秆纤维乙醇工业化生产示范线，生产出秸秆纤维乙醇产品质量合格率达到100%，项目整体技术水平在国内处于领先地位。

7. 农业资源遥感监测

农业遥感在基础理论研究、应用技术开发及业务应用等方面都取得了一批重要成果。包括农业定量遥感反演技术、遥感数据同化技术、天（遥感）—地（地面）—网（无线传感网）一体化的农作物信息获取理论方法和技术等。其中，上海交通大学主持完成的“土壤作物信息采集与肥水精量实施关键技术及装备”获得2011年度国家科技进步奖二等奖，该成果采用传感器技术、遥感技术等在精准施肥的土壤作物信息获取、施肥处方生成、变量作业等的技术环节取得创新成果。中国农业科学院农业资源与农业区划研究所唐华俊研究员主持完成的“主要农作物遥感监测关键技术研究及业务化应用”获得2012年国家科技进步奖二等奖，该成果针对我国复杂地形和复杂种植结构，发展和完善了农作物遥感监测理论方法和技术体系，创建了服务于农业主管部门的全国农作物遥感监测业务运行系统，为掌握全国粮食生产状况、指导粮食生产和农产品贸易发挥了重要作用。

8. 农业区划

开展农业区域协调发展研究，在界定农业区域协调发展概念的基础上，探讨了农业区域协调发展的机制及其模型表达，建立了规模报酬递增条件下两地区一般均衡模型，构建了农业区域协调发展的评价指标与方法体系，定量评价了1995—2008年我国农业区域发展的协调性变化过程，探讨了我国不同农业区域的主导功能定位和制度变革方向。开展中国农业资源安全保障研究，在分析农业综合生产能力安全的基本理论与资源保障机制的基础上，构建了基于农业综合生产能力安全的资源阈值模型与资源供给保障程度评测标准，测算了2020—2030年农业综合生产能力安全的国家目标及其耕地、农用水、草地和水产四大资源阈值，评估了同期我国农业综合生产能力安全的资源保障程度，结合国情提出了农业综合生产能力安全的资源保障体系。

（三）本学科与国外同类学科比较

1. 农业土地资源

世界各国人口、资源等基本国情差异极大，决定了对农业土地资源的定位与赋予的功能不同，欧美发达国家的科学家认为首要解决的是环境问题，提倡“绿色农业”和“有机农业”，农业土地资源的粮食生产能力是次要的，质量是首要的。而对人多、地少，粮食供应短缺的许多国家，科学家认为农业土地资源的基本定位是为农业服务，基本功能是生产粮食，因此土地资源研究的重点始终是解决土壤肥力，坚持以提高农产品产量和质量为主要目标。但是在研究方法学上，各国科学家都十分重视土壤学与其他学科的交叉与融合，重视信息技术、生物技术及现代分析技术的应用；在研究对象上，重视土壤圈与其他圈层的物质与能量交换，重视土壤的生产功能的同时，开始重视土壤的社会功能、环境功能研究。

2. 农业水资源

我国在土壤生物配位模型、抗旱生理调亏灌溉、膜下痕（微）量滴灌施肥和旱地生态涵养水源等水资源高效利用、水环境保护理论与方法研究方面现已达到国际先进水平，农艺节水技术一直保持着与国外同步发展的态势，但在农业水资源利用学科基础、节水设备工程和材料等领域的研究与发达国家差距很大，特别是在痕（微）量灌溉施肥设备自动化研发、水分养分精准化控制技术、土壤水与养分等农业水资源系统化基础信息、新型节水材料与工艺、基于作物抗旱节水基因改良的新种质资源发掘、区域水资源模式化管理和现代农业水资源安全利用标准与规范等领域还存在一定的差距。

3. 农业气候资源

我国在农业气候区划、农业气候资源利用等方面处于国际领先地位，其中尤以农业区域布局、橡胶种植界线北移、棉花种植向西北转移、山区农业气候资源开发利用为代表。但与发达国家相比，在某些领域还有较大差距，表现在：一是缺乏自主开发的气候模式和作物模型。尚未有取得自主知识产权的气候模式和作物模型，目前主要应用国际上的气候模式预测未来气候变化情景。二是自主研发的农业气候资源监测仪器缺乏。目前国内农业气候监测仪器主要依赖进口，国内缺乏系统的自主研发的观测仪器。三是农业气象灾害防灾减灾技术方面。农业气象灾害预警、预报准确率与国际上仍有差距，动态防御技术研究进展缓慢。

4. 农业微生物资源

与欧美发达国家相比，总体来看，我国农业微生物资源收集种类多、数量大，但对资源的认识不足，研究不深，利用程度较低，科研力量严重不足。近年来，我国在微生物资源数量上增长较快，但资源质量尚待提高；在基础理论研究上取得了阶段性进展，但对土壤环境中功能微生物稳定发挥作用的机制尚不清楚；在微生物肥料技术上有显著进展，但还不能满足农业生产和生态文明建设需求；我国微生物肥料产品品种较多，但产品稳定性需要进一步提高。

5. 农业肥料资源

发达国家由于人口和资源矛盾并不突出，较为关注的是环境与食品安全问题，相关研究多从保护环境出发，优化施肥的目标是改善作物品质，而不是片面追求作物产量。此外，发达国家机械化程度高，耕地高度集中，施肥理论与方法研究更偏重于农机农艺相结合。我国人多地少，农业生产高投入高产出，要确保粮食持续高产、肥料养分高效，以及生态环境安全多重目标的实现，这一命题更具特殊性和挑战性。随着人口增长，城镇化进程加快，畜牧业快速发展，养分资源活化量和在农田—畜牧—营养—环境体系循环量大幅度增加，彻底改变了我国几千年来依靠养分自然循环的传统农业生产格局，养分作为双刃剑的污染问题突出显现，使我国过早跨入了“污染—治理”的恶性循环阶段。近些年来，我国政府对农业科技投入快速增长，我国科学家开展实现作物高产和资源高效双重目标的肥料施用与养分管理理论与技术研究，保障粮食产量稳步增长的同时，增速高于世界其他地区一倍以上，而肥料资源投入增幅显著下降，资源利用效率逐步提高，通过组建国家现代农业产业技术体系，实施覆盖全国农业主产县的测土配方施肥项目，为农民提供测土服务和施肥技术指导，推动了高资源环境代价的农业向高产高效的转变，我国农业肥料科技研究的规模、质量和布局以及解决粮食安全和环境保护挑战的强烈意愿和需求，不仅值得其他发展中国家学习与借鉴，也引起了国际社会的广泛关注。

6. 农业废弃物资源

同发达国家相比，我国农业废弃物资源化利用研究依然在以下几个方面存在较大差距：一是秸秆乙醇高效水解酶低成本生产技术；二是沼气提纯加压灌装技术；三是秸秆发电和沼气发电上网适用技术；四是污泥无害化处理和肥料化利用技术。以秸秆乙醇高效水解酶低成本生产技术为例，近几年我国虽然在秸秆纤维素乙醇关键技术方面取得了一系列重要进展，但在高效酶制剂的研发和生产中，依然鲜有中国企业的身影。在国内一些重要的规模纤维素乙醇生产线中，还需要国外公司提供具有成本优势的酶。

7. 农业资源遥感监测

1）农作物遥感方面。在农业定量遥感的基础理论研究方面与国际先进水平还有很大差距；估产系统的业务化程度有待进一步加强，进一步标准化，监测内容也有待进一步拓展。

2）农业资源动态监测方面。土地资源与草地资源的定量遥感研究刚刚起步，渔业资源环境遥感方面的工作开展得还不充分；耕地质量、土壤性质、牧草品质的遥感动态监测具有良好的发展潜力，但与过程模拟整合方面的工作开展还不充分。

3）农业灾害遥感方面。灾害监测的微波遥感应用、监测精度、监测时效性、损失评估等方面与国际先进水平还有差距；服务防灾减灾的农业保险遥感应用刚刚起步，需要深入开展工作。

4）精准农业和数字农业方面。在作物遥感监测诊断、遥感监测与田间精准生产管理紧密结合等方面与国外还有很大差距。

8. 农业区划

1）农业区划理论与方法研究方面。农业区域的形成演变规律、农业区域发展的动力机制及其模型表达、区域协调及其区域调控政策设计、区域发展规划方法等方面的研究亟待深入系统地开展。

2）农业区划研究的数据支撑方面。研究数据采集以传统手段为主，急需加强现代信息采集技术的应用，改善农业区划研究的数据支持能力，提高农业区划研究工作效率和社会服务能力。

三、展望与对策

（一）未来几年发展的战略需求、重点领域及优先发展方向

1. 农业土地资源

自 2003 年以来我国粮食产量实现了九连增，但粮食供求总量仍不容乐观，而且结构性矛盾愈发突出，2012 年我国粮食自给率远远低于 95% 的红线，甚至跌破 90%。所以确保农业土地资源的数量、稳步提升土壤质量，以及持续提高土地生产力仍将是未来几年研究的战略方向。其主要内容包括以下几方面：

1）综合利用遥感、地学、土壤学、农学、气象学、生态学等多学科的理论和技术方法，开展农业土地资源、农业土地利用 / 覆盖、农作物空间格局的时空动态变化遥感监测和探测；深入分析自然因素和人类活动因素对农业土地利用的时空变化过程特征影响与驱动机制，并进行农业土地利用评价；建立空间模拟模型，综合分析人—地复杂作用关系，并进行土地资源变化影响预警与决策研究。

2）开展耕地质量监测和评价，特别是基于高光谱的耕地土壤质量评价因子遥感反演，快速获取农田地表参数，进行耕地质量的时空演变特征及其机制研究，为耕地质量综合评价提供依据。

3）在继续深化土壤肥力质量、土壤健康质量和土壤环境质量研究的基础上，重点开展土壤三方面质量协同提升及其与土地生产力提高的协调耦合机制方面的创新研究。

4）重点研究土壤基础地力的时空演变特征及其机制、土壤有机质提升与土壤地力提升的耦合关系、土壤固碳减排的区域特征及机制和不同土壤类型耕地质量的综合提升技术等。

2. 农业水资源

在当今农业水资源严重亏缺、后备水资源不足和农业灌溉面积增加极为有限的多重压力下，要满足未来 16 亿人口食物数量和质量安全，传统农业水资源安全利用模式必须

实施转型战略，包括传统节水技术实施全面升级，节水材料、工程设备与产品全面更新换代，现代高新技术与传统技术的有机融合、农业水资源利用与生态环境保护有机结合。

未来围绕农业水资源利用面临的重大科学问题，应重点研究水在“土壤—植物—大气”物质循环系统及其生态环境系统中的调控作用基础；水力驱动下的物质高效转化过程与调控规律；水肥协同作用下植物—土壤—微生物—大气间水分高效利用、耐旱营养生理与抗旱遗传基因改良及调控、污染链全程控制等基本内容和主要领域。优先发展：①有限灌溉水源条件下微（痕）量灌溉施肥系统；②基于作物抗旱生理的作物高效用水技术；③安全无污染 PLA 等生物降解膜覆盖保水新技术；④节水环保型新材料、新制剂和集雨面材等蓄水保水生物、化学制剂的应用及其配套技术体系；⑤固碳减排的土壤水库扩容、土壤环境容量增容、水肥高效利用及其配套耕种技术体系；⑥不同尺度的农业水资源综合高效信息化管理模式等。

3. 农业气候资源

全球气候变化导致的我国农业气候资源变化，已经给我国农业生产带来了正面或负面影响，造成了农业生产结构与布局、作物生长发育和产量形成等发生变化。如何科学阐明气候变化对我国农业生产活动的影响途径和机理机制，提出相应的适应对策与技术，降低气候变化对我国农业的负面影响，是未来我国农业气候资源研究的重要任务。今后较长时期内农业气候资源研究的重点研究领域及优先发展方向是：①研究全球气候变化背景下我国农业主产区水分、热量资源时空格局演变趋势，更新农业气候区划，探明这种时空变化对我国农业生产发展的影响过程和程度，研究我国农业生产对气候变化导致的水热资源时空变化的适应过程与能力；②研究气候变化介导的我国农业生物灾害和非生物灾害的发生、演变趋势和流行规律，提出气候变化背景下保障我国农业生产的灾害防控策略；③研究气候变化对我国农业种植制度、空间格局和生产布局的影响机理，提出我国农业生产种植制度与区域布局的优化策略及应对措施；④加强极端天气气候事件与农业风险管理。

4. 农业微生物资源

农业微生物菌种资源是国家重要战略资源之一，与国民食品、健康、生存环境及国家安全密切相关。目前，我国农田有机质普遍匮乏，大量障碍土壤和中低产田亟待改良培肥，有机污染急需净化，城乡生态环境急需改善，这都与农业微生物资源的深入研究和高效利用密切相关。未来几年，农业微生物资源重点研究领域和优先发展方向包括：①碳（分解秸秆等）、氮（生物固氮等）代谢微生物资源及其高效利用；②功能菌株在土壤环境中稳定发挥作用的机制；③微生物转化有机废弃物与资源化利用。

5. 农业肥料资源

我国集约化农业肥料利用率低，化肥利用率不高。丰富的畜禽有机肥和秸秆资源未能充分利用。肥料养分通过不同损失途径进入环境，会带来水体富营养化、饮用水硝酸盐污染以及温室气体的环境风险。研究制约肥料养分高效利用的社会、经济和政策因素，研究制约肥料养分高效利用的科技瓶颈，研究我国有机无机肥料养分资源协调高效利用；开展农田和区域尺度上肥料资源供需预测；研究不同区域典型种植制度下肥料养分需求规律；肥料养分持续高效利用模式的农学、经济、生态和环境效应评价，建立经济效益、环境效益与社会效益相统一的施肥技术体系和决策管理系统，提出肥料养分持续高效利用的集成优化模式，提出新型肥料发展战略，为肥料产业发展提出重要的政策咨询，最大限度提高肥料养分利用率，减少施肥造成的生态环境问题，增强高强度利用农田粮食生产能力，仍然是当前及今后的重大战略需求和重大科学命题。

根据国家需求和学科发展的趋势，我国在肥料与施肥科学研究发展总的战略应该是：将传统的植物营养学、土壤学和肥料学的理论与技术与新近快速发展的信息科学和生物技术相结合，围绕养分资源的高效利用，紧密结合我国农田高强度利用的特点，研究我国主要农田生态系统养分循环的主要过程、通量及其影响因素和调控，充分利用一切可以利用的有机养分资源，科学施用化肥，实现包括各种植物必需的大中微量元素的均衡供应，最大限度发挥肥料的增产增收和提高地力的效能，最大限度减少肥料不合理使用对环境的不良影响。

6. 农业废弃物资源

未来几年，针对农业废弃物污染严重、农村人居环境差、能源短缺等问题，按照节能降耗、降低经济成本的原则，加强农业废弃物循环综合利用技术，重点研究领域和优先发展方向包括：①农业废弃物资源化利用与节能减排技术研究；②农业废弃物资源化利用的管理和决策支持研究；③农业废弃物高效利用的关键技术研究；④农业废弃物资源化利用的国际合作研究。

7. 农业资源遥感监测

遥感技术特有的宏观、综合、动态、快速的特点，以及农业生产的分散性、时空变异性、灾害突变性和市场多变性，决定了遥感技术能快速应用于农业资源监测领域。未来几年，围绕农业资源“天（遥感）—地（地面）—网（无线传感网）”一体化遥感监测能力提高和精度改进，其重点研究领域和优先发展方向包括：①加强农业遥感基础研究，着重解决农业地物目标信息的辐射传输机理，建立农业波谱库，发展和改进适用于农业遥感的辐射传输模型。②加强农业定量遥感研究与应用，重点加强关键农学参数的遥感定量反演及真实性检验的理论与技术方法研究，提高遥感对作物、土壤、灾害及农业环境参数的反演能力、精度和效率，与应用相结合解决更多实际问题。③全面加强作物遥感、资源遥感、灾害遥感以及遥感在精准农业和数字农业方面的应用研究，以提高业务应用水平。

8. 农业区划

中国城镇化、经济全球化和全球气候变化是 21 世纪对我国现代农业布局与建设最具影响力的三要素。应对“三要素”的叠加影响和国家主体功能区战略实施的新形势，需要加快推动农业区划学科的基础理论与方法创新，为规范现代农业发展空间秩序，保障国家粮食安全、资源安全提供强有力的科技支撑。未来我国农业区划的重点研究领域和优先发展方向是：①加强农业资源配置与资源安全研究，开展农业后备资源调查，评估农业资源供求动态关系，研究国家农业资源安全战略与政策，研究农业生态补偿政策，创新农业资源和农业知识产权管理制度；②深化农业布局与区域发展战略研究，探索农业区域形成演变规律与区域协调发展的机制，研究区域现代农业发展战略与推进路径，构建农业空间关系模型，进行区域政策设计；③农业空间信息平台建设研究，建立健全全国农业资源与经济空间信息采集体系与信息管理平台，及时更新数据库基础数据，定期发布我国农业资源和农业区域发展状况报告，推动基础信息互通共享。

（二）学科未来几年发展的战略思路与对策

针对农业科技国际发展前沿和国家农业产业发展重大需求，立足农业资源与区域学科基础理论和方法，以确保国家粮食安全，解决我国农业可持续发展与生态环境建设中资源高效利用等重大问题为目标，注重将理论研究应用于农业生产实践，为提高农业资源利用效率，实现农业资源可持续利用和区域农业生产可持续发展做出贡献。同时，农业资源与区域学科应该坚持“学科交叉、瞄准前沿、强化基础、应用优先、突出特色”的发展理念，紧紧围绕农业资源调查与评价、农业资源利用与保育，以及农业分区与区域战略等三个方面，力争在肥料资源的高效利用、农业遥感、气候变化响应机理与机制等基础理论和应用基础研究领域实现突破。

为实现以上学科发展的战略目标和思想，未来学科发展的对策和措施包括：

1）大力加强学科人才队伍建设，充分发挥多学科交叉的优势。人才的培养是学科持续发展的重要推动力，加强学科人才队伍建设既要注重本土人才的培养，也要积极引进国际人才和国际先进技术；通过国际合作、联合攻关、资源共享、学科共建、研究生联合培养等多种形式，组建开放高效、（年龄、专业和学历）结构合理、求实创新的学科研究团队，同时配套实施适合科学特点的科研工作评价体系，积极营造尊重人才、尊重创造的创新环境，激发和保持团队创新活力，积极推动农业资源与区划基础科学理论与方法创新研究，切实提高学科创新能力。

2）大力加强国际合作，继续提升学科的基础与应用基础的研究水平。大力加强和国际一流科研院所和大学实验室的合作，通过建立联合实验室、举办双边或多边国际学术会议、开展定期交流机制等，逐步缩小农业资源与区划学科与国际前沿的实力差距。

3）建立区域战略研讨会制度。充分发挥中国农业资源区划学会等学术团体的作用，加强与科研院所、大专院校的合作，积极联合农业科研相关单位，定期举办农业资源与区域学科发展论坛，推动学科可持续发展。

参考文献

[1] 陈仲新. GEOSS背景下的农业遥感监测 [J]. 中国农业资源区划，2012，33（4）：5-10.

[2] 段武德，陈印军，等. 中国耕地质量调控技术集成研究 [M]. 北京：中国农业科学技术出版社，2010.

[3] 罗其友. 农业区域发展学科建设战略思考 [J]. 中国农业资源与区划，2012，33（4）：1-4.

[4] 潘根兴，高民，胡国华，等. 应对气候变化对未来中国农业生产影响的问题和挑战 [J]. 农业环境科学学报，2011，30（09）：1707-1712.

[5] 吴文斌，杨鹏，唐华俊，等. 过去20年中国耕地生长季起始期的时空变化 [J]. 生态学报，2009，29（4）：1777-1786.

[6] 杨晓光，刘志娟，陈阜. 全球气候变暖对中国种植制度可能影响 I. 气候变暖对中国种植制度北界和粮食产量可能影响的分析 [J]. 中国农业科学，2010，43（02）：329-336.

[7] 张卫峰，马林，黄高强，等. 中国氮肥发展、贡献和挑战 [J]. 中国农业科学，2013，46（15）：3161-3171.

[8] 张学雷. 从第19届世界土壤学大会看土壤地理与生态学研究现状 [J]. 土壤通报，2011（2）：257-261.

[9] 朱兆良，金继运. 保障我国粮食安全的肥料问题 [J]. 植物营养与肥料学报，2013，19（2）：259-273.

[10] Bouwman L, Goldewijk KK, Van Der Hoek KW, et al. Exploring global changes in nitrogen and phosphorus cycles in agriculture induced by livestock production over the 1900-2050 period [J]. Proceedings of National Academy of Sciences, 2012, doi: 10.1073/pnas.1012878108.

[11] Conley DJ, Paerl HW, Howarth RW, et al. Controlling eutrophication: nitrogen and phosphorus [J]. Science, 2009 (323): 1014-1015.

[12] Liu ZJ, Yang XG, Kenneth G, et al. Maize potential yields and yield gaps in the changing climate of Northeast China [J]. Global Change Biology, 2012 (18): 3441-3454.

[13] MacDonald GK, Bennett EM, Potter PA, et al. Agronomic phosphorus imbalances across the world's croplands [J]. Proceedings of National Academy of Sciences, 2011 (108): 3086-3091.

[14] Miao YX, Stewart BA. and Zhang FS. Long-term experiments for sustainable nutrient management in China [J]. Agronomy for Sustainable Development, 2011, 31 (2): 397-414.

[15] Yan Z, Liu P, Li Y. et al. Phosphorus in China's intensive vegetable production systems: Overfertilization, soil enrichment, and environmental implications [J]. Journal of Environmental Quality, 2013 (42): 982-989.

[16] Zhang FS. Chen X. and Vitousek P. Chinese agriculture: An experiment for the world [J]. Nature, 2013, 497(7447): 33-35.

[17] Zhang WF, Dou Z, He P, et al. New technologies reduce greenhouse gas emissions from nitrogenous fertilizer in China [J]. Proceedings of the National Academy of Sciences, 2013 (110): 8375-8380.

[18] Zhao QG, He JZ, Yan XY, et al. Progress in significant soil science fields of china over the last three decades: A review [J]. Pedosphere, 2011 (21): 1-10.

撰稿人：王道龙　杨俊诚　蔡典雄　李茂松　孙建光　周　卫　毕于运
陈仲新　罗其友　汪　洪　姚艳敏　余强毅　杨　鹏

ABSTRACTS IN ENGLISH

Comprehensive Report

Advance in Basic Agronomy

Agriculture, as a strategic industry, has played an important role in food security, resource and environmental safety and social development. The healthy agricultural development is also an important safety guarantee to sustainable, stable and coordinated development. In the era of the sync of "Four modernizations" and innovation-driven, the contribution of agricultural science and technology to agricultural growth has reached more than half. The development of basic agronomy discipline is the driver of the progress of agricultural science and technology, and its role in the agricultural modernization with Chinese characteristics is prominent, providing scientific foundation to improve people's livelihood and achieving sustainable development. The No.1 Central Document issued by the Central Committee focused on "san nong" ("agriculture, villages and farmers") issues for 10 consecutive years, of which in 2012 stressed that "to put agricultural science and technology to a more prominent position", and further defined the strategy of agricultural science and technology development, underlining that "The highlights of agricultural science and technology innovation include the stable supports for the basic, pioneering and non-profit science and technology research", and clarified the key tasks of agricultural science and technology innovation, including "to strengthen basic agricultural research and to make breakthroughs in a number of major theories and methods", "to accelerate the research of cutting-edge technology, and to take up the high points in modern agricultural science and technology."

According to the overall plan of China Association for Science and Technology, *Advance in Basic Agronomy* 2012—2013 has been researched by Chinese Association of Agricultural Science Societies in order to change the way of agricultural development, develop modern agriculture and build agricultural modernization with Chinese characteristics. The research project consists of 12 subjects including Crop Genetics & Breeding, Agricultural Soil Science, Plant Nutrition, Farm Irrigation & Drainage, Agricultural Entomology & Plant Pathology, Crop Cultivation, Cropping System & Soil Management, Agricultural Storage & Refreshment Technology, Agro-product Quality & Safety, Agricultural Informatics, Agricultural Environmental Science and Agricultural Resources & Regional Planning. The research project analyzes recent progresses, significant achievements and applications in basic agronomy and its branches, grasps status and dynamics of the development of the subject, compares the research and application in China with those in other countries, estimates the strategic needs and trends of the subject, and puts forward the policy suggestions of quickening the development of basic agronomy.

Basic agronomy is the technical basis of agricultural science. It can not only promote the advancement and innovation of agricultural science and technology, but also impel the sustainable and stable development of agriculture and rural economy. Basic agronomy is the application of basic research in agriculture and it includes two aspects of basic research of agriculture and basic research of agricultural application. It is the foundation of research in agricultural and development, and the source of formation and development of Agricultural high-tech. Therefore, to some extent, the development of basic agronomy determines the trend and development mode of agricultural science and technology.

Basic agronomy is the subject for understanding natural phenomena related to agriculture, revealing objective laws and principles of agriculture, and researching natural phenomena and its nature in agricultural production systems. The research aims at fully developing and protecting agricultural native resources, coordinating the relationship between crops and environment preventing pest and poor environment from damaging agriculture sector, in order to obtain the best combination of agricultural production, to enhance the yield and quality of farm products, to accelerate the development of high-yield, high quality, efficient, eco-friendly and safe agriculture, to effectively ensure national food security and ecological security, to increase the income of farmers, and to improve the international competitiveness of farm products.

The subject of basic agronomy is characterized by integration, dynamics and development. With the development of economy and technology, it has various connotations in different historical periods. In the new era, with the gestation of a new round of science revolution and industrial revolution, some important scientific problems and the core technologies have presented a revolutionary breakthrough harbinger, which have driven the key scientific and technological to cross and fusion and to leap in groups. The energy of breakthrough innovation is accumulated, which is going to be the strong potential to promote the development of basic agronomy.

In recent years, the development of basic agronomy discipline has been strengthened. In the national level, the status of basic agronomy research has been improved, and has achieved fruitful results with the support of the national basic research plans, such as “Climbing Program”, 973 Program (National Basic Research Program of China), Natural Science Fund Project of national basic research program, and the special programs of “Shennong Plan”. The agricultural basic research team has developed healthily. In 2010, China’s personnel full-time equivalent engaged in basic research increased nearly 50% than that in 2005, and substantial outstanding scientific researchers who have exerted important influence were emerging. At the same time, a batch of high-level agronomy talents were introduced and cultivated under the "One Thousand Talent Scheme", the Thousand Youth Talents Program, the National Science Fund for Distinguished Young Scholars, and the National High-level Personnel Special Support Plan. The financial investment for basic agronomy research has increased steadily. Central fiscal investment has paid more attention to basic research, the key and common technology research, as well as the development of agricultural science and technology. The 2010 Central No.1 Document ensured that the investment in agricultural science and technology would continue to increase, and guaranteed that its increment and proportion were to increase. In the same year, the investment on the basic research reached 49.8 billion yuan, with 54.2% of the contribution of agricultural science and technology. With the deepening of international cooperation, China has continuously strengthened the cooperation on agricultural science and technology through maintaining long-term stable bilateral or multilateral cooperation with major international agricultural agencies and financial organizations, as well as the research agencies/institutes from more than 140 countries and regions including the United States, European Union, Japan, Australia, etc. For example, Ministry of Science and Technology has established sound cooperation mechanism with the Gates Foundation. In 2011, the memorandum of strategic cooperation was signed. In 2013, both sides have made consensus on 7 priority cooperating areas, such as crop breeding and rural informatization, and have launched the first pilot project such as green super rice. All of these have laid a solid material foundation and intelligent support for China basic agronomy disciplines.

In recent years, the construction of basic agronomy has been paid much attention in China, and great achievements have been made in the research and its application of basic agronomy.

In the field of crop genetics and breeding, the crop high-yielding and fine quality breeding, germplasm innovation, biotechnology applications and genomic research have made significant progress in 2012—2013, which made the production potential increasing and that the research and application of the genomic resource exploration and the disease-resistant/quality molecular breeding both have been developing at a rapid speed. The super rice breeding theory and method of "combined ideal plant type shaping and Indica/Japonica inter-subspecific heterosis" has formed and a group of flagship species cultivated. Rice plant height and flower organs epigenetic genetic regulation research has made significant progress, which laid the foundation for further study in mechanism of epigenetic modification on rice development regulating. Sequenced and assembled the draft genome of diploid cotton Gossypium raimondii, created a second generation of super quality fiber and high quality big-boll transgenic cotton germplasm. Innovated the resistance identification and selection technology of cotton verticillium wilt, developed a new seedling disease resistance identification techniques, has bred five new varieties of cotton, achieved disease resistance, high yield and high quality sync improvements and breakthroughs. Participated in and completed the genome sequence fine analysis of cultivated tomato. Finished the cucumber genome atlas, which laid the foundation for the genome-wide "breeding by design" . Built the world's largest tobacco mutant library and screening method.

In the field of Agricultural Soil Science, significant advances has been achieved in recent years. (1) Basic theory for soil improvement, e.g., understanding the evolution of soil fertility and the mechanism of increase of soil organic matter, revealing the mechanism of conservation tillage, presenting the acidity index of red soil and amelioration theory, and understanding the mechanism of red soil degeneration and theory of soil fertility recovery. (2) Development of applied technology in agricultural soil science, e.g., lots of comprehensive, practical and environmental results are applied to promote the sustainable development of agriculture. Both engineering technology and/or in combination with biology measures and research of integration technology of fertilizer and water are developed. In the meantime, some important results are applied in the typical agriculture areas. Two examples, the first one is comprehensive amelioration of red soil acidification which reveal the mechanism and understand the characteristics of soil acidification. Another one is the evolution of soil organic matter (SOM) which reveal the evolution law and present the improvement technology of SOM. Furthermore with the application of the research results above mentioned, the significant profits of economy, ecology and social achieved. (3) Established some research platforms, e.g., the National engineering laboratory and Key laboratory of control of non-point source pollution, promote the development of agriculture soil science.

In the field of plant protection, agricultural entomology has made significant progress. By using the metabolomics technology and genetic interference technology, combined with behavioral assays, found the regulatory mechanism of migratory locust two-type-transformation, which provides a theoretical basis for locusts plague control and a good animal model for human metabolic disease study. Systematic study clarified planting Bt crops has significantly biocontrol function on agricultural ecosystems, which is the first time in the world to study the Bt crop ecosystem services and mechanisms from the landscape ecology scale, and has important scientific significance in developing the theory and method of Sustainable control of major insects regional catastrophe by using Bt plants. Discovered that the genetic diversity of the resistant genes of cotton bollworm field populations to Bt cotton exists, and for the first time, discovered and confirmed the non-recessive resistance gene has a key role in the resistance evolution of Bt crops. Successfully decoded the genome of the major agricultural insects plutella xylostella with independent intellectual property rights completely, which Declared to the world's first that primitive Lepidoptera genome completed. In the field of plant pathology, significant innovations have been made in the comprehensive management technology of wheat stripe rust pathogen. These innovations have been applied in the large-scale and achieved significant impacts in controlling disease and ensuring production. During 2009—2011, accumulated application area reached 230.672 million mu, effectively bringing the stripe rust outbreaks under control, and increasing revenue/saving expenditure of 9.332 billion yuan. The new fungicide for wheat scaboriginal control, JS399-19, was developed, which is the best fungicide for both preventing wheat Fusarium Head Blight and reducing fungus toxin contamination. Temperature control of rice seed pregermination and the farming operation techniques during pregermination to grin has been registered 8 national new products/varieties, with accumulated application of 5.1 million, preventing grain losses of 16.45 million tons, and increasing social benefits of 12.8 billion yuan, of which 3.12 billion yuan were accrued in the last three years. 7 kinds of citrus viral diseases and quarantine category rapid molecular detection techniques have been established and optimized, and 440, 000 mu of demonstration bases for the new virus-free citrus seed has been developed, increasing 153.51 million yuan for enterprises and farmers.

Technology on crop water requirement and control has made significant progress. In the field of stomatal regulation mechanism on drought-affected crop, the molecular gene expression mechanism of drought-affected plant's response modifier has been developed creatively, proceeding from the significant demand for enhancing plant water-use efficiency, as well as the biological research frontier of drought-tolerance plant, which has also opened up new avenues in the area of improving crop water-use efficiency via genetic engineering technology. In the field of the principles and integrated technology of high-efficient water use in urban modern agriculture, intelligent diagnostic platform for water requirements has been developed. Technology and methodology of soil water and nitrogen through drip irrigation, as well as water use management methods based on water consumption target, have been proposed. Three water-saving technical integration models have been constructed: high efficient water saving of water and fertilizer integration in agricultural facilities; intelligent precision irrigation in orchards; ecological water saving in metropolitan Greenfield. In the field of "water resources allocation and control technique in dry inland river basin considering ecological theory and its applications", a theory of rational allocation of limited water resources and control technology has been put forward, playing a significant role in conserving water, improving efficiency, and promoting ecological effect.

Cultivation technology on crop precise quantitation has made breakthrough progress. Along with the deepening of precise quantitative research with regards to growing process, group dynamics indicators, and cultivation technical measures, the quantification and precision of cultivation program design, dynamic fertility diagnosis, and implementation of cultivation practices, have been substantially promoted, which has effectively triggered the great leap of cultivation technology from quality-oriented to quantity-oriented. In the aspect of precisely quantitative cultivation techniques of high yield rice and its application, the technical system has been constructed, based on the operation frequency, regulation period and input quantity, which enables rice production management to be breeded complying with patterns, to be diagnosed according to indicators, to be regulated in compliance with specifications, and to be measured quantitatively.

Critical technological advances have been achieved in the discipline of Agricultural Information. In the field of agricultural monitoring and early-warning: Agricultural Information Analytics has been gradually improved; China Agricultural Monitoring and Early-warning System (CAMES) has been preliminary constructed; 2 national industrial standards have been drafted and implemented; and Portable Agricultural Product Holographic Market Information Terminal (Agricultural Information Collector) has been developed. In the field of Internet of Things (IoT) in agriculture, China has achieved critical technological advances in various areas of IoT in agriculture, such as agricultural sensors, RFID, data acquisition and transmission, data-based decision-making and management, application of IoT, and has nudged into the world's leading country. Major research achievements include: establishing nearly 20010 ha of the "Comprehensive Application and Demonstration Zone in Wisdom Agriculture"; developing technical system of the application of IoT in agriculture, which integrating relevant technology and equipments with respect to sensors, transmission, decision-making and application; fulfilling monitoring/early-warning and production scheduling of the whole growth period of field crops via IoT technology, mainly focusing on the situation of seedling, soil moisture, pest and disaster. In the field of intelligent information services in agriculture, breakthroughs have been made in some key technologies, including specification on agricultural information acquisition, intelligent processing and personalized precise services.

At present, the branches of the discipline of basic agronomy in China have developed gradually, forming a relatively complete system of academic disciplines. Breakthroughs have been achieved, new theories, methods and technologies have been produced, new ideas and insights have emerged, and some subjects are close to or have reached the advanced world level. However, since the subjects of basic agronomy in China have started late, and their development has lagged behind, there is still a wide gap between them and those in developed countries. By means of following the "being independent in innovation, focusing on spanning, sustaining development, and taking lead in the future" requirements, we must be closely related to the reality of our agriculture, rural areas and peasants, fully understand the basis for the development of the strategic needs of agriculture, and accelerate the reform and development. We must also improve the institutional mechanisms, increase investment efforts, and strengthen international exchanges and cooperation. What's more, we should first of all train men of abilities, organize prudent and efficient research teams, choose international frontier of basic and advantageous subjects, key areas with overall focuses which affect the national economy, much needed services to the "san nong" and significant theoretical and technical issues to tackle with joint efforts, in order to develop by leaps and bounds, and lay a solid technical foundation for the development of modern agriculture.

Reports on Special Topics

Advance in Crop Genetics and Breeding

The goal of crop genetics and breeding science is to change the plant's heredity in ways that will improve plant performance. Improved plant performance may be manifested in many ways. Improved yield and quality are usually the primary breeding goals, whether the product harvested is seed, forage, fiber, fruit, tubers, flowers, or other plant parts. Higher yields and good qualities of plants contribute to a more abundant agricultural supply.

China is the domestication place of rice (Oryza sativa L.), which is one of the most important staple food crops worldwide, and feeds more than half of Chinese people. Archaeological evidences have shown that the rice cultivation history in China is as long as about 10 thousands years. China also holds a long history of rice breeding, with recording at least in Han Dynasty. Since 1949, in which the Peoples Republic of China was founded, Chinese scientists have made outstanding achievements in rice breeding, including developments of both technology and new varieties. Among the achievements, developments of high yield semi-dwarf-rice in 1950s and 1960s, hybrid rice in 1970s and 1980s, and super (hybrid) rice in the past decade have been well recognized in the world. In order to meet food requirement for all Chinese people in the 21stcentury, a super rice breeding program was set up by Chinese Ministry of Agriculture in 1996. With morphological improvement plus the use of inter-subspecific heterosis, a pioneer super hybrid variety, P64S/9311, was successfully developed in 2000. A two-line hybrid variety Y Liang-you No.2, yielded 13.9t/ha on average at a 7.2ha demonstration location in Human Province in 2011. Adoption of the modern molecular technologies to develop higher yield, better quality, and environment-friendly rice should be the new trend in rice breeding in China.

Wheat genetics and breeding in China has experienced three major stages of development, i.e., disease resistance and yield stability breeding stage, dwarf and high-yielding breeding stage, and high-yielding with fine quality breeding stage. During the last five years, much progress has been made in Chinese wheat breeding. A set of such new cultivars as Aikang 58 and Jimai 22 with high yielding potential, improved quality, and multi-resistance to various diseases were developed and disseminated; Some elite breeding parents, i.e., Zhou 8425B, Lumai 14, and 6VS/6AL translocation lines has been playing important roles in new variety development; New methods and approaches such as molecular marker-assisted breeding, doubled haploid techniques, dwarf-sterile-wheat based recurrent selection breeding, nuclear irradiation mutagenesis and space breeding, and heterosis breeding, etc., were optimized and utilized. Although conventional breeding is still dominant in the current breeding program, rapid progress in genomics-based gene resource enhancement, genomic selection breeding and transformation will provide strong technical support for the future wheat breeding. Future strategies for Chinese wheat breeding will focus on the development of new varieties with high yield potential and adaptability to mechanized production. Improvement for yield stability related traits such as durable resistance to disease, high water use efficiency, tolerance to high temperature to face the serious impact of climate change should be also enhanced.

Maize was introduced into China nearly five centuries ago. Usage of maize in China has transitioned through five stages. Varietal crosses that expressed hybrid vigour were the second stage. Development of inbred lines occurred during the 1960s and thereafter leading to the development of top-cross hybrids, double-cross hybrids and single-cross hybrids. The planting area of maize in China has now expanded to 35 million hectares with more than 200 hybrids contributing most of the production. During the long term period, Chinese corn belt, known as one of the three worldwide famous corn belts, across northeastern China to southwestern China has formed, occupying more than 80% of the growing area and production of maize in the country. Since maize hybrids were widely cultivated in China, vast inbred lines were derived from different maize germplasm by the breeders, and up to now, over three thousand inbred accessions were collected and preserved in China National Genebank. Since the first appearance of single-cross maize hybrids in the late 1960s, genetic improvement in maize has made great progress and at least the turnover of commercial maize hybrids has taken five times. For the future, more reliance will be placed upon achieving genetic gain to further increase productivity, especially if this effort can help farmers make more effective use of available land, fertilizer, and water resources would be universally welcomed.

Cotton genetics and breeding is succeeded due to progresses of Agrobaterium tumeficiens mediated method, particle bombardment method and pollen-tube path way. Many transgenic cotton lines, which are acquired different foreign genes including pest resistant gene, herbicide resistant gene, are applied in cotton breeding, subsequently, new varieties are commercialized in market. In China, it is advanced on transgenic bollworm resistant cotton in the world, while the others have many things to do. Cotton biotechnology should be enhanced on the efficacy of genetic engineering and research of cell engineering. Cotton was among the first plants studied at the molecular level, and the sequence was obtained by Shuxun YU and his team. This critical sequence will be invaluable to better understanding and optimizing the production and sustainability of the cotton plant.

Rapeseed Genetics and Breeding in China was founded in the 1950s. After more than 60 years of the development, the subject had made a full impact on rapeseed industry in China. As a result, rapeseed industry experienced three stages of striding variety renovation and rapeseed become the fifth–largest crop and a preponderant oil crop from a marginal one. In the recent 5 years, important progress have been obtained on researches and applications of seed oil content, genic male sterility, yellow seeded and heterotic vigor. For example, we have cloned several important genes with independent intellectual property rights, and developed a large number of distinctive germplasms and several chemical male sterilants. New heterosis utilization models have also been proposed, and bred numbers of cultivars with high oil content, high yield and wide adaptability. These achievements are leading and promoting the rapeseed industry in China to high yield, high resistance and high efficiency. But we are at disadvantages in the biological mechanisms of lipid biosynthesis and genetic improvement of fatty acid components, as well as large–scale applications of modern biotechnology for marker assistant selection and molecular design breeding.

The study of soybean genetic and breeding began in the early of twenty century in China. It developed from the qualitative and quantitative genetics to molecular genetics. The research highlight focused on the yield trait, and also considered the quality, resistance and adaptability traits. The research trend was promoted the combination of molecular marker assisted breeding and transgenic breeding based on the traditional breeding method. In present, the breeding speed was accelerated in the novel variety registration and novel germplasm innovation of soybean. There were 420 soybean varieties, including 76 cultivars by national registration and 344 cultivars by provincial registration, certified from 2009—2012. The average was 100 cultivars per year. The plant area of cv. Zhonghuang 13 was over 0.73 million hectares per year. It became the top cultivar of soybean in recent seven years in China. The study of Super–high yield has also achieved a breakthrough, which the yield of cv. Zhonghuang 35 was over 6 tons per hectare in recent three years. Otherwise, the hybrid soybean breeding was also developed, which achieved some strong sterile lines with high outcrossing rate and obtained 922 kg per hectare of soybean seeds. In transgenic breeding, there were also bred some transgenic lines with herbicide resistance and high yield in China.

Molecular biotechnology proposes to advance plant breeding to an even higher level of sophistication. The enhancement of cultivar performance through transformation with single units of genes which encode for proteins that determine exotic plant characters, has exciting implications for plant genetics and breeding. But the new technology does not supplant nor diminish the importance or need for the traditional selection and hybridization procedures in the breeding of improved cultivars. Present cultivars have reached high levels of performance through refined selection and hybridization breeding systems that bring together multigenic combinations for performance of the whole plant. These breeding procedures will continue to be the basic source of high-performing cultivars, albeit performance that may be further enriched through transformation by new biotechnology procedures.

Advance in Agricultural Soil Science

Agricultural soil science mainly covers fertility and evolution of soils, obstacle factors and amelioration measures to soil fertility, digital soil, and nutrient cycling and environmental effect of agricultural soils. The significant advance in agricultural soil sciences in recent 5 years are as following. (1) Basic theory for soil improvement, e.g., understanding the evolution of soil fertility and the mechanism of increase of soil organic matter, revealing the mechanism of conservation tillage, presenting the acidity index of red soil and amelioration theory, and understanding the mechanism of red soil degeneration and theory of soil fertility recovery. (2) Development of applied technology in agricultural soil science, e.g., lots of comprehensive, practical and environmental results are applied to promote the sustainable development of agriculture. Both engineering technology and/or in combination with biology measures and research of integration technology of fertilizer and water are developed. In the meantime, some important results are applied in the typical agriculture areas. Two examples, the first one is comprehensive amelioration of red soil acidification which reveal the mechanism and understand the characteristics of soil acidification. Another one is the evolution of soil organic matter (SOM) which reveal the evolution law and present the improvement technology of SOM. Furthermore with the application of the research results above mentioned, the significant profits of economy, ecology and social achieved. (3) Established some research platforms, e.g., the National engineering laboratory and Key laboratory of control of non-point source pollution, promote the development of agriculture soil science.

The trends in agricultural soil science include that (1) the research methods are moving to a level of normalization, standardization and quantification; (2) the effective use of soil resources and the conservation of ecological environment are more emphasized; (3) the long term monitoring of agriculture soil become more and more important in the future. Some research areas such as the effective use of soil resources, the evolution of soil fertility and evaluation system, the relationship between improvement of soil organic matter and soil productivity, and soil amelioration and fertility recovery of polluted soil, are important in the future.

In the future, the countermeasures to agricultural soil science are: (1) development of agricultural soil science should be based on macro-perspective pedosphere; (2) soil quality is the center of agricultural soil science research and should be emphasized; and (3) the service function of agriculture soil science for the safety of ecology environment and the sustainable development of agriculture.

Advance in Plant Nutrition

Plant Nutrition is to investigate the forms and transformation of nutrient resources in the soil, the uptake, translocation and utilization of nutrients in the plants and exchange of materials and energy between plants and the environment. Plant Nutrition has rapidly developed in recent years. It has become one of the most important basic disciplines which are highly relevant to the realization of high yield, high nutrient efficiency, high quality, food security and sustainable development of agriculture. Under the guideline of "interdisciplinary research, most advanced research, strengthen basic theoretical studies, priority in applied research, development of Chinese Plant nutrition discipline", great progress has been made in the research areas of plant nutritional physiology and genetics, plant-soil-microbe interaction, nutrient management etc. In line with the urgent need for the development of ecological environment constructions, the rationalization of the usage of nutrient resource, reduction of fertilizer input and environmental pollution has been conducted to realize the sustainability of high-yield and high-nutrient use efficiency of crops and food security. In future, our research will take the advantage of multi-disciplinary research, and aim to address the scientific questions highly relevant to food security, environmental protection, high resource use efficiency and agricultural sustainability. Future research will mainly concentrate on the following key research areas: soil fertility and management, high nutrient efficiency based on molecular physiology and genetic breeding, high yield and high quality of crops, rhizosphere processes and management, fertilization technique for high yield and high nutrient use efficiency, nutrient utilization and cycling, environmental evaluation of nutrients and pollutants and their controls.

Advance in Irrigation and Drainage

Water conservancy is the lifeblood of agriculture. It is a necessary way that regulating scientifically soil moisture in farmland and using efficiently agricultural water resources for ensuring national food security, ecological security and agricultural sustainable development. With the rapid development of society and economy, water shortage, flooding, and water contamination is becoming serious and serious problems faced by irrigation and drainage area. In current years, there are many breakthroughs and important achievements in research aspects of crop water requirement process and its regulation, development of new techniques and devices for farmland irrigation and drainage, safe and efficient utilization of unconventional water resources in irrigation and drainage area.

In aspect of crop water requirement process and its regulation, deficit irrigation, alternative root zone irrigation, trace irrigation, and other new irrigation techniques ware developed based on crop–water relationship for regulating crop water consumption, which further enriched the theory of crop deficit irrigation. In aspect of development of new techniques and devices for farmland irrigation, more emphases were put on multidisciplinary compromise and multipurpose application, and a lot of high intelligent, precisely controlled irrigation devices/equipments with low energy consumption and/or integrative water and fertilizer application were developed, which improved obviously level of irrigation automation; In aspect of development of new techniques and devices for farmland drainage, emphases were transferred from single drainage techniques to comprehensive consideration of efficient use of water and fertilizers, agricultural non–point source pollution prevention, and integrative control of drought and waterlogging. The secondary salinization caused by large–scale application of water–saving irrigation techniques in arid and semi–arid areas were considered seriously and relevant theory for drainage system design and suitable techniques of leaching salt were studied and developed. In aspects of safe and efficient utilization of unconventional water resources, more attentions were paid to the mechanisms of crop and agro–ecosystem effected by reclaimed water irrigation, the transferring and transforming processes of pollutants existed in reclaimed water, the suitable irrigation techniques and irrigation schedules for reclaimed water application, the planning techniques of reclaimed water irrigation project, and the standardization, systematization and integration of techniques for safe application of reclaimed water. By comparing the current domestic and international research situations and analyzing the research trend and future demands in irrigation and drainage area, the strategic demand, key aspects and research priorities in irrigation and drainage area in next several years were analyzed, and suitable development strategy and countermeasures were suggested.

Advance in Agricultural Entomology and Plant Pathology

Agricultural Entomology and Plant Pathology is the most important branch of plant protection disciplines. In recent years, due to a variety of factors newly affecting the occurrence and damage caused by agricultural insect pests and plant diseases in China, including global climate change, crop structure changes, industrial restructuring and international trade globalization, along with interdisciplinarity and integration of new theories and technologies from multiple modern life sciences, agricultural entomology and plant pathology have made remarkable progress in basic theories of pest monitoring, epidemic monitoring and control of diseases, prediction and prevention, as well as establishing the technique system of safely effective, persistent supervising and forecasting, emergency response and sustainable management. In this report, main advances and achievements in agricultural entomology and plant pathology in China in recent years, especially from 2008—2013, were summarized, also, shortages in basic research regarding entomology and pathology were indicated. This report also points out that the key missions of science of agricultural entomology and plant pathology for the next few years should be based on the urgent requirements of the nation and it is necessary to further strengthen the capability of independent innovation, international co-operation, basic research investment as well as talent development scheme in a bid to help ensure agricultural entomology and plant pathology in China.

Advance in Crop Cultivation

Crop cultivation has been studying on relationship between crop growth and development and environments, improve the crop management technology for high yield, good quality, high efficiency, ecological and safety production. Crop cultivation had very long history and contributed to a more abundant in Chinese agricultural development. Since 1949, in which the People's Republic of China was founded, Chinese scientists have made outstanding achievements in crop cultivation. From 2010 to 2011, surrounding technology demand in the continued increasing grain yield, we have carried out the research of crop high production and benefit and modern technology, and have got remarkable achievement. Great achievements in super high-yielding cultivation, mechanized cultivation, high efficient utilization of resources and adverse resistance cultivation have been gained. Many models of super-high yield which break the local record come forth. Science and Technology Project for Food Production is driven effectively grain production. We further tap the potential of grain production centering on the energy-efficient of crop resource improving resource utilization and anniversary yield of crop efficiently. As the research of growing process, population dynamic index, exact quantitative cultivation technique moved forward, we promote the quantification and precise of scheme design of cultivation and growth trends diagnosis.

Advance in Cropping System and Soil Management

The essential characteristics of farming system are the theoretical integration and technological sustainability. The purpose of farming system is to provide production modes and the supporting technologies for modern agricultural development through coordinating the relationships between agricultural production and resources, environment, market, technology and food security. The current major progresses of farming system study are in the study areas of cropping system responses and adaptations to climate change, farming modes for high yield with low emissions, techniques of conservation tillage. During the last decades, Chinese agriculture has got a lot of great progresses, and the study of farming system has contributed a lot to these successes. However, Chinese agriculture is facing a lot of new challenges from food security, ecological safety, natural resource use and environmental pollution. Modern farming system need be innovated to achieve the integrated purpose of crop production: high yield, high efficiency, high quality, ecological security and food safety. More efforts need to be paid on the theoretical innovation and technology promotion of farming system. The development trends and strategies of farming system study are as follows:

Adjustment and Optimization of Farming System for Climate Change Adaptation. Climate change, especially warming, is the most serious challenge to Chinese food production. Many uncertainties still remain in the understanding of climate change impacts on crop production in China. Adjustment and optimization of farming system for climate change adaptations will play an important role in ensuring food security in China.

To actively adjust farming modes and techniques for the making of adaptation strategies and practices to climate change.

To explore the positive effects and avoid the negative effects of climate change on agricultural production through new variety breeding, adjustment of cropping mode and crop layout and optimization of field management.

To select and innovate farming mode and supporting technology for regional calamities alleviation and avoidance.

Innovations of Regional Farming Modes and Supporting Technology. Although agronomists have got large successes in increasing crop yield at field scale, the major grain crop yields have maintained increasing for ten years. However, the regional crop yields are still low and the use efficiencies of water and fertilizer are very low. To increase crop yield with high efficiency at a large scale is the key approach to the development of modern farming system. It is necessary and significant to innovations of regional farming modes and supporting technology.

To study new farming modes for high yields both in seasonal and annual crops through key technique innovation and system integration.

To study new farming systems for high yield with high resources use efficiency and environmental health.

To construct new modes and mechanisms of experimental demonstration and extension through integrating scientific research, production demonstration and industrial developing.

Crop Yield Potential Exploring and Farming System Optimization.

In the next fifty years, Chinese population will still increase rapidly while the arable land area decreasing. To increase crop yield is the only road to ensure food security in China. Thus, more attentions should be paid to the crop yield potential exploring and farming system optimization.

To learn yield gaps and their impact factors of major cereal crops between the actual yield on farm and the potential yield.

To assess the potential of high yield of major cereal crops based on the research of yield gap at specific crop and regional scales.

To determine the priorities for cropping technology development and application of high yield with high resource use efficiency.

To promote through mechanical farming systems based on the integration of agronomy and agricultural machinery.

Advance in Agricultural Storage and Processing Technology

The research discipline of agro-products preservation and processing includes 5 research areas, which are cereals and oils processing, fruit and vegetable processing, animal products processing, aquatic products processing and post-harvest preservation. In the beginning of this report, the author briefly introduces the general situation and history of development of the 5 research areas mentioned above, elaborates their development status and dynamic trends, presents the significant research progress and landmark achievements with examples, as well as compares the research discipline with that in foreign countries. Based and focused on the strategic need of the nation in the following years, the Plan suggests put national food security, improving resource utilization, variety specialization of raw materials, industrialization of traditional staple food, deep processing of aquatic products and new preservation technology development as key fields and priorities for development. Agro-product processing industry will step onto the golden age for development in the next few years. Therefore, the development of research disciplines should take strategies in promoting cross-disciplines, improving scientific self-innovation capacity, enhancing the recruitment of high-level talents, strengthening innovation team building and fostering effective international cooperation.

Advance in Agro-product Quality and Safety

The science of agro-product quality and safety is a science that mainly focuses its research on whole chain quality and safety control of agro-products from farm to table and ensuring the consumption safety, which is still in its infancy since it was established in late 1980s. Starting from 2000, remarkable achievements have been made in infrastructure construction, capacity building and relevant research activities. Headed by the Institute of Quality Standards and Testing Technology for Agro-Products, Chinese Academy of Agricultural Sciences, research institutions and organizations nationwide have been actively working in this field. Major breakthrough has been obtained in testing technology with high sensitivity for Aflatoxins, which has been conferred with the First Prize of

Science and Technology Achievement Award of Chinese Academy of Agricultural Sciences in 2013. Based on principle of molecular identification together with structural characteristics of chemical compounds, molecular imprinting polymers (MIP) with high class specificity and selectivity features have been developed, which has been granted with the Third Prize of Beijing Science and Technology Innovation Award in 2012. Rapid testing technology for residues of chemical compounds in milk and dairy products has also been developed and conferred the Third Prize of Beijing Science and Technology Innovation Award in 2012. Currently, compared with developments in relevant disciplines abroad, integrated analytical technology for multi-categories contaminants has been developed rapidly, and the risk assessment on synergetic and accumulative effects of multiple chemical contaminants has been attached great importance gradually. There is still surmount need in carrying out research in dynamics of residue, gathering, migration and elimination of main contaminants in agro-food as well as the integration and coordination of agricultural standards. For the next few years, efforts in fundamental and application research will be focused on areas including the integrated analytical technologies for agro-products, risk assessment and precaution, whole process control for mixed contamination in agro-products as well as management and technical support systems for agro-product quality and safety, which will serve as the powerful technical support in realizing safe production and upgrading the quality level of agro-products in China.

Advance in Agricultural Information Discipline

With the development of information science and technology and their applications in agriculture, agricultural information theory and research method systems have been built. Agricultural information technology and engineering have made many breakthroughs, and the development supporting platforms have also made great progresses.

Agricultural information system is composed by theoretical basis, technical system and application system. The theoretical basis of agricultural information system is related to many subjects, such as information science, computer science, geoscience, system science, management science, ecology, soil science and agronomy. The technical system includes four aspects—information acquisition, information processing, information modeling and information control. Based on the key technology of informatics, the application system has been widely used in agricultural production to quantitatively describe the production process and the relation between agricultural production and economy, environment and society, obtaining the informatization and intellectualization of systematically analysis, design management and decision regulation, and it is also applied to optimize resource allocation, dynamically monitor agricultural condition, predict crop yields, draw up production plans and make precise management.

In recent years, the theoretical system and technical methods agriculture information are becoming mature, and the researches force more on solving the problems of agriculture practical science, and laying more emphasis on the combination of depth and practicability. On one hand, at present the theory and technology are developing to the direction of intelligence and equipment. On the other hand, modern agricultural information technology system is increasingly perfect in four aspects: wisdom agriculture technology system, agricultural production machinery and equipment, agricultural monitoring and early warning, agricultural information management and service.

In 2012—2013, significant progress has been made in agricultural information; especially in crop fertility key technology application, agricultural production of intelligent equipment, remote sensing monitoring, agricultural internet of things and agriculture information intelligent service, great achievement has been made in the quantities, scales, funding and research levels. Two *National First Prizes for Progress in Science and Technology*, nine *National Second Prizes for Progress in Science and Technology* and many provincial awards are obtained in agricultural information.

In the near future, the four fields will have priorities in development. First, the theory, method and technology of agricultural big data, which includes many aspects: the basic theory and technology of agricultural big data acquisition, processing and transformation; the term, format, content and classification standards of industry production environment data, agricultural resource data, agricultural production data, animal and plant life data, agricultural products market data and trading data and some others. Second, the internet of things (IOT) technology in agriculture, which is being widely used in agricultural ecological environment protection, agricultural production of wisdom, the quality and safety of agricultural products. Third, agricultural market monitoring and early warning theory, method and technology, which involves the establishment of economic models, knowledge base and monitoring and early warning system. Fourth, agricultural cloud services, with an objective of building agriculture cloud service system.

To further promote the overall health development of agricultural information discipline, it requires a scientific and standardized planning, the integration of the national resources, the incremental investment, the further improvement of the academic platforms and many related talents.

Advance in Agricultural Environmental Science

The publication of China Agricultural Environment and the Establishment of the Agro-environmental Subjects Cluster of the Ministry of Agriculture (MOA) in 2011 are seemed as symbols of the maturity of agro-environmental subject in our country. In fields of global climate change and its agricultural influence, current hotspots of research are the assessment of climate change's impact on agriculture, and technical measures for agriculture to adapt climate change; the situation is becoming obvious that the application and applied basic research are emphasized in order to meet the nation's actual demand. In the field of agricultural pollution control, the concept of clean agricultural basin is beginning to be concerned. The clean agricultural basin is a basin scale, multi-objective agricultural mode, which aimed at food security, environmental safety in cultivated land, and comprehensive solution of non-point source agricultural pollution control. In the field of producing area environment protection and restoration, the state emphasized the role of pollution source control and formulated relevant planning, as well as strengthened the monitoring of heavy metal pollution, which also reflected that currently the polluted farmland restoration is in lack of practical and effective technology. In the field of agro-environmental engineering, energy saving, environment protection, and low carbon technology are current hotspots, researches are focusing on energy saving greenhouse technology and products, ecological breeding technology, breeding environment control and waste utilization technology. In the field of agricultural use of biodiversity, current focus is on basin or larger scales like regional or national, on the cultivation layout and the material recycling between the planting and breeding systems, and on the service function of agricultural ecosystem. In the field of agricultural risk management, the state continued to pay high attention to the monitoring and early warning of agro-meteorological hazard and related prevention and control technologies.

Advance in Agricultural Resources and Regional Planning

Agricultural Resource refers to the basis that sustains agricultural production from field to regional levels. Specific items are identified as land, water, climate, microbe, fertilizer and disposals. Such importance makes Agricultural Resource and Regional Planning to be one of the basic disciplines of agricultural science, focusing on the distribution, condition, and utilization of agricultural resources in the spatio–temporal and cross–scale context. Emphasis are given to questions such as where are the agricultural resources, what about their conditions, and how to reasonably allocate and utilize them with minimum harm to the environment and maximum benefit to food security and human sustainability.

Approaches in this field ranges from micro to macro perspectives. On one hand, the *in-situ* observation, field survey, and laboratory analysis at particular farms aim to explore the physicochemical properties of the agricultural resources and their impacts on crop physiology. On the other hand, the agro–informatics such as remote sensing technique, geographical and economic analysis provide essential insights to regional level profile of agricultural systems, which would particularly important for agricultural regional planning and policy design.

Current progresses in Agricultural Resources and Regional Planning are generally reviewed in this report, including: soil quality survey, water use management, agricultural–climatic zoning and disaster preventing, agricultural microbe conservation and utilization, high efficiency use of fertilizers, reuse of agricultural disposals, remote sensing–based agricultural monitoring and precise agriculture, and regional development and poverty reduction. Agricultural Resources and Regional Planning is receiving great domestic attention and supports in recent year, and it has been keeping pace with the most advanced research in the international academic society. Future efforts should be paid to the interdisciplinary and cross–scale approaches which could integrate the multi–facets of agricultural resources together for a rational use and further for a full–scale sustainability in agricultural systems.

索　引

P

Q

S

T

V

X

Y

Z